STARK

ABITUR

Prüfungsaufgaben mit Lösungen **2008**

Physik

Grund- und Leistungskurs
Gymnasium
Thüringen
2003–2007

STARK

ISBN 978-3-89449-239-7

D-85318 Freising · Postfach 1852 · Tel. (0 81 61) 1790
12. ergänzte Auflage 2007

Inhalt

Fortsetzung nächste Seite

Abiturprüfung Leistungskurs 2007

Abiturprüfung Grundkurs 2003

Abiturprüfung Grundkurs 2004

Abiturprüfung Grundkurs 2005

Abiturprüfung Grundkurs 2006

Abiturprüfung Grundkurs 2007

Jeweils zu Beginn des neuen Schuljahres erscheinen die
neuen Ausgaben der Abitur-Prüfungsaufgaben mit Lösungen.

Lösungen der Aufgaben:

Leistungskurs: Ulf-Armin Kriester   Grundkurs: Ingeborg Donat (bis 2004), Frank Brandner

Vorwort

Liebe Schülerinnen und Schüler,

Sie haben sich für das Grund- oder Leistungsfach Physik am Gymnasium in Thüringen entschieden und werden eventuell in diesem Fach eine schriftliche Prüfung auf Grund- oder auf Leistungskursniveau oder eine mündliche Prüfung ablegen. Bei der Vorbereitung auf eine der genannten Prüfungen wird Ihnen dieses Buch eine gute Hilfe sein.

Das Buch versteht sich nicht als Lehrbuch, sondern als ein **Übungsbuch**, mithilfe dessen Sie sich gezielt und effektiv auf das Abitur vorbereiten können. Es enthält die **offiziellen Abiturprüfungsaufgaben des Landes Thüringen** ab 2003.

Auf jede dieser Aufgaben folgen **vollständige, kommentierte Lösungsvorschläge** und ab dem Abiturjahrgang 2006 zusätzliche **separate Tipps zum Lösungsansatz**, die Ihnen das eigenständige Lösen der Aufgaben erleichtern. Sie gewinnen somit einerseits einen unmittelbaren Eindruck von Niveau, Inhalt und Umfang der Abituraufgaben, andererseits ermöglichen Ihnen die Lösungen, die jeweils geeigneten Lösungsstrategien und Berechnungsschritte zu üben. Die aufgeführten Lösungen sind dabei als jeweils möglicher, aber keineswegs immer einziger Weg zum Erreichen der Lösung zu sehen.

Das Ziel der Arbeit mit dem Buch besteht darin, dass Sie die Problemstellungen weitgehend **selbstständig** bearbeiten können und die beschriebenen Lösungswege nur noch zur Kontrolle Ihrer eigenen Ergebnisse nutzen. Wenn Sie dieses Ziel erreicht haben, dann sind sie gut auf die anstehende Prüfungsarbeit vorbereitet.

Darüber hinaus halten Sie ein Hilfsmittel in Händen, mit welchem Sie sich sehr effektiv auf Klausuren im Fach Physik vorbereiten können, da ihr Kurslehrer oder Ihre Kurslehrerin bei der Konzeption jeder Klausur auch immer die Abiturprüfung als Abschluss im Blick haben wird.

Allen Leserinnen und Lesern, die sich mit diesem Buch auf die Abiturprüfung im Fach Physik vorbereiten, viel Erfolg!

Stichwortverzeichnis

Hinweise

Hinweise und Tipps zum Abitur in Physik

Allgemeine Hinweise zum schriftlichen Abitur in Physik

1 Inhalte der Prüfung

Inhalt der Abiturprüfung ist der **gesamte** Thüringer Lehrplan (Sie finden ihn im Internet unter der Adresse www.thillm.de/thillm/start_service.html). Gelegentlich findet durch den Abiturerlass eine sehr geringfügige Einschränkung des Inhaltes einzelner Stoffgebiete statt. Der Abiturerlass wird jährlich neu bekannt gegeben. Die eventuellen geringen Einschränkungen der Inhalte können Sie bei Ihrem Fachlehrer erfragen.

Bei der Vorbereitung auf Ihre Prüfung sollten Sie unbedingt davon ausgehen, dass Sie keines der im Kurs behandelten Teilgebiete vernachlässigen können. Die Analyse der vergangenen Prüfungen zeigt, dass mit jedem Inhalt in allen Facetten der Anforderungen zu rechnen ist.

2 Anforderungsbereiche

Die Abiturprüfung soll Ihr Leistungsvermögen möglichst differenziert erfassen. Dazu werden die nachfolgend beschriebenen drei Anforderungsbereiche unterschieden. Beim Entwurf einer Prüfungsaufgabe wird jede von den Prüflingen erwartete Teilleistung mindestens einem dieser Anforderungsbereiche zugeordnet.

Anforderungsbereich I

Im Anforderungsbereich I beschränken sich die Aufgabenstellungen auf die Reproduktion und Anwendung einfacher Sachverhalte und Fachmethoden, das Darstellen von Sachverhalten in vorgegebener Form sowie die Darstellung einfacher Bezüge.

Fachkenntnisse – Wiedergeben von Sachverhalten

- Wiedergeben von einfachen Daten und Fakten sowie von Begriffen, Größen und Einheiten und deren Definitionen
- Wiedergeben von einfachen Gesetzen und Formeln sowie deren Erläuterung
- Entnehmen von Informationen aus einfachen Texten

Fachmethoden – Beschreiben und Einsetzen von Fachmethoden

- Aufbauen eines einfachen Experiments nach vorgelegtem Plan oder eines bekannten Experiments aus der Erinnerung
- Beschreiben eines Experiments
- Durchführen von Messungen nach einfachen Verfahren
- Umformen von Gleichungen und Berechnen von Größen aus Formeln

Kommunikation – Darstellen von Sachverhalten in vorgegebenen Formen

- Darstellen von Sachverhalten in verschiedenen Darstellungsformen (z. B. Tabelle, Graph, Skizze, Text, Bild, Diagramm, Mindmap, Formel)

Reflexion – Angeben von Bezügen
- Beschreiben einfacher Phänomene aus Natur und Technik
- Darstellen einfacher historischer Bezüge
- Beschreiben von Bezügen zu Natur und Technik.

Anforderungsbereich II
Im Anforderungsbereich II verlangen die Aufgabenstellungen die Reorganisation und das Übertragen komplexerer Sachverhalte und Fachmethoden, die situationsgerechte Anwendung von Kommunikationsformen, die Wiedergabe von Bewertungsansätzen sowie das Herstellen einfacher Bezüge.

Fachkenntnisse – Anwenden von Sachverhalten eines abgegrenzten Gebietes
- fachgerechtes Wiedergeben von komplexeren Zusammenhängen
- Auswählen und Verknüpfen von Daten, Fakten und Methoden eines abgegrenzten Gebiets

Fachmethode – Anwenden von Fachmethoden
- Übertragen von Betrachtungsweisen und Gesetzen
- Selbstständiger Aufbau und Durchführung eines Experiments
- Planen einfacher experimenteller Anordnungen zur Untersuchung vorgegebener Fragestellungen
- Gewinnen von mathematischen Abhängigkeiten aus Messdaten
- Auffinden der relevanten physikalischen Variablen eines Vorgangs
- Erörtern von Fehlerquellen und Abschätzen des Fehlers bei Experimenten
- Erörtern des Gültigkeitsbereichs von Modellen und Gesetzen
- Nutzen von Modellbildungssystemen zur Überprüfung oder zur graphischen Veranschaulichung physikalischer Abhängigkeiten
- mathematisches Beschreiben physikalischer Phänomene
- begründetes Herleiten der mathematischen Beschreibung eines einfachen physikalischen Sachverhaltes

Kommunikation – Situationsgerechtes Anwenden von Kommunikationsformen
- Strukturieren und schriftliches Präsentieren komplexerer Sachverhalte
- fachsprachliches Fassen umgangssprachlich formulierter Sachverhalte
- präzises Kommunizieren einfacher Argumente und Beschreibungen

Reflexion – Herstellen einfacher Bezüge und Wiedergeben von Bewertungsansätzen
- Einordnen und Erklären von physikalischen Phänomenen aus Natur und Technik
- Einordnen von Sachverhalten in historische und gesellschaftliche Bezüge.

Anforderungsbereich III
Im Anforderungsbereich III verlangen die Aufgabenstellungen das problembezogene Anwenden und Übertragen komplexer Sachverhalte und Fachmethoden, die situationsgerechte Auswahl von Kommunikationsformen, das Herstellen von Bezügen und das Bewerten von Sachverhalten.

Fachkenntnisse – Problembezogenes Erarbeiten, Einordnen, Nutzen und Werten von Wissen
- Auswählen und Verknüpfen von Daten, Fakten und Methoden
- problembezogenes Einordnen und Nutzen von Wissen in verschiedenen inner- und außerphysikalischen Wissensbereichen
- Entnehmen von Informationen aus komplexen Texten

Fachmethode – Problembezogenes Auswählen und Anwenden von Fachmethoden
- Entwickeln eigener Fragestellungen bzw. sinnvolles Präzisieren einer offenen Aufgabenstellung

- Planen und gegebenenfalls Durchführen und Auswerten eigener Experimente für vorgegebene Fragestellungen
- Erheben von Daten zur Überprüfung von Hypothesen
- Entwickeln alternativer Lösungswege, wenn dieses in der Aufgabenstellung gefordert wird
- begründetes Herleiten der mathematischen Beschreibung eines physikalischen Sachverhaltes

Kommunikation – Kommunikationsformen situationsgerecht auswählen und einsetzen
- präzises Kommunizieren naturwissenschaftlicher Argumentationsketten

Reflexion – Herstellen von Bezügen und Bewerten von Sachverhalten
- Erkennen physikalischer Fragestellungen
- Finden von Anwendungsmöglichkeiten physikalischer Erkenntnisse
- Erklären physikalischer Phänomene komplexer Art aus Natur und Technik

3 Struktur der schriftlichen Abiturprüfung im Fach Physik

Leistungsfach

Die Dauer der schriftlichen Abiturprüfung beträgt **270 Minuten**. Maximal können **60 Bewertungseinheiten (BE)** erreicht werden.
Der Prüfungsteilnehmer wählt von den zwei Aufgaben A eine Aufgabe, von den zwei Aufgaben B eine Aufgabe und von den zwei Experimenten E ein Experiment zur Bearbeitung aus. Die schriftliche Abiturprüfung gliedert sich damit in drei Teile.

Aufgabe A: Hier werden inhaltlich zusammenhängende Teilaufgaben, meist mehrerer Teilgebiete der Physik, gestellt. Der Prüfungsteilnehmer soll sich mit den darin aufgeworfenen physikalischen Problemen argumentativ und numerisch auseinandersetzen. Im Wesentlichen konzentrieren sich die Aufgaben auf die **Anforderungsbereiche I und II** (siehe Abschnitt 2), wobei Anforderungsbereich II den Schwerpunkt darstellt. Ein kleiner Teil der Bewertungseinheiten wird aber auch auf den **Anforderungsbereich III** vergeben. Der Aufgabentyp A ist durch eine relativ feine Untergliederung der Teilaufgaben gekennzeichnet. Insgesamt können **35 BE** erreicht werden.

Aufgabe B: Dieser Aufgabentyp ist durch eine höhere Komplexität und Offenheit des Weges gegenüber dem Aufgabentyp A gekennzeichnet. Die höhere Komplexität und Offenheit beziehen sich auf den Lösungsweg, wobei die Aufgaben nach wie vor ergebnisorientiert sind. Es gibt nur eine sehr geringe Untergliederung der Teilaufgaben. Im Wesentlichen konzentrieren sich die Aufgaben auf die **Anforderungsbereiche II und III**. Folgende Aufgabenvarianten sind möglich.

Variante 1:
- wenig geführte, komplexe Aufgaben
- der Prüfungsteilnehmer muss Teilschritte selbst analysieren

Variante 2:
- selbstständiges Darstellen physikalischer Sachverhalte (z. B. Nennen, Beschreiben, Erklären und Anwenden)

Variante 3:
- selbstständige Analyse von Versuchsaufbauten und Experimenten

Für die Aufgabe B können maximal **10 BE** vergeben werden.

Experiment E: Es handelt sich um ein Schülerexperiment zur Wahl, das häufig verschiedene Lösungsvarianten zulässt. Das Experiment muss selbstständig geplant, durchgeführt und ausgewertet werden. Das Experiment bezieht sich im Wesentlichen auf den **Anforderungsbereich II**. Für das Experiment können maximal **15 BE** vergeben werden.

Grundfach
Die Dauer der schriftlichen Abiturprüfung beträgt **210 Minuten**. Maximal können **60 BE** erreicht werden.
Der Prüfungsteilnehmer wählt von den zwei Aufgaben A eine Aufgabe, von den zwei Aufgaben B eine Aufgabe und von den zwei Experimenten E ein Experiment zur Bearbeitung aus. Die Struktur und die Aufgabentypen A und B sind also dieselben wie im Leistungsfach. Die Aufgaben beziehen sich selbstverständlich auf die Anforderungen des Grundfaches. Beim Experiment E kann zwischen einem Schülerexperiment und einem Demonstrationsexperiment gewählt werden. Das Demonstrationsexperiment wird zu Beginn der Prüfung vom Lehrer vorgeführt und bei Bedarf wiederholt. Abweichend zum Leistungsfach ergibt sich folgende Verteilung der BE:

Aufgabe A: **40 BE** Aufgabe B: **10 BE** Aufgabe E: **10 BE**

4 Bewertung der Prüfung

Die Bewertung der Prüfungsarbeit erfolgt in zwei voneinander unabhängigen Korrekturen. Der erste Korrektor ist meist Ihre Kursleiterin oder Ihr Kursleiter, als Zweitkorrektor fungiert ein zweiter Fachlehrer. Dabei erfolgt die Bewertung stets vor dem Hintergrund des konkret gegebenen Unterrichts. In die Bewertung geht zunächst einmal die **fachliche Richtigkeit** und **Vollständigkeit** ein.
Ein weiteres wichtiges Bewertungskriterium stellt die **Darstellungsqualität** dar, in welche der richtige Einsatz der Fachsprache und die Strukturiertheit der Ausführungen einfließen. Selbstverständlich geht auch die **Sprachrichtigkeit** (Rechtschreibung, Grammatik, Zeichensetzung) bei Erläuterungen oder Beschreibungen in die Bewertung ein. Dabei können Verstöße gegen die sprachliche Korrektheit oder die äußere Form zu Punktabzügen führen.

Methodische Hinweise für die Anfertigung von Klausuren

Die folgenden Tipps helfen Ihnen, Klausuraufgaben – nicht nur im Abitur, sondern bei allen Klausuren der gymnasialen Oberstufe – gut zu lösen.

5 Bewährte Strategien für das Lösen physikalischer Aufgabenstellungen

- Sie sollten sich die gestellte Aufgabe in Ruhe und bis zum Ende durchlesen, bevor Sie mit der Ausarbeitung beginnen.
- Prüfen Sie eingehend, ob Sie tatsächlich alle Teilaufgaben bearbeitet haben. Manchmal übersieht oder vergisst man Zusatzfragen innerhalb einer Teilaufgabe. Markieren Sie am besten mit einem Farbstift die einzelnen Arbeitsaufträge, sodass Sie Ihnen bei jedem Lesedurchgang sofort ins Auge fallen.
- Bedenken Sie, dass in der Aufgabenstellung vorangehender oder nachfolgender Teilaufgaben entscheidende Lösungshinweise oder auch Teillösungen enthalten sein können.
- Stellen Sie die gegebenen Größen am Anfang des betreffenden Aufgabenteils zusammen und rechnen Sie diese in ihre Basiseinheiten um.
- Benutzen Sie Skizzen bei der Problemanalyse und tragen Sie in diese gegebenenfalls relevante Größen ein. Erfahrungsgemäß helfen gute Skizzen beim Finden eines möglichen Lösungsansatzes.
- Überprüfen Sie während und nach dem Durchlesen der Aufgabenstellung, ob der Einsatz eines Erhaltungssatzes (z. B. Energieerhaltungssatz, Impulserhaltungssatz) zum Erfolg führen könnte, da sich Probleme oft schnell und elegant damit lösen lassen.
- Untersuchen Sie Ihre Skizze auf mögliche funktionale oder trigonometrische Zusammenhänge, die für einen Lösungsansatz relevant sein könnten.

- Aufgabenformulierungen wie „Ermitteln Sie …" und „Bestimmen Sie …" verlangen nicht unbedingt eine ausführliche Rechnung. Der Lösungsweg ist offen. Oft kann das Ergebnis aus einem ordentlich gezeichneten Diagramm abgelesen werden.
- Rechnen Sie die in der Berechnung verwendeten Einheiten schrittweise in die Basiseinheit der gesuchten Größe um. Damit haben Sie eine zusätzliche Kontrolle, ob Ihnen bei der Umformung von Gleichungen ein Fehler unterlaufen ist.
- Überlegen Sie am Ende jeder Berechnung, ob die Größenordnung ihres Ergebnisses der Realität entsprechen kann. (Beispiel: Wenn Sie für die Geschwindigkeit eines beschleunigten Elektrons einen Wert erhalten, der größer als 10 % der Lichtgeschwindigkeit ist, so müssen Sie überprüfen, ob Sie relativistisch gerechnet haben.)
- Achten Sie auf fachsprachlich richtige Formulierungen und logisch einwandfreie Darstellungen.
- Notieren Sie – ggf. stichwortartig in Kurzform – ihre begründenden Gedanken (z. B. die Angabe von Gültigkeitskriterien für die Verwendung einer bestimmten Formel).
- Verwechseln Sie nicht Ursache und Wirkung, Beobachtung und Deutung, Beschreibung und Erklärung.
- Auch bei Aufgaben, die vielleicht aus Zeitgründen nicht mehr vollständig bearbeitet werden können, sollte der weitere Lösungsweg mit Worten skizziert werden. Das zeigt, dass Sie im Stande gewesen wären, die Aufgabe noch zu bearbeiten, und kann ebenfalls zum Erreichen einiger Bewertungseinheiten führen.

6 Häufig anzutreffende Fehlertypen im Fach Physik

Da bei der Bearbeitung von Physikaufgaben häufig die gleichen, typischen Fehler gemacht werden, ist es zunächst wichtig, dass Sie diese Fehler kennen und feststellen, zu welchen Fehlertypen Sie selbst neigen. Wenn Sie durch gezielte Übung diese Fehler abstellen, können Sie viele Schwierigkeiten beim Lösen der Aufgaben von vornherein vermeiden.

- *Fehlende oder unvollständige Angabe physikalischer Einheiten*
  Fast jede physikalische Größe besitzt eine Einheit. Geben Sie diese immer an.
- *Falsches oder fehlerhaftes Umrechnen der Einheiten*
  Eine wichtige Umformung zwischen mechanischen und elektrischen Einheiten gelingt mithilfe der Energie- bzw. Arbeitseinheiten:

  $$[W_{mech}] = J = Nm = \frac{kg \cdot m^2}{s^2} = V \cdot A \cdot s = Ws = [W_{elektr}]$$

- *Unzureichende Beschreibung des Lösungsweges*
  Sie sollten darauf achten, durch geeignete kurze Überschriften dem Lehrer bzw. der Lehrerin deutlich zu machen, was im jeweils folgenden Abschnitt errechnet wird und warum Sie die entsprechenden Umformungen usw. vornehmen.
- *Nichtberücksichtigung von Gültigkeitskriterien*
  Sie sollten bei der Auswahl von Formeln überprüfen, ob diese auf den entsprechenden Sachverhalt angewendet werden dürfen (z. B. die Verwendung von $v = \frac{s}{t}$ bei einer beschleunigten Bewegung). Die Gültigkeitskriterien sind in Ihrer Formelsammlung mit angegeben.
- *Notieren von offensichtlich falschen Ergebnissen*
  Es werden „unmögliche" Ergebnisse (z. B. $v > c$) notiert, die man bei bewusstem Hinsehen sofort als falsch erkennen kann. Bei fast jedem quantitativ errechneten Ergebnis kann man größenordnungsmäßig abschätzen, ob der Zahlenwert richtig sein kann. Bei offensichtlich falschen Ergebnissen sollten Sie unbedingt einen kurzen Hinweis geben, mit dem Sie in Klausuren vielleicht Bewertungseinheiten „retten" können, erst recht, wenn Sie vielleicht sogar die Fehlerquelle umreißen können.

7 Operatoren

Aus der **Aufgabenformulierung** kann im Allgemeinen auf die Art und den Umfang der zu erbringenden Leistung geschlossen werden. Sie sollten sich deshalb mit den üblichen „Signalwörtern", den so genannten Operatoren, vertraut machen. Wenn also beispielsweise „Zeichnen Sie …" verlangt ist, müssen Sie eine möglichst exakte Darstellung anfertigen, eine einfache Skizze („Skizzieren Sie …") reicht dann nicht aus.

Operator	**Beschreibung der erwarteten Leistung**
abschätzen	durch begründete Überlegungen Größenordnungen physikalischer Größen angeben
analysieren/untersuchen	unter einer gegebenen Fragestellung wichtige Bestandteile oder Eigenschaften herausarbeiten „untersuchen" beinhaltet unter Umständen zusätzlich praktische Anteile
anwenden	einen bekannten Sachverhalt oder eine bekannte Methode auf etwas Neues beziehen
aufbauen (Experimente)	Objekte und Geräte zielgerichtet anordnen und kombinieren
auswerten	Daten, Einzelergebnisse oder sonstige Elemente in einen Zusammenhang stellen und gegebenenfalls zu einer Gesamtaussage zusammenführen
begründen/zeigen	Sachverhalte auf Regeln, Gesetzmäßigkeiten bzw. kausale Zusammenhänge zurückführen
berechnen/bestimmen	aus Größengleichungen physikalische Größen gewinnen
beschreiben	Strukturen, Sachverhalte oder Zusammenhänge strukturiert und fachsprachlich richtig mit eigenen Worten wiedergeben
bestätigen	die Gültigkeit einer Hypothese, einer Modellvorstellung, eines Naturgesetzes durch ein Experiment verifizieren
bestimmen	einen Lösungsweg darstellen und das Ergebnis formulieren
beurteilen	zu einem Sachverhalt ein selbstständiges Urteil unter Verwendung von Fachwissen und Fachmethoden formulieren und begründen
bewerten	Sachverhalte, Gegenstände, Methoden, Ergebnisse etc. an Beurteilungskriterien oder Normen und Werten messen
darstellen	Sachverhalte, Zusammenhänge, Methoden und Bezüge in angemessenen Kommunikationsformen strukturiert wiedergeben
deuten	Sachverhalte in einen Erklärungszusammenhang bringen
diskutieren/erörtern	in Zusammenhang mit Sachverhalten, Aussagen oder Thesen unterschiedliche Positionen bzw. Pro- und Contra-Argumente einander gegenüberstellen und abwägen
dokumentieren	alle notwendigen Erklärungen, Herleitungen und Skizzen darstellen
durchführen (Experimente)	an einer Experimentieranordnung zielgerichtete Messungen und Änderungen vornehmen

entwerfen/planen (Experimente)	zu einem vorgegebenen Problem eine Experimentieranordnung erfinden
entwickeln/aufstellen	Sachverhalte und Methoden zielgerichtet miteinander verknüpfen. Eine Hypothese, eine Skizze, ein Experiment, ein Modell oder eine Theorie schrittweise weiterführen und ausbauen
erklären	einen Sachverhalt nachvollziehbar und verständlich machen
erläutern	einen Sachverhalt durch zusätzliche Informationen veranschaulichen und verständlich machen
ermitteln	einen Zusammenhang oder eine Lösung finden und das Ergebnis formulieren
herleiten	aus Größengleichungen durch mathematische Operationen eine physikalische Größe freistellen
interpretieren/deuten	kausale Zusammenhänge in Hinblick auf Erklärungsmöglichkeiten untersuchen und abwägend herausstellen
nennen/angeben	Elemente, Sachverhalte, Begriffe, Daten ohne Erläuterungen aufzählen
skizzieren	Sachverhalte, Strukturen oder Ergebnisse auf das Wesentliche reduziert übersichtlich darstellen
strukturieren/ordnen	vorliegende Objekte kategorisieren und hierarchisieren
überprüfen/prüfen/testen	Sachverhalte oder Aussagen an Fakten oder innerer Logik messen und eventuelle Widersprüche aufdecken
vergleichen	Gemeinsamkeiten, Ähnlichkeiten und Unterschiede ermitteln
zeichnen	eine möglichst exakte grafische Darstellung beobachtbarer oder gegebener Strukturen anfertigen

Zum Umgang mit diesem Buch

Der Band enthält die **vollständigen, offiziellen Abiturprüfungsaufgaben im Grund- und Leistungsfach Physik** der letzten Jahre. Zu allen Prüfungsaufgaben finden Sie im Anschluss an die Aufgabenstellung komplett ausgearbeitete **Musterlösungen** mit Erläuterung des Lösungswegs. Darüber hinaus sind erstmals ab dem Prüfungsjahr 2006 separate **Tipps und Hinweise** zu den meisten Teilaufgaben eingefügt, die Ihnen helfen sollen, die Aufgaben **möglichst selbstständig** zu lösen. Für die Vorbereitung auf die Prüfung ist es wichtig, dass Sie versuchen, allein mit der Aufgabenstellung zu Recht zu kommen.
Die Musterlösung dient zum einen zur **Kontrolle**, ob Sie die Aufgabe richtig und vollständig gelöst haben, zum anderen gibt sie Ihnen eine **ausführliche Hilfestellung**, wenn Sie trotz der Tipps Schwierigkeiten bei der Bearbeitung haben (Tipps und Kommentare sind durch eine Raute am linken Textrand gekennzeichnet). Sie sollten Ihr Lern- und Übungspensum so planen, dass Sie am Ende Ihrer Prüfungsvorbereitung in der Lage sind, die Aufgaben weitgehend ohne Hilfestellung zu lösen.

Abiturprüfungs-aufgaben

Leistungskurs Physik (Thüringen): Abiturprüfung 2003
Aufgabe A1: Kernphysik, Kondensatorentladung

1 Beim Reaktorunfall in Tschernobyl 1986 wurde unter anderem das radioaktive Isotop $^{137}_{55}Cs$ freigesetzt. Die Zerfallskonstante dieses Stoffes beträgt $\lambda = 7{,}32 \cdot 10^{-10}\ s^{-1}$.

1.1 Leiten Sie ausgehend vom Gesetz des radioaktiven Zerfalls eine Gleichung zur Berechnung der Halbwertszeit her! (2 BE)

1.2 Berechnen Sie die Halbwertszeit von $^{137}_{55}Cs$ in Jahren!
[Kontrollergebnis: $T_{1/2} \approx 30$ Jahre] (2 BE)

1.3 Kurz nach dem Unfall wurde in einem der deutschen Bundesländer auf einem Quadratmeter Bodenfläche die mittlere Aktivität A = 10,0 kBq gemessen. Diese geht vom Isotop $^{137}_{55}Cs$ aus, welches als radioaktiver Niederschlag infolge des Reaktorunfalls über einigen Teilen Deutschlands nieder ging.

1.3.1 Für die Berechnung der Aktivität gilt: $A(t) = -\frac{dN(t)}{dt}$.
Geben Sie die Bedeutung dieser physikalischen Größe an! (2 BE)

1.3.2 Leiten Sie die Gleichung $A(t) = \lambda \cdot N(t)$ her! (2 BE)

1.3.3 Berechnen Sie die Gesamtmasse des über der Fläche $A_F = 70{,}5 \cdot 10^3\ km^2$ niedergegangenen radioaktiven Isotops $^{137}_{55}Cs$! Die Masse eines Cäsiumkerns beträgt $m_{Cs} = 136{,}90682$ u. (3 BE)

1.3.4 Ermitteln Sie den Betrag der noch vorhandenen Bodenaktivität auf 1 m^2 Bodenfläche 17 Jahre nach dem Unfall, wenn dabei von Auswaschungen abgesehen werden kann! (2 BE)

1.4 Die Masse eines Nuklids $^{137}_{55}Cs$ beträgt $m_{Cs} = 136{,}90682$ u. Beim Zerfall eines solchen Teilchens entstehen ein β^-–Teilchen und ein neues Nuklid, dessen Masse m = 136,90501 u beträgt.

1.4.1 Geben Sie die Zerfallsgleichung für diesen Vorgang an! (2 BE)

1.4.2 Erklären Sie den β^-–Zerfall! (2 BE)

1.4.3 Berechnen Sie die beim Zerfall des Nuklids $^{137}_{55}Cs$ frei werdende Energie! (3 BE)

2 Ein „Goldcap“ ist ein besonderer Kondensator, der sich im Vergleich zu herkömmlichen Kondensatoren durch eine sehr große Kapazität bei gleichzeitig äußerst geringer Baugröße auszeichnet.
Ein solcher Kondensator mit der Kapazität $C = 1{,}00\ F$ wird an eine Spannungsquelle mit der Spannung $U_0 = 4{,}50\ V$ angeschlossen und vollständig aufgeladen.
Anschließend wird dieser Kondensator nach Schließen des Schalters (siehe Abbildung) wieder entladen.
Das Strommessgerät hat einen vernachlässigbar geringen Innenwiderstand!

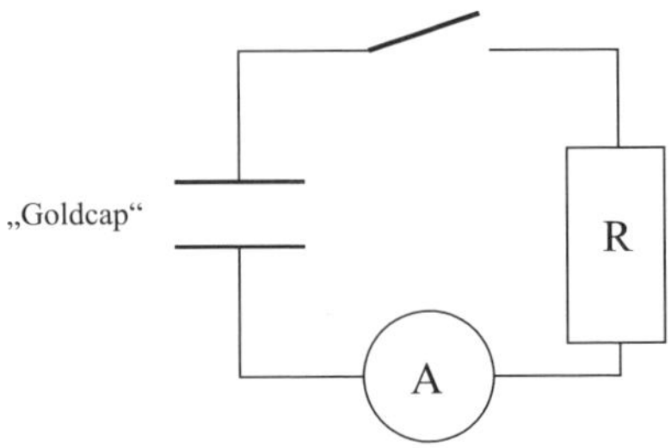

2.1 Bestimmen Sie die beim Laden des Kondensators „Goldcap“ aufgenommene elektrische Ladung und die in seinem elektrischen Feld gespeicherte Energie! (4 BE)

2.2 Während des Entladevorgangs wurde zu verschiedenen Zeitpunkten der in diesem Moment jeweils fließende elektrische Strom gemessen. Es ergaben sich folgende Messwerte:

t in s	0	10,0	30,0	50,0	70,0	90,0
I in mA	38,0	34,9	29,4	24,9	21,1	17,8

2.2.1 Stellen Sie unter Verwendung der Messwerte die Stromstärke in Abhängigkeit von der Zeit graphisch dar! (2 BE)

2.2.2 Berechnen Sie den Betrag des Widerstandes R, über den der „Goldcap“ entladen wurde!
[Kontrollergebnis: $R = 118\ \Omega$] (3 BE)

2.2.3 Bestimmen Sie den Betrag der zum Zeitpunkt $t = 30{,}0\ s$ noch im Kondensator vorhandenen Ladung Q(t)!
[Kontrollergebnis: $Q \approx 3{,}5\ C$] (3 BE)

2.2.4 Ermitteln Sie den Betrag der bis zum Zeitpunkt $t = 30{,}0\ s$ am ohmschen Widerstand umgewandelten elektrischen Feldenergie! (3 BE)

Lösung

1.1 $N = N_0 \cdot e^{-\lambda \cdot t}$ $\qquad \frac{N}{N_0} = \frac{1}{2}$

$$\frac{1}{2} = e^{-\lambda \cdot T_H}$$

$$T_H = \frac{\ln(2)}{\lambda}$$

1.2 $T_H = \frac{\ln(2)}{\lambda}$ $\qquad \lambda = 7{,}32 \cdot 10^{-10}\ s^{-1}$

$$T_H = 9{,}5 \cdot 10^8\ s$$

$$T_H = 30\ a$$

1.3.1 Die Aktivität gibt die Anzahl der Zerfälle pro Zeiteinheit an.

1.3.2 Die Aktivität ist die 1. Ableitung des Zerfallsgesetzes nach der Zeit.

$$A(t) = \frac{-dN(t)}{dt} \qquad N(t) = N_0 \cdot e^{-\lambda \cdot t}$$

$$A(t) = \lambda \cdot N_0 \cdot e^{-\lambda \cdot t}$$

$$A(t) = \lambda \cdot N(t)$$

1.3.3 Gegeben sind die Aktivität A_0 pro m^2, die Fläche des Bundeslandes A_F und die Masse eines Cäsiumatoms m_{Cs}.

$$A_0 = 10^4 \frac{Bq}{m^2} \qquad A_F = 70{,}5 \cdot 10^3\ km^2 \qquad m_{Cs} = 136{,}90682 \cdot u$$

Aktivität der Gesamtfläche:

$$A_{ges} = A_0 \cdot A_F$$

$$A_{ges} = 7{,}05 \cdot 10^{14}\ Bq$$

Cäsiumatome auf der Gesamtfläche:

$$A_{ges} = N_0 \cdot \lambda$$

$$N_0 = \frac{A_{ges}}{\lambda}$$

$$N_0 = 9{,}6 \cdot 10^{23}$$

Masse aller Cäsiumatome:

$$m_{ges} = N_0 \cdot m_{Cs}$$

$$m_{ges} = 0{,}219\ kg$$

1.3.4 $A_0 = 10^4$ Bq $\quad t = 17\ a = 5{,}365 \cdot 10^8$ s

Aktivität nach der Zeit t:

$$A = A_0 \cdot e^{-\lambda \cdot t}$$

$$A = 6{,}75 \cdot 10^3 \text{ Bq}$$

1.4.1 ${}^{137}_{55}\text{Cs} \rightarrow {}^{0}_{-1}\text{e} + {}^{137}_{56}\text{Ba} + \overline{\nu}$

1.4.2 Es wandelt sich im Kern des Ausgangsnuklids ein Neutron in ein Proton um. Da Ladungserhaltung gilt, entsteht hierbei ein Elektron. Die Energie- und Impulserhaltung ist durch das zusätzlich entstandene Antineutrino gewährleistet.

1.4.3 Die Energie berechnet sich über den Massendefekt.

$m_{Cs} = 136{,}90682 \cdot u \quad m_{Ba} = 136{,}90501 \cdot u \quad m_e = 0{,}91109510^{-30}$ kg

$$\Delta m = m_{Cs} - (m_{Ba} + m_e)$$

$$\Delta m = 2{,}095 \cdot 10^{-30} \text{ kg}$$

$$E = \Delta m \cdot c^2 \qquad c = 3 \cdot 10^8 \frac{m}{s}$$

$$E = 1{,}885 \cdot 10^{-13} \text{ J}$$

$$E = 1{,}178 \text{ MeV}$$

2.1 $C = 1$ F $\quad U_0 = 4{,}5$ V

aufgenommene Ladung:

$$C = \frac{Q}{U_0}$$

$$Q = C \cdot U_0$$

$$Q = 4{,}5 \text{ C}$$

gespeicherte Feldenergie:

$$E_0 = \frac{1}{2} \cdot C \cdot U_0^2$$

$$E_0 = 10{,}1 \text{ J}$$

2.2.1

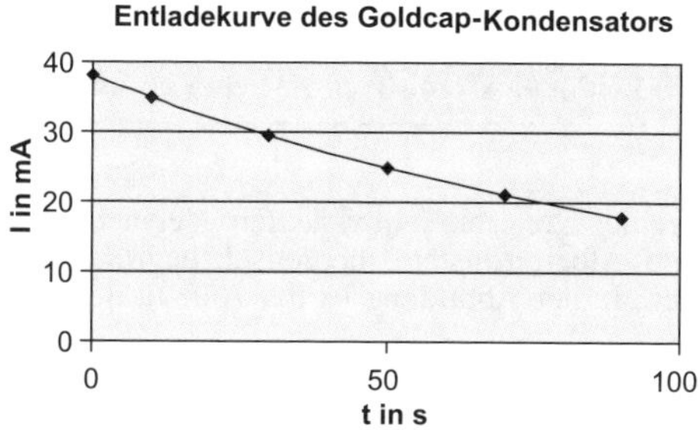

2.2.2 $I_0 = 38\ \text{mA}$

$$R = \frac{U_0}{I_0}$$

$$R = 118{,}4\ \Omega$$

2.2.3 1. Variante:
Bestimmen des Flächenbetrages unter dem I-t-Graphen (z. B.: Auszählen kleiner Flächenelemente) im Intervall 0 bis 30 s. Es ergibt sich eine Ladung von etwa 1 C, welche vom Kondensator abgeflossen ist. Es verbleiben also noch $Q \approx 4{,}5\ \text{C} - 1\ \text{C} \approx 3{,}5\ \text{C}$ auf dem Kondensator.

2. Variante:
Berechnung mit t = 30 s

$$Q(t) = C \cdot U_C(t) \qquad U_C(t) = U_R(t) = R \cdot I(t)$$

$$Q(t) = C \cdot R \cdot I(t) \qquad I(t) = I_0 \cdot e^{-\frac{t}{R \cdot C}}$$

$$Q(t) = C \cdot R \cdot I_0 \cdot e^{-\frac{t}{R \cdot C}}$$

$$Q = 3{,}5\ \text{C}$$

2.2.4 Die nach 30 s umgewandelte elektrische Feldenergie ist die Differenz der Anfangsenergie $E_0 = 10{,}1\ \text{J}$ und der im Kondensator nach 30 s noch verbliebenen Energie E_{30}.

$$\Delta E = E_0 - E_{30}$$

Feldenergie nach 30 s

$$E_{30} = \frac{1}{2} \cdot C \cdot U^2 \qquad U = R \cdot I_0 \cdot e^{-\frac{t}{R \cdot C}}$$

$$E_{30} = \frac{1}{2} \cdot C \left(R \cdot I_0 \cdot e^{-\frac{t}{R \cdot C}} \right)^2$$

$$E_{30} = 6{,}1\ \text{J}$$

Differenz ΔE

$$\Delta E = 4\ \text{J}$$

1 Alfred Bucherer konnte 1908 mit einer von ihm entwickelten Versuchsanordnung experimentell die Gültigkeit der von Albert Einstein theoretisch begründeten „relativistischen Massenformel" bestätigen. In der Abbildung ist der Aufbau der Apparatur schematisch dargestellt:

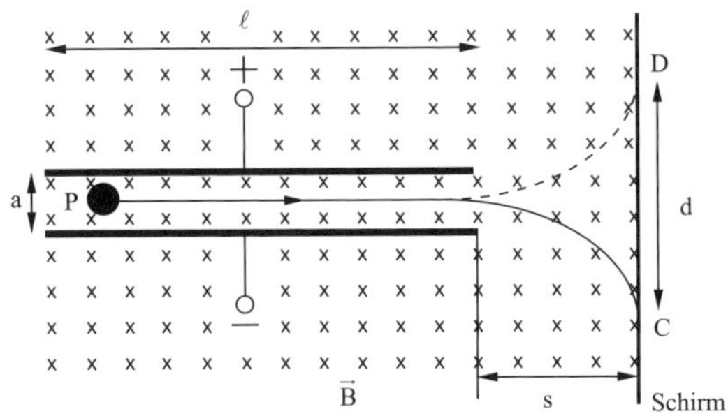

Der Plattenkondensator mit einem elektrischen Feld der Stärke E ist in ein homogenes magnetisches Feld der Flussdichte B eingebettet. Zwischen den Platten des Kondensators befindet sich ein radioaktives Präparat, welches Elektronen aussendet, deren Geschwindigkeit wesentlich größer als 0,1 c ist. Der Aufbau der Apparatur garantiert, dass nur solche Elektronen aus dem Kondensator austreten können, die sich parallel zu seinen Platten bewegen. Das inhomogene elektrische Randfeld des Kondensators kann vernachlässigt werden.

1.1 Skizzieren Sie die im Kondensator auf ein Elektron wirkenden Kräfte und begründen Sie Ihre Darstellung! (3 BE)

1.2 Zeigen Sie, dass die Elektronen den Kondensator mit der Geschwindigkeit $v = \frac{E}{B}$ verlassen! (2 BE)

1.3 Gelangen die Elektronen nach dem Verlassen des Kondensators in den Raumbereich der Anordnung, in dem nur das homogene Magnetfeld wirkt, werden sie dort abgelenkt. Zunächst treffen sie im Punkt C auf den Registrierschirm. Polt man bei unveränderten Beträgen von E und B beide Felder um, treffen die Elektronen im Punkt D auf den Schirm.
Für einen Versuch ergeben sich folgende Werte:
$s = 29{,}8$ cm $d = 10$ cm $E = 600$ kV/m $B = 2{,}5$ mT

1.3.1 Erklären Sie, weshalb die Ablenkung der Elektronen im Magnetfeld jeweils auf einer Kreisbahn erfolgt! (2 BE)

1.3.2 Ermitteln Sie den Radius der Kreisbahn unter Verwendung der Größen s und d!
[Kontrollergebnis: $r \approx 91$ cm] (3 BE)

1.3.3 Berechnen Sie unter Verwendung der Größen E, B und r den Quotienten $\frac{e}{m_e}$ der Elektronen!

$\left[\text{Kontrollergebnis: } \frac{e}{m_e} = 1{,}05 \cdot 10^{11}\ \text{C/kg}\right]$ (3 BE)

1.3.4 Berechnen Sie mithilfe der „relativistischen Massenformel" die spezifische Ladung! Vergleichen Sie Ihr Ergebnis mit dem Ergebnis aus Aufgabe 1.3.3! (3 BE)

1.3.5 Berechnen Sie die kinetische Energie der Elektronen, die in dem beschriebenen Experiment verwendet wurden! (4 BE)

2 In einem Ofen wird Natrium verdampft. Durch eine Lochblende können die Natriumatome den Ofen als dünner Strahl in horizontaler Richtung verlassen. (siehe Abbildung!)
Der Einfluss des Gravitationsfeldes wird bei den nachfolgenden Aufgaben vernachlässigt!

Die beiden rotierenden Scheiben haben schmale Schlitze, die von der Drehachse gleich weit entfernt sind. Sie sind um den festen Winkel $\varphi = 5{,}0°$ gegeneinander verdreht. Beide Scheiben, deren Abstand $s = 0{,}40$ m ist, sitzen fest auf einer gemeinsamen Achse. Die Drehzahl der Scheibenanordnung ist variabel. Die Drehung erfolgt entgegen dem Uhrzeigersinn (siehe Abbildung!).

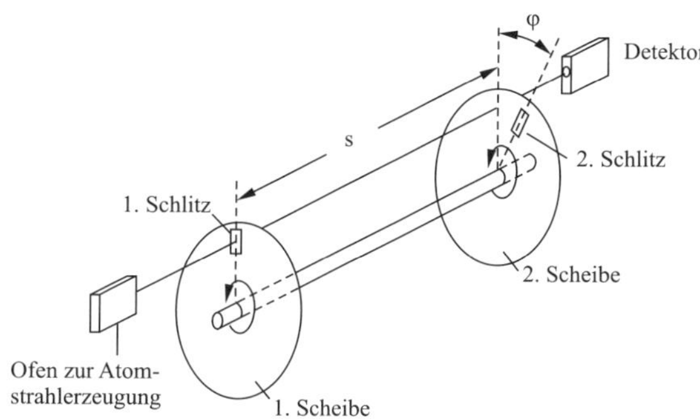

2.1 Berechnen Sie die maximale Geschwindigkeit v_1 derjenigen Natriumatome, die den Detektor erreichen. Die Drehzahl der Scheibenanordnung ist $n = 50\ s^{-1}$!
Leiten Sie dafür die Gleichung zur Berechnung der Geschwindigkeit v_1 her! (4 BE)

2.2 Erklären Sie, warum bei der Drehzahl $n = 50\ s^{-1}$ auch Atome mit kleineren Geschwindigkeiten als v_1 den Detektor erreichen!
Berechnen Sie die nächst niedrigere Geschwindigkeit v_2! (4 BE)

2.3 Berechnen Sie die Temperatur des Natriumgases im Ofen! Gehen Sie davon aus, dass v_1 die mittlere quadratische Geschwindigkeit $\sqrt{\overline{v^2}}$ aller Natriumatome ist! Leiten Sie die erforderliche Gleichung aus allgemeinen Zusammenhängen her!
[Kontrollergebnis: T = 1913 K] (3 BE)

2.4 Bei der Temperatur T_2 beträgt die mittlere kinetische Energie der Natriumatome $\overline{E}_{kin} = 0{,}9$ eV. Bei dieser Temperatur sendet das Gas gelbes Licht mit der Wellenlänge $\lambda = 589$ nm aus.
Vergleichen Sie die mittlere kinetische Energie der Natriumatome mit der Energie der abgestrahlten Photonen! Interpretieren Sie das Ergebnis Ihres Vergleiches! (4 BE)

Lösung

1.1 Die Kraft des elektrischen Feldes wirkt nach oben. Das Elektron wird von der positiven Platte angezogen und von der negativen abgestoßen.
Die Lorentzkraft wirkt nach der Dreifingerregel nach unten.

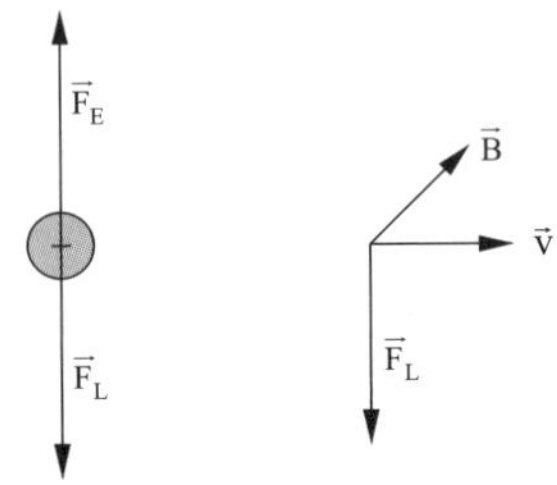

1.2 $F_L = evB \qquad F_E = E \cdot e$

$$evB = E \cdot e$$

$$v = \frac{E}{B}$$

1.3.1 Bewegt sich ein Elektron in einem homogenen Magnetfeld, so wirkt auf dieses die Lorentzkraft $F_L = e \cdot v \cdot B \cdot \sin\alpha$. α ist der Winkel zwischen dem Geschwindigkeitsvektor und dem Vektor der magnetischen Flussdichte. Im vorliegenden Fall beträgt er 90°. Die Richtung der Lorentzkraft lässt sich durch die Dreifingerregel ermitteln. Sie ist immer zum Mittelpunkt des Kreises gerichtet und stellt damit die Radialkraft dar. Bei der Bewegung handelt es sich also um eine gleichförmige Kreisbewegung.

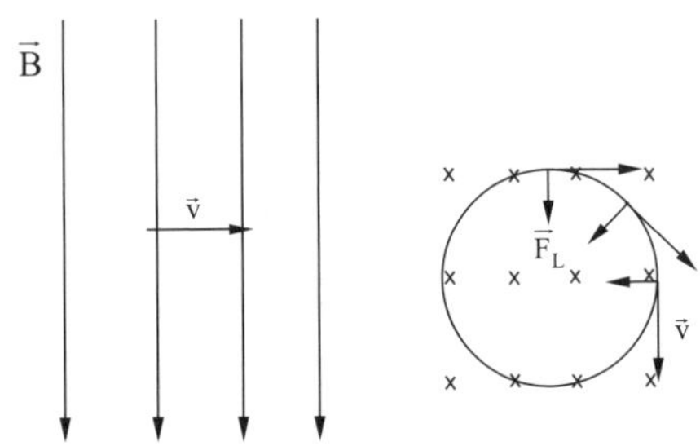

Seitenansicht

Draufsicht

1.3.2

$$r^2 = s^2 + \left(r - \frac{d}{2}\right)^2$$

$$r^2 = s^2 + r^2 - r \cdot d + \frac{d^2}{4}$$

$$r = \frac{s^2 + \frac{d^2}{4}}{d}$$

$$r = 0{,}913 \text{ m}$$

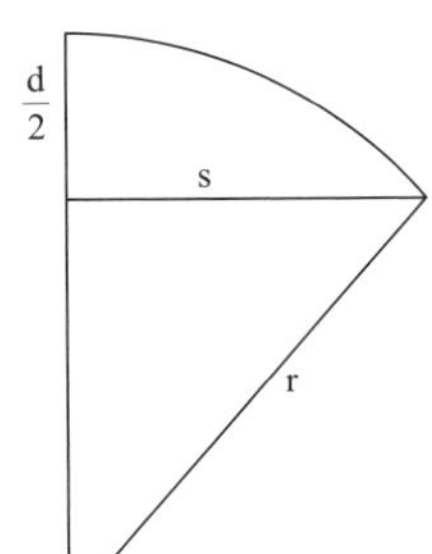

1.3.3 Die Lorentzkraft stellt die Radialkraft dar.

$$F_L = F_R$$

$$e \cdot v \cdot B = m_e \cdot \frac{v^2}{r}$$

$$e \cdot B = m_e \cdot \frac{v}{r} \qquad v = \frac{E}{B}$$

$$\frac{e}{m_e} = \frac{E}{B^2 \cdot r}$$

$$\frac{e}{m_e} = 1{,}051 \cdot 10^{11} \, \frac{As}{kg}$$

1.3.4 Berechnung der Geschwindigkeit der Elektronen

$$v = \frac{E}{B}$$

$$v = 2{,}4 \cdot 10^8 \, \frac{m}{s}$$

Berechnung der relativistischen Masse

$$m_e = \frac{m_{0e}}{\sqrt{1 - \frac{v^2}{c^2}}}$$

$$m_e = 1{,}517 \cdot 10^{-30} \text{ kg}$$

spezifische Ladung

$$\frac{e}{m_e} = 1{,}055 \cdot 10^{11} \, \frac{As}{kg}$$

Beide Werte sind etwa gleich groß.

1.3.5 $E_{kin} = E_{ges} - E_0$

$E_{kin} = (m_e - m_{0e}) \cdot c^2$

$E_{kin} = 5{,}46 \cdot 10^{-14}$ J

$E_{kin} = 341$ keV

2.1 Das Atom besitzt die Geschwindigkeit v, die Winkelgeschwindigkeit der Scheiben ist ω. In der Zeit t drehen sich die Scheiben um den Winkel ϕ.

$$v = \frac{s}{t} \qquad \omega = \frac{\phi}{t}$$

$$v = s \cdot \frac{\omega}{\phi} \qquad \omega = 2 \cdot \pi \cdot n$$

$$v = 2 \cdot \pi \cdot n \cdot \frac{s}{\phi}$$

Mit den gegeben Werten ergibt sich

$$v_1 = 2 \cdot \pi \cdot n \cdot \frac{s}{\phi}$$

$$v_1 = 1{,}44 \cdot 10^3 \frac{m}{s}.$$

2.2 Die Atome verlassen den Ofen mit unterschiedlicher Geschwindigkeit und fliegen durch den ersten Schlitz. Durch den zweiten Schlitz gelangen nur die Atome, deren Geschwindigkeit so groß ist, dass sie die Strecke s in der Zeit t zurücklegen, in der sich die Welle um den Winkel ϕ und um $\phi + k \cdot 360°$ dreht.

$$\phi = (360 + 5)°$$

$$v_2 = 2 \cdot \pi \cdot n \cdot \frac{s}{\phi}$$

$$v_2 = 19{,}7 \frac{m}{s}$$

2.3 mittlere kinetische Energie eines Teilchens:

$$\overline{E}_{kin} = \frac{m_m}{2} \cdot \overline{v^2} \quad \text{und} \quad \overline{E}_{kin} = \frac{3}{2} \cdot k \cdot T$$

k ist die Bolzmannkonstante. Beide Gleichungen werden gleichgesetzt und es ergibt sich

$$T = \frac{m_m \cdot \overline{v^2}}{3 \cdot k}.$$

Mit $m_m = 22{,}99$ u und v_1 ergibt sich

$$T = 1911 \text{ K}.$$

2.4

$$E_{ph} = h \cdot f$$

$$E_{ph} = h \cdot \frac{c}{\lambda}$$

$$E_{ph} = 3{,}38 \cdot 10^{-19} \text{ J}$$

$$E_{ph} = 2{,}1 \text{ eV}$$

Die Photonenenergie ist größer als die mittlere kinetische Energie eines Natriumteilchens.
Die Geschwindigkeitsverteilung und damit die Energieverteilung der Teilchen unterliegt der Maxwellverteilung. Es gibt also auch Teilchen mit größeren Energien als 2,1 eV. Kommt es zwischen diesen zu Stößen kann es zur Anregung mit anschließender Emission eines Photons kommen.

Leistungskurs Physik (Thüringen): Abiturprüfung 2003
Aufgabe B1: Wellenoptik

Bereits im Jahre 1802 beschrieb Th. Young (1733 bis 1829) ein Versuchsprinzip zum Nachweis von Welleneigenschaften des Lichtes. 1822 gelang es dann A. J. Fresnell (1788 bis 1827) durch einen geeigneten Versuchsaufbau, dies auch experimentell zu zeigen.
Er ließ hierzu in einem seiner Versuche monochromatisches Licht durch eine Spaltblende (SB) auf ein Biprisma (BP) fallen. Beim Durchgang des Lichtes durch das Prismenglas wurde dieses so gebrochen, dass der Schirm (S) scheinbar von 2 virtuellen Lichtquellen L_1 und L_2 beleuchtet wurde. Ihr Abstand liegt in der Größenordnung der Gitterkonstante optischer Gitter. Auf dem Schirm konnten dadurch in einem schmalen Bereich helle und dunkle Streifen wahrgenommen werden.

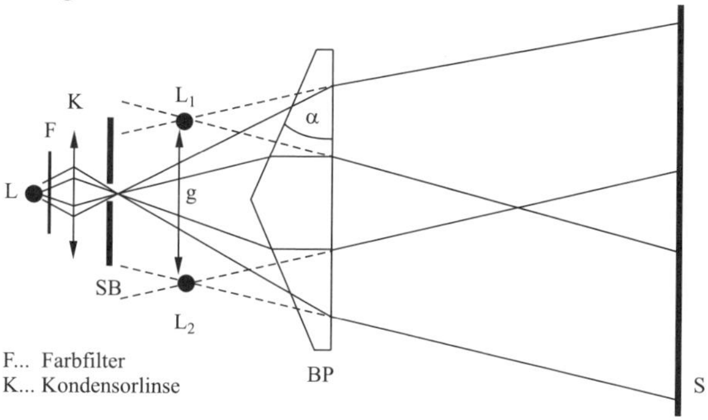

Abbildung nicht maßstäblich!

1 Erklären Sie die Entstehung der Streifen auf dem Schirm! Geben Sie an, in welchem Bereich des Schirmes diese wahrgenommen werden konnten! (5 BE)

2 Mit seiner Versuchsanordnung konnte Fresnell die Wellenlänge des verwendeten Lichtes ermitteln.
Dazu musste er zunächst den Abstand g der virtuellen Lichtquellen L_1 und L_2 zueinander messen. Fresnell plazierte dafür zusätzlich zu den angegebenen Teilen noch eine Sammellinse mit der Brennweite $f = 20{,}0$ cm so im Strahlengang zwischen BP und S, dass durch sie beide virtuellen Lichtquellen L_1 und L_2 scharf auf dem Schirm abgebildet wurden. Der Abstand der Linse zum Schirm betrug $s' = 1{,}00$ m. Auf dem Schirm waren die Abbilder der virtuellen Lichtquellen $b = 1{,}00$ mm voneinander entfernt zu sehen. Nachdem diese zusätzliche Linse wieder entfernt wurde, untersuchte er die Streifen auf dem Schirm. Es stellte sich heraus, dass der gegenseitige Abstand zweier benachbarter heller Streifen konstant war. Er betrug $\Delta y = 3{,}00$ mm.

Berechnen Sie die Wellenlänge λ!

Hinweise:

- Die zusätzliche Linse, mit deren Hilfe der Abstand der beiden virtuellen Lichtquellen L_1 und L_2 gemessen wurde, ist in der oben angegebenen Skizze aus Gründen der Übersichtlichkeit nicht dargestellt.
- Gehen Sie davon aus, dass L_1 und L_2 in einer parallel zum Schirm S verlaufenden Ebene liegen. (5 BE)

Lösung

1 Das Fresnel'sche Biprisma besteht aus zwei gleichen, an den Grundflächen zusammengefügten Prismen mit kleinen Brechungswinkeln. Licht, von der Spaltblende SB kommend, wird an beiden Prismen gebrochen. Als Ergebnis dieser Brechung breiten sich hinter den Prismen Lichtstrahlen aus, die so verlaufen, als hätten sie ihren Ursprung in den virtuellen kohärenten Lichtquellen L_1 und L_2. In der Schirmebene überlagern sich die Lichtwellen. Durch den Gangunterschied des Lichtes, verursacht durch die verschiedenen optischen Lichtwege, beobachtet man auf dem Schirm ein typisches Interferenzbild.
Helle Streifen stellen Interferenzmaxima dar, für deren Entstehung am betreffenden Ort ein Gangunterschied zwischen den sich überlagernden Lichtwellen von $\Delta x = k \cdot \lambda$ ($k \in \mathbb{G}$) bestehen muss. Dunkle Streifen stellen hingegen Interferenzminima dar, für deren Entstehung am betreffenden Ort ein Gangunterschied zwischen den sich überlagernden Lichtwellen von $\Delta x = (2\,k + 1)\,\lambda/2$ ($k \in \mathbb{G}$) bestehen muss.
Die Interferenzstreifen treten im Überlappungsbereich der beiden Teilbündel auf.

2 Zunächst bestimmt man mit Hilfe der Abbildungsgesetze der Strahlenoptik den Abstand g.

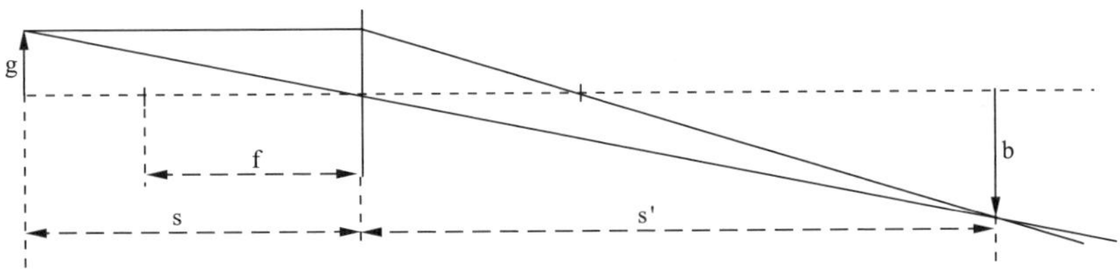

$f = 20\text{ cm} \qquad s' = 1\text{ m} \qquad b = -1\text{ mm}$

$$\frac{1}{f} = \frac{1}{s} + \frac{1}{s'}$$

$$s = \frac{s' \cdot f}{s' - f}$$

$$s = 0{,}25\text{ m}$$

$$-\frac{g}{b} = \frac{s}{s'}$$

$$g = b \cdot \frac{-s}{s'}$$

$$g = 2{,}5 \cdot 10^{-4}\text{ m}$$

g kann als Abstand zweier Spalte eines Doppelspaltes aufgefasst werden. g ist dabei gegenüber der Entfernung s + s' sehr klein.

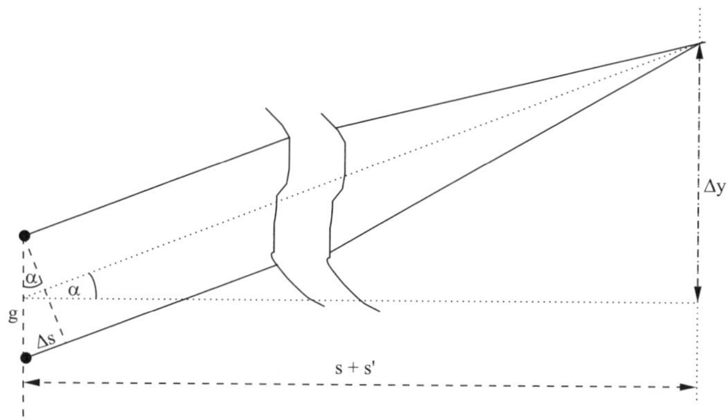

$\Delta y = 3\text{ mm}$ $\qquad k = 1$

$\sin(\alpha) = \frac{\Delta s}{g}$ $\qquad \Delta s = k \cdot \lambda$

$$\sin(\alpha) = \frac{k \cdot \lambda}{g}$$

$$\tan(\alpha) = \frac{\Delta y}{s' + s}$$

Wegen der Kleinheit von α kann man den Sinus gleich dem Tangens setzen.

$$\frac{k \cdot \lambda}{g} = \frac{\Delta y}{s' + s}$$

$$\lambda = \frac{\Delta y \cdot g}{k \cdot (s' + s)}$$

$$\lambda = 6 \cdot 10^{-7}\text{ m}$$

Leistungskurs Physik (Thüringen): Abiturprüfung 2003
Aufgabe B2: Quantenphysik

Am Anfang des 20. Jahrhunderts wurden eine Vielzahl von Phänomenen beobachtet, die nur durch eine völlig neue Denkweise in der Naturwissenschaft erklärt werden konnten. Die Theorie, die sich daraus entwickelt hat, nennt man heutzutage „Welle – Teilchen – Dualismus". Nach dieser Theorie kann man den Objekten, die bis dahin nur als Teilchen betrachtet wurden, auch Welleneigenschaften zuschreiben. Umgekehrt hat nach dieser Vorstellung Licht, das man als elektromagnetische Welle kannte, auch Teilcheneigenschaften.
A. EINSTEIN beschrieb 1905 Licht als einen Strom von Teilchen, denen man ebenso wie z. B. Elektronen und Protonen eine bestimmte Masse zuordnen kann.

1. Beschreiben und erklären Sie einen physikalischen Effekt, bei dem deutlich wird, dass Licht neben Welleneigenschaften auch Teilcheneigenschaften hat! Zeigen Sie dabei insbesondere, wie unter Beachtung des Teilchenmodells des Lichtes die Erklärung erfolgt! (5 BE)
   Hinweis: Es darf nicht der in der nachfolgenden Aufgabe beschriebene Effekt ausgewählt werden!

2 Die amerikanischen Physiker REBKA und POUND haben 1960 die Wechselwirkung zwischen Photonen und dem Gravitationsfeld der Erde untersucht. Sie wollten nachweisen, dass man Quanten die Teilcheneigenschaft „Masse" zuordnen kann. Dazu wurde folgender Versuch durchgeführt:
   Ein γ-Teilchen der Masse m_γ und der Frequenz $f = 2{,}0 \cdot 10^{19}$ Hz wurde unter dem Einfluss der Gravitation in der Nähe des Erdbodens eine Strecke $h = 20$ m senkrecht nach unten bewegt.
   Erklären Sie, weshalb dabei eine Frequenzänderung des Lichtes eintritt!
   Berechnen Sie die Änderung der Frequenz Δf! (5 BE)

Lösung

1 1. Beispiel: Fotoeffekt

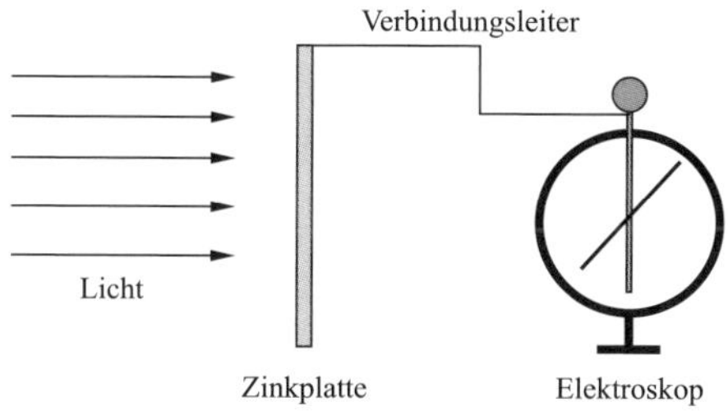

Beschreibung:
Eine negativ geladene Zinkplatte wird mit energiereichem Licht bestrahlt. Über ein Elektroskop kann man die Abnahme der negativen Ladungen beobachten, d. h. die Elektronen müssen die Metalloberfläche verlassen. Dieser Effekt ist erst oberhalb einer gewissen Grenzfrequenz zu beobachten.

Erklärung:
Die Existenz dieser Grenzfrequenz ist mit dem Wellenmodell des Lichtes nicht mehr möglich. Nach diesem Modell werden die Elektronen durch erzwungene Schwingungen, hervorgerufen durch das elektromagnetische Wechselfeld des Lichtes, zum Verlassen der Metalloberfläche gezwungen. Das Quantenmodell des Lichtes besagt nun, dass das Licht aus vielen kleinsten Energieportionen, den Quanten, besteht. Die Quanten sind gleichmäßig im Raum verteilt und besitzen die Energie hf. Beim Fotoeffekt trifft ein solches Quant auf ein Elektron und wird von diesem absorbiert. Ein Teil dieser Energie ist zum Verlassen der Metalloberfläche nötig (Ablösearbeit). Der restliche Teil verbleibt als kinetische Energie im Elektron. Die Energiebilanz des Fotoeffektes lautet also:

$$hf = W_A + E_{kin}.$$

Unterhalb einer gewissen Grenzfrequenz ist ein Herauslösen der Elektronen aus der Metalloberfläche nicht möglich, da die Energie eines Quants nicht ausreicht, um zumindest die Ablösearbeit zu leisten.

2. Beispiel: Comptoneffekt

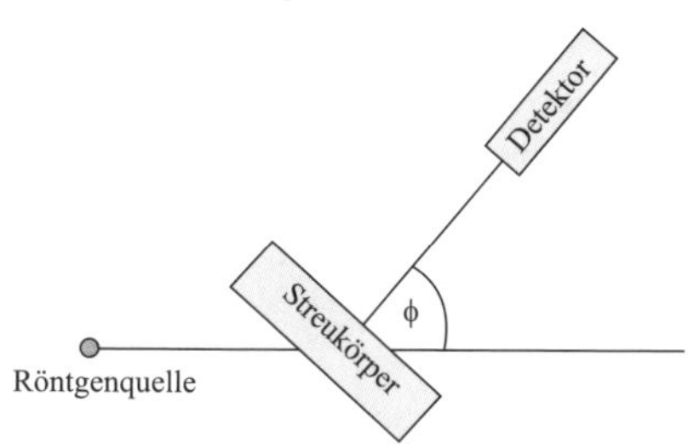

Auf ein Streukörper aus Graphit trifft Röntgenstrahlung. Dabei stellt man fest, dass ein Teil der gestreuten Röntgenstrahlen ihre Wellenlänge vergrößert hat. Die Wellenlängenänderung unterliegt der Gleichung $\Delta\lambda = \frac{h}{m_{0e} \cdot c}(1 - \cos\Phi)$.

Erklärung:
Dieser Effekt lässt sich mit dem Wellenmodell nicht erklären.
Die Quanten stoßen mit den als ruhend angenommenen Elektronen im Graphit zusammen und werden dabei gestreut. Je nach Streuwinkel geben die Quanten Energie und Impuls an die Elektronen ab. Es handelt sich also um einen vollständig elastischen Stoß zwischen einem Quant und ein Elektron. Es gelten die Stoßgesetze.

Energieerhaltungssatz: $E_Q + E_{0e} = E_Q^{'} + E_e^{'}$

Impulserhaltungssatz: $\vec{p}_Q = \vec{p}_Q^{\,'} + \vec{p}_e^{\,'}$

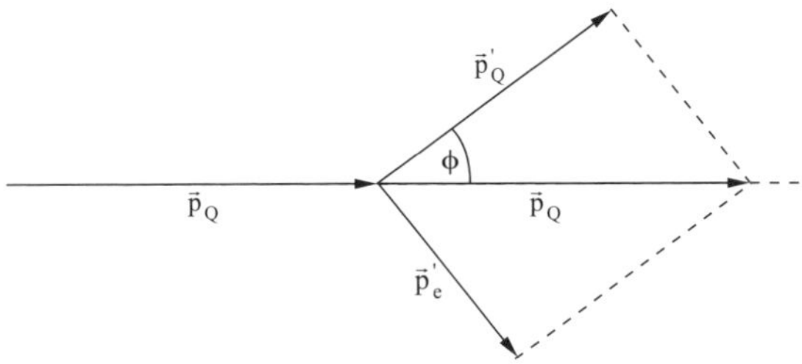

Aus dem Energieerhaltungssatz und dem Impulserhaltungssatz kann man die Gleichung für $\Delta\lambda$ herleiten.

3. Beispiel: Lichtmühle

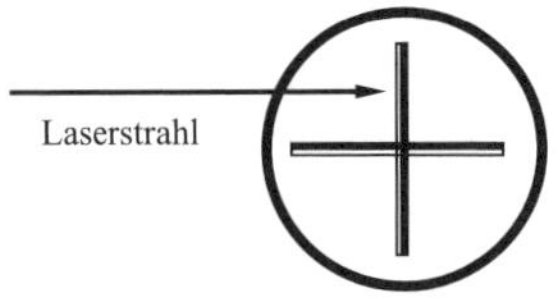

Die Flügel der Lichtmühle bestehen aus einer hellen und einer dunklen Seite. Im Inneren der Mühle befindet sich (verdünnte) Luft. Unter normalen Bedingungen dreht sich die Mühle von der schwarzen Seite weg, weil sich die schwarze Seite erwärmt, sich dort die Luftteilchen schneller bewegen und dem zu Folge häufiger auf die Oberfläche des Flügels treffen als auf der hellen Seite. Nimmt man einen starken Laserstrahl und richtet ihn auf die helle Seite kann man die Bewegung der Lichtmühle umkehren.

Erklärung:

Licht besteht aus einem Strom von Photonen, denen man einen Impuls $\frac{h}{\lambda}$ zuordnen kann. Diese treffen auf die helle Seite eines Flügel und werden reflektiert. Die Impulsänderung der Photonen ruft einen Kraftstoß hervor. Die Summe aller Kraftstöße ist für den Strahlungsdruck verantwortlich.

2 Das Photon bewegt sich im Schwerefeld der Erde. Dabei wird potenzielle Energie in Energie des Photons umgewandelt. Die Energie des Lichtes nimmt zu und somit kommt es zur Frequenzänderung des Lichtes.

Masse des Photons

$$m_{Ph} \cdot c^2 = h \cdot f$$

$$m_{Ph} = \frac{h \cdot f}{c^2}$$

Energieansatz

$$W = m_{Ph} \cdot g \cdot h$$

$$W = \frac{h \cdot f}{c^2} \cdot g \cdot h$$

$$h \cdot \Delta f = \frac{h \cdot f}{c^2} \cdot g \cdot h$$

$$\Delta f = \frac{f}{c^2} \cdot g \cdot h$$

$$\Delta f = 4{,}3 \cdot 10^4 \text{ Hz}$$

Leistungskurs Physik (Thüringen): Abiturprüfung 2003
Experiment E1: Mechanik

Bestimmen Sie experimentell die Fallbeschleunigung!
Leiten Sie die Gleichung zur Berechnung der Fallbeschleunigung aus grundlegenden physikalischen Ansätzen her!

Folgende Geräte und Hilfsmittel stehen zur Verfügung:

- Stoppuhr
- Rolle
- Faden
- 4 Wägestücke (10 g, 20 g, 100 g, 100 g)
- geneigte Ebene
- Stahlkugel mit bekanntem Radius
- Waage mit Zubehör
- Lineal
- Stativstäbe mit Zubehör

Hinweise:
- Beachten Sie, dass die Umstellung einer aus dem Tafelwerk entnommenen Gleichung nach der gesuchten Größe keine Herleitung ist!
- Es ist nicht erforderlich, alle vorgegebenen Geräte und Hilfsmittel zu verwenden.

Das Protokoll soll enthalten:

- Vorbetrachtungen und Beschreibung der Versuchsdurchführung
- Messprotokoll
- Auswertung
- Fehlerbetrachtung

(15 BE)

Lösung

Aufgabe:
Bestimmen Sie experimentell die Fallbeschleunigung!

Variante 1:
Bestimmung von g mit einem Fadenpendel

1 Vorbetrachtungen

Aus dem gegebenen Experimentiergerät kann ein Fadenpendel aufgebaut werden. Dieses kann bei einem kleinen Auslenkwinkel ($\alpha < 5°$) als mathematisches Pendel betrachtet werden. Für die Schwingungsdauer T gilt dann

$$T = 2\pi\sqrt{\frac{\ell}{g}},$$

wobei ℓ die Fadenlänge und T die Schwingungsdauer des Pendels ist.

Herleitung der Gleichung für die Schwingungsdauer:
Für eine harmonische Schwingung gilt das lineare Kraftgesetz $F_R = -D \cdot x$. Ist dieser Kraftansatz für einen harmonischen Oszillator erfüllt, gilt für die Schwingungsdauer

$$T = 2\,\pi\sqrt{\frac{m}{D}} \quad (1)\,.$$

Für $\alpha < 5°$ kann man den Kreisbogen b gleich x setzen. Es gilt

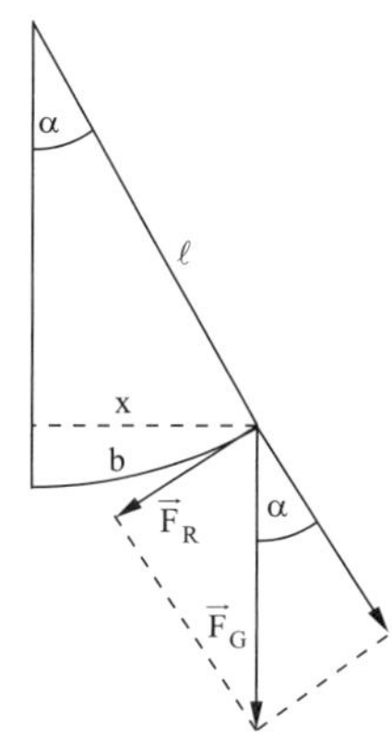

$$\sin\alpha = \frac{x}{\ell}.$$

Die Gewichtskraft wird in eine Fadenspannkraft und die rücktreibende Kraft F_R zerlegt.

$$\sin\alpha = \frac{F_R}{F_G}$$

Gleichsetzen der beiden Gleichungen ergibt

$$\frac{x}{\ell} = \frac{F_R}{mg}$$

$$F_R = \frac{mg}{\ell} \cdot x$$

Diese Gleichung hat die Struktur des Kraftansatzes eines harmonischen Oszillators. Die Direktionsgröße ist

$$D = \frac{mg}{\ell}.$$

Dieser Ausdruck wird in (1) eingesetzt und es ergibt sich

$$T = 2\pi\sqrt{\frac{\ell}{g}}.$$

Nach g umgestellt erhält man

$$g = \frac{4 \cdot \pi^2 \cdot \ell}{T^2}.$$

Es müssen also T und ℓ gemessen werden. Um die Genauigkeit von T zu erhöhen wird die Zeit t_{10} für 10 Schwingungen gemessen.

2 Messwerte

$\ell = 67$ cm

Messung	t_{10} in s	T in s
1	16,5	1,65
2	16,7	1,67
3	16,5	1,65
4	16,3	1,63
5	16,5	1,65

Mittelwert für T:

T = 1,65 s

3 Auswertung:

$$g = 9{,}71\ \frac{m}{s^2}$$

4 Fehlerbetrachtung

zufällige Fehler:
Messung der Pendellänge: $\Delta\ell = \pm 2$ mm
Messung der Schwingungsdauer: $\Delta t_{10} = \pm 0{,}2$ s $\rightarrow$ $\Delta T = \pm 0{,}02$ s

systematische Fehler:
Massenstück ist nicht punktförmig
Faden ist nicht reibungsfrei
Faden ist nicht masselos
Reaktionszeit bei der Zeitmessung

5 Diskussion

Die Fallbeschleunigung kann bei dieser Methode mit relativ hoher Genauigkeit bestimmt werden.

Variante 2:

Bestimmung von g mit einer geneigten Ebene

1 Vorbetrachtung:

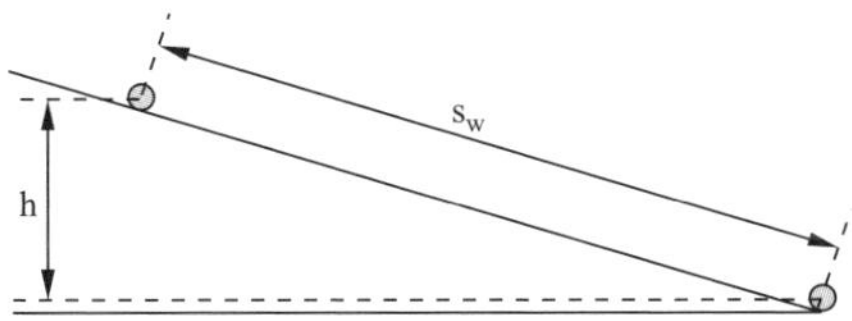

Beim Herabrollen der Kugel wird deren potenzielle Energie in Translationsenergie und Rotationsenergie umgewandelt.

$$E_{pot} = E_{kin} + E_{rot}$$

$$m_K \cdot g \cdot h = \frac{m_K \cdot v^2}{2} + \frac{J_K \cdot \omega^2}{2} \qquad v = \omega \cdot r \qquad J_K = \frac{2}{5} \cdot m_K \cdot r^2$$

$$m_K \cdot g \cdot h = \frac{m_K \cdot v^2}{2} + \frac{m_K \cdot v^2}{5}$$

$$g \cdot h = \frac{v^2}{2} + \frac{v^2}{5}$$

$$g = \frac{7 \cdot v^2}{10 \cdot h}$$

Die Höhe wird gemessen, die Geschwindigkeit am Ende der geneigten Ebene wird wie folgt bestimmt.

$$s_w = \frac{a}{2} \cdot t^2 \qquad v = a \cdot t$$

$$v = \frac{2 \cdot s_w}{t}$$

Es muss die Strecke s_w und die dazu benötigte Zeit t gemessen werden.

2 Messung

h = 2,7 cm

s_w = 39,5 cm

t_1 in s	t_2 in s	t_3 in s
1,35	1,21	1,28

Mittelwert: t = 1,28 s

3 Auswertung:

Mit den ermittelten Messwerten ergibt sich für die Fallbeschleunigung der folgende Wert.

$$g = 9{,}84 \ \frac{m}{s^2}$$

4 Fehlerbetrachtung:

zufällige Fehler:
Zeitmessung: $\Delta t = \pm 0{,}2$ s
Längenmessung: $\Delta s_w = \pm 1$ mm, $\Delta h = \pm 1$ mm

systematische Fehler:
Die Reibung der Kugel (auch am Rand der geneigten Ebene) wurde nicht berücksichtigt. Die Kugel führt dabei Rotationsbewegungen in verschiedene Richtungen durch, wobei der Anteil der Rotationsenergie größer als der beachtete ist. Es tritt weiterhin eine Reaktionszeit bei der Zeitmessung auf.

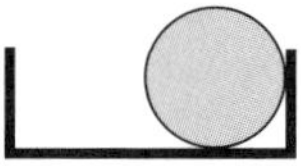

5 Diskussion

Trotz der genannten Fehler ist der ermittelte Wert relativ nahe am Tafelwert.

Variante 3:

Bestimmung von g mit einer Atwood'schen Fallmaschine.

1 Vorbetrachtungen

Die potenzielle Energie des Körper 1 wandelt sich in potenzielle Energie des Körper 2, in kinetische Energie von Körper 1 und 2 sowie in Rotationsenergie der Rolle um. Die Rolle kann als Scheibe (Vollzylinder) betrachtet werden.

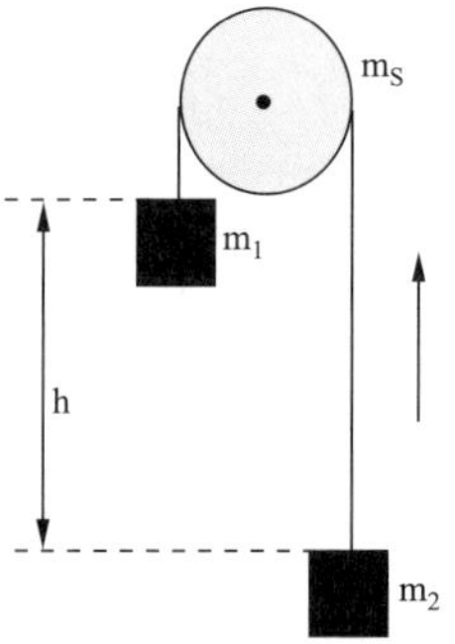

$$E_{pot1} = E_{pot2} + E_{kin1} + E_{kin2} + E_{rot}$$

$$m_1 \cdot g \cdot h = m_2 \cdot g \cdot h + \frac{(m_1 + m_2) \cdot v^2}{2} + \frac{J \cdot \omega^2}{2} \qquad v = \omega \cdot r \qquad J = \frac{1}{2} \cdot m_S \cdot r^2$$

$$m_1 \cdot g \cdot h = m_2 \cdot g \cdot h + \frac{(m_1 + m_2) \cdot v^2}{2} + \frac{m_S \cdot v^2}{4}$$

$$g = \frac{(2 \cdot m_1 + 2 \cdot m_2 + m_S) \cdot v^2}{4 \cdot h \cdot (m_1 - m_2)}$$

Bestimmung von v:

$$h = \frac{a}{2} \cdot t^2 \qquad v = a \cdot t$$

$$v = \frac{2 \cdot h}{t}$$

Damit müssen die Massen der Körper m_1 und m_2, die Masse der Scheibe m_S sowie der von den Körpern zurückgelegte Weg h und die dazu benötigte Zeit t gemessen werden.

2 Messung

$m_1 = 109$ g
$m_2 = 99$ g
$m_S = 8$ g
$h = 86$ cm

t_1 in s	t_2 in s	t_3 in s
2,5	2,6	2,4

Mittelwert: $t = 2{,}5$ s

3 Auswertung:

Mit den ermittelten Messwerten ergibt sich für die Fallbeschleunigung der folgende Wert.

$$g = 5{,}9\ \frac{m}{s^2}$$

4 Fehlerbetrachtung:

zufällige Fehler:
Massenmessung: $\Delta m_1 = \pm 1$ g, $\Delta m_2 = \pm 1$ g $\Delta m_S = \pm 1$ g
Zeitmessung: $\Delta t = \pm 0{,}2$ s
Längenmessung: $\Delta h = \pm 2$ mm

systematische Fehler:
Die Reibung der Rolle wurde nicht berücksichtigt. Es tritt weiterhin eine Reaktionszeit bei der Zeitmessung auf.

5 Diskussion

Aufgrund der genannten Fehler weicht der ermittelte Wert deutlich vom Tafelwert ab. Der Wert ließe sich durch eine Verminderung der Reibung wesentlich verbessern.

Leistungskurs Physik (Thüringen): Abiturprüfung 2003
Experiment E2: Wechselstromkreis

Untersuchen Sie durch geeignete Messungen im Gleich- und im Wechselstromkreis das Verhalten des elektrischen Bauelements in einer Black Box!
Geben Sie an, welches Bauelement sich in der Black Box befindet! Bestimmen Sie eine charakteristische Größe dieses Bauelements!

Die Black Box kann folgende Bauelemente enthalten:

- Glühlampe mit bekannter Leistung
- ohmscher Widerstand
- Spule

Begründen Sie in den Vorbetrachtungen die verwendeten Auswahlkriterien für jedes der angegebenen Bauelemente!

Folgende Geräte und Hilfsmittel stehen zur Verfügung:

- zwei Vielfachmessgeräte
- Drehwiderstand
- Schülerstromversorgungsgerät mit Gleich- und Wechselspannungsausgang
- Black Box
- Verbindungsleiter

Das Protokoll soll enthalten:

- Vorbetrachtungen und Beschreibung der Versuchsdurchführung
- Messprotokoll
- Auswertung
- Fehlerbetrachtung

(15 BE)

Lösung

1 Aufgabe

Untersuchen Sie durch geeignete Messungen im Gleich- und im Wechselstromkreis das Verhalten des elektrischen Bauelements in einer Black Box!
Geben Sie an, welches Bauelement sich in der Black Box befindet! Bestimmen Sie eine charakteristische Größe dieses Bauelements!

2 Vorbetrachtungen

Ohmscher Widerstand: Im Gleich- und im Wechselstromkreis besitzt dieses Bauelement den gleichen Widerstand. Dieser Widerstand ist im wesentlichen nicht temperaturabhängig.

Glühlampe: Im Gleich- und im Wechselstromkreis besitzt eine Glühlampe den gleichen Widerstand. Der Widerstand ist abhängig von der Leistungsaufnahme der Glühlampe, d. h. er ist temperaturabhängig.

Spule: Im Gleichstromkreiskreis besitzt die Spule einen ohmschen Widerstand R, im Wechselstrom einen Scheinwiderstand Z. Z ist größer als R.

Durchführung:

Zunächst ermittelt man die Widerstände im Gleich- und im Wechselstromkreis.

Fall 1: Sind die Widerstände gleich, so handelt es sich um einen ohmschen Widerstand oder eine Glühlampe. Bei beiden Bauelementen misst man den Widerstand noch einmal bei einer höheren Leistungsaufnahme. Der Widerstand der Glühlampe muss sich dann vergrößern. Bei beiden Bauelementen ist die charakteristische Größe der ohmsche Widerstand R.

Fall 2: Der Wechselstromwiderstand ist größer als der Gleichstromwiderstand. Es handelt sich um eine Spule. Die charakteristische Größe ist die Induktivität.

Schaltbild:

Da die Widerstände der Bauelemente relativ klein zu erwarten sind, wird die spannungsrichtige Schaltung verwendet.

Schaltbild:

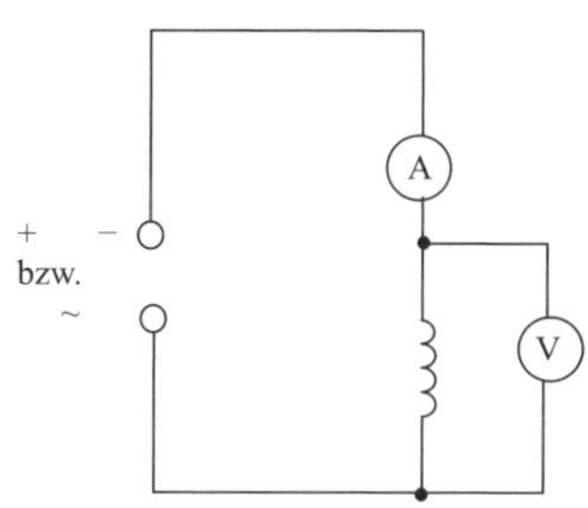

Bestimmung von R:

U und I werden im Gleichstromkreis gemessen. Es gilt

$$R = \frac{U}{I}.$$

Bestimmung von Z und L:

U und I werden im Wechselstromkreis gemessen. Es gilt

$$Z = \frac{U}{I}.$$

Die Frequenz entspricht mit 50 Hz der Netzfrequenz.

$$Z^2 = R^2 + (\omega L)^2$$

$$L = \sqrt{\frac{Z^2 - R^2}{(2 \cdot \pi \cdot f)^2}}$$

Messwerte:
Gleichstromkreis: U = 3,0 V I =19 mA
Wechselstromkreis: U = 3,4 V I = 3,9 mA

Auswertung:
Gleichstromkreis: R = 158 Ω
Wechselstromkreis: Z = 872 Ω

Es handelt sich also eindeutig um eine Spule. Die Bestimmung der Induktivität mit Hilfe obiger Gleichung liefert L = 2,7 H.

Fehlerbetrachtung:

zufällige Fehler:
- es wurden Messgeräte der Güteklasse 2,5 für die Gleichstrommessung bzw. 5 für die Wechselstrommessung verwendet, d. h., die prozentualen Größtfehler betragen schon bei Vollausschlag 2,5 % bzw. 5 %. Bei einem Teilausschlag sind die Fehler entsprechend größer.

systematische Fehler:
- es wurde die spannungsrichtige Schaltung verwendet, weshalb man einen systematischen Fehler bei der Strommessung hat. Zusätzlich zum zu messenden Strom durch die Spule, misst man den Strom durch das Voltmeter. Dieser Strom ist allerdings vergleichsweise gering.
- der Eisenkern der Spule wird bei verschiedenen Strömen unterschiedlich stark magnetisiert, d. h. die relative Permeabilität des Kerns und damit auch die Induktivität ändert sich.
- Widerstände der Verbindungsleiter wurden nicht beachtet.

6. Diskussion

Der ohmsche Widerstand, der Scheinwiderstand und die Induktivität konnten gut bestimmt werden, der gewählte Versuchsaufbau ist geeignet. Insgesamt lässt sich die Genauigkeit der Messungen durch das Verwenden hochwertigerer Messgeräte verbessern.

Leistungskurs Physik (Thüringen): Abiturprüfung 2004
Aufgabe A1: Elektromagnetische Schwingungen und Wellen

1 Gegeben ist die nachfolgende Schaltung zur Erzeugung freier ungedämpfter elektromagnetischer Schwingungen.

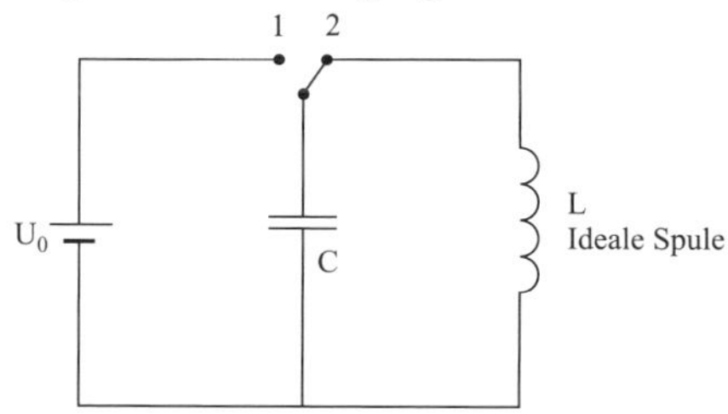

Der Kondensator besteht aus zwei Platten, von denen jede die Fläche $A = 0{,}79\ cm^2$ hat. Die Platten wurden von beiden Seiten gegen ein $d = 1{,}00$ mm dickes Porzellanplättchen gleicher Größe gepresst. Die Dielektrizitätszahl des Porzellans ist $\varepsilon_r = 6{,}00$.

1.1 Beschreiben Sie, wie mithilfe der Schaltung elektromagnetische Schwingungen erzeugt werden können!

(2 BE)

1.2 Erklären Sie das Entstehen der elektromagnetischen Schwingungen!

(3 BE)

1.3 Leiten Sie die Gleichung zur Berechnung der Schwingungsdauer für einen Schwingkreis her!

(3 BE)

1.4 Berechnen Sie die Induktivität der Spule, wenn der Schwingkreis die Eigenfrequenz $f_0 = 225$ kHz hat!
(Kontrollergebnis: $L = 120$ mH) (4 BE)

1.5 Berechnen Sie die Amplitude des Schwingkreisstromes, wenn der Kondensator auf die Spannung $U_0 = 115$ V aufgeladen wurde!

(2 BE)

1.6 Skizzieren Sie den Graph für die Abhängigkeit der magnetischen Feldenergie von der Zeit im Intervall $0 \le t \le T$!
Für den Zeitpunkt $t_0 = 0$ s gilt für die Spannung am Kondensator $U_C(t) = U_0 = U_{max}$.

(2 BE)

1.7 Vergleichen Sie die elektromagnetische Schwingung im Schwingkreis mit der Schwingung eines Federschwingers in Bezug auf jeweils zwei charakteristische Größen! Begründen Sie Ihre Aussagen!

(3 BE)

1.8 Nennen Sie zwei Beispiele für technische Anwendungen von Schwingkreisen!

(2 BE)

2 An einer Steilküste befindet sich eine Sendeanlage für Hertz'sche Wellen im UKW-Bereich. Sie besteht aus zwei gleich langen, vertikal aufgestellten Sendedipolen. Ihr Abstand zueinander beträgt b = 3,75 m. Beide schwingen gleichphasig und mit derselben Frequenz.

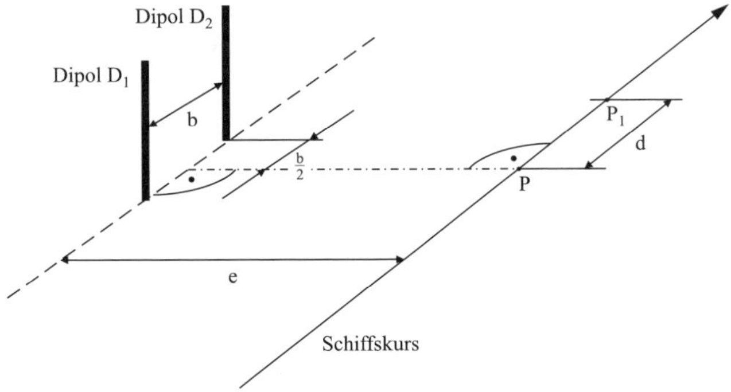

2.1 Die von beiden Sendedipolen ausgestrahlten Wellen werden auf einem Schiff empfangen, das in der Entfernung e = 2,00 km mit geringer Geschwindigkeit einen Kurs parallel zur Verbindungslinie der beiden Antennen steuert. Beim Durchfahren des Ortes P stellt der Funker auf dem Schiff fest, dass das vom Küstensender empfangene Signal seine größte Intensität hat. Diese vermindert sich bei der weiteren Fahrt entlang des angegebenen Kurses. Im Punkt P_1, der d = 874 m von P entfernt ist, verschwindet das Signal erstmals kurzzeitig. Anschließend nimmt seine Intensität wieder zu.

2.1.1 Erklären Sie die Veränderung der auf dem Schiff registrierten Intensität des Signals!

(4 BE)

2.1.2 Berechnen Sie die Sendefrequenz der beiden Antennen!

(5 BE)

2.1.3 Untersuchen Sie, ob bei der weiteren Fahrt des Schiffes das empfangene Signal nochmals verschwindet!

(3 BE)

2.2 Der Abstand b der Sendedipole soll nun so verändert werden, dass auf dem angegebenen Schiffskurs nur noch im Punkt P ein Maximum der Signalstärke existiert. Geben Sie den maximalen Abstand b an und begründen Sie Ihre Aussage!

(2 BE)

Lösung

1.1 In Schalterstellung 1 wird der Kondensator geladen. Beim Umlegen des Schalters auf Stellung 2 wird der Kondensator entladen und durch die in 1.2 beschriebenen Vorgänge kommt es zu elektromagnetischen Schwingungen im Schwingkreis.

1.2 Beim Umlegen des Schalters kommt es zu einem Entladestrom, der in der Spule ein Magnetfeld aufbaut. Der Aufbau des Magnetfeldes bedeutet eine zeitlich Änderung des magnetischen Flusses in der Spule, weshalb laut dem Induktionsgesetz eine Spannung/ ein Strom induziert wird. Der Induktionsstrom ist aufgrund der Lenz'schen Regel dem Entladestrom entgegengerichtet, denn der Aufbau des Magnetfeldes soll verhindert werden. Im weiteren Verlauf erreicht der resultierende Strom und damit die magnetische Flussdichte der Spule einen Höhepunkt und nimmt wieder ab. Da der Induktionsstrom laut Lenz'scher Regel immer seiner Ursache (Änderung des magnetischen Flusses) entgegen wirkt, soll jetzt der Abbau des Magnetfeldes verhindert werden. Der Induktionsstrom zeigt nun in Richtung des Entladestromes, der Kondensator wird wieder aufgeladen (umgekehrte Polung) und der Vorgang beginnt von neuem.

1.3 Aus $U_{C\,max} = U_{L\,max}$ folgt $X_C = X_L$ und damit:

$$\frac{1}{2 \cdot \pi \cdot f \cdot C} = 2 \cdot \pi \cdot f \cdot L$$

$$f = \frac{1}{2 \cdot \pi \cdot \sqrt{L \cdot C}}$$

$$T = 2 \cdot \pi \cdot \sqrt{L \cdot C}$$

1.4 Es gilt:

$$L = \frac{T_0^2}{4 \cdot \pi^2 \cdot C}$$

Mit

$$C = \varepsilon_r \cdot \varepsilon_0 \cdot \frac{A_C}{d}; \quad C = 4{,}197 \cdot 10^{-12}\,F$$

und

$$T_0 = \frac{1}{f_0}; \quad T_0 = 4{,}444 \cdot 10^{-6}\,s$$

folgt:

$$L = 0{,}119\,H$$

1.5 $I_{max} = \dfrac{U_{max}}{X_C}$; mit $U_{max} = 115\,V$ und

$$X_C = \frac{1}{2 \cdot \pi \cdot f_0 \cdot C}; \quad X_C = 1{,}685 \cdot 10^5\,\Omega$$

folgt:

$$I_{max} = 6{,}823 \cdot 10^{-4}\,A$$

1.6 Zeitlicher Verlauf der magnetischen Feldenergie:

$$E(t) := \frac{1}{2} L \cdot (I_{max} \cdot \sin(2 \cdot \pi \cdot f \cdot t))^2$$

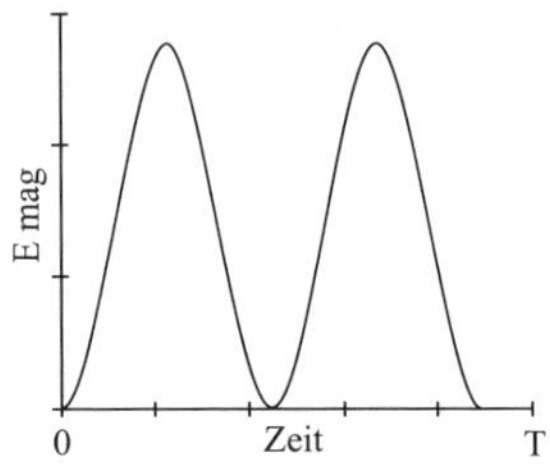

1.7 Beim Federschwinger wird potenzielle Energie in kinetische umgewandelt und umgekehrt. Beim Schwingkreis wandelt sich elektrische Feldenergie in magnetische Feldenergie um.

Des Weiteren gilt für den Kraftansatz beim Federschwinger:

$$m \cdot \frac{d}{dt} v(t) = -D \cdot x(t)$$

Für den Schwingkreis gilt:

$$L \cdot \frac{d}{dt} I(t) = -\frac{1}{C} \cdot Q(t)$$

Somit lassen sich folgende Analogien aufstellen:

$$m \Leftrightarrow L$$
$$D \Leftrightarrow \frac{1}{C}$$
$$x \Leftrightarrow Q$$
$$v \Leftrightarrow I$$
$$F \Leftrightarrow U$$

1.8 Der Schwingkreis wird zum Beispiel bei der Erzeugung der Trägerfrequenz bei einem AM-Sender genutzt. Der Abstimmkreis bei einem AM-Empfänger stellt eine zweite Anwendung dar. Generell werden Schwingkreise immer dort eingesetzt, wo man hochfrequente bzw. in der Frequenz veränderliche elektromagnetische Schwingungen benötigt.

2.1.1 Die von D_1 und D_2 ausgehenden Wellen interferieren miteinander. Je nach Gangunterschied ergeben sich im Wellenfeld Maxima und Minima. Für den Gangunterschied bei Maxima gilt

$$\Delta s = k \cdot \lambda,$$

für Minima

$$\Delta s = (2k+1) \cdot \frac{\lambda}{2}.$$

Ändert das Schiff seinen Ort im Wellenfeld, so ändert sich auch der Gangunterschied und somit die Wahrnehmung der Interferenzerscheinung.

2.1.2

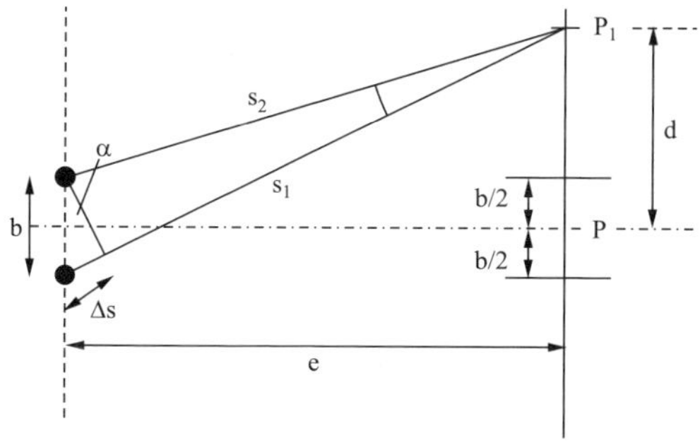

Für das erste Minimum gilt $\Delta s = (2k+1)\cdot\frac{\lambda}{2}$, wobei k = 0 ist.

$$\Delta s = \frac{\lambda}{2} \qquad s_1 = \sqrt{e^2 + \left(d + \frac{b}{2}\right)^2}$$

$$s_2 = \sqrt{e^2 + \left(d - \frac{b}{2}\right)^2}$$

Da s_1 und s_2 sehr viel größer als b sind, gilt in guter Näherung

$$\Delta s = s_1 - s_2$$

$$\Delta s = 1{,}502 \text{ m}$$

und damit:

$$\lambda = 2\cdot\Delta s$$

$$f = \frac{c}{\lambda}$$

$$f = 1\cdot 10^8\,\text{Hz}$$

2.1.3 Bei einem weiteren Minimum ist k = 1.

$$\sin\alpha = \frac{\Delta s}{b} = \frac{(2\cdot k+1)\cdot\lambda}{2\cdot b} = 1{,}201 > 1$$

Das Ergebnis liegt außerhalb des Wertebereichs der Sinusfunktion, es tritt somit kein weiteres Minimum auf.

2.2 Soll nur ein einziges Maximum am Punkt P existieren, müsste das 2. nachweisbare Maximum mit k = 1 unter einem Winkel von 90° entstehen. Der Sinus hat dann den Wert 1 und es gilt:

$$\sin(\alpha) = \frac{k\cdot\lambda}{b}$$

$$b = \lambda$$

$$b = 3{,}003 \text{ m}$$

Der maximale Abstand beträgt somit 3,003 m.

Leistungskurs Physik (Thüringen): Abiturprüfung 2004
Aufgabe A2: Quantenphysik, Mechanik des starren Körpers

1 In der Quantenphysik wird u. a. der Aufbau der Materie sowie die Wechselwirkung von Strahlung und Materie beschrieben.

1.1 Das Bohr'sche Atommodell lässt sich auch auf He^{+}-Ionen anwenden. Für die möglichen Energieniveaus dieser Ionen gilt:

$$E_n = E_1 \cdot \frac{1}{n^2}$$

E_n … Energie des Niveaus mit der Hauptquantenzahl n

Daraus ergibt sich für die ersten fünf Niveaus bei He^{+} das folgende Schema:

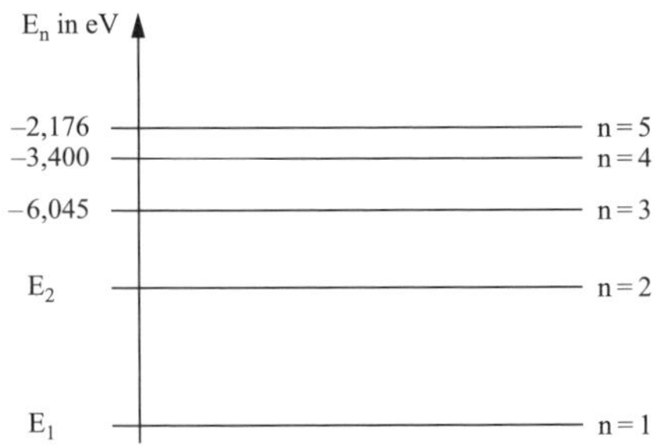

1.1.1 Berechnen Sie die fehlenden Energien E_1 und E_2!

(2 BE)

1.1.2 Berechnen Sie die maximale Wellenlänge des Lichtes, das unter Berücksichtigung der angegebenen Energieniveaus vom He^{+}-Ion emittiert werden kann!
Geben Sie für diese Wellenlänge den Bereich des elektromagnetischen Spektrums an!

(3 BE)

1.1.3 Bestimmen Sie die Energie, die zur vollständigen Ionisation des He^{+}-Ions führt!

(1 BE)

1.1.4 Berechnen Sie die Masse und den Impuls der Lichtquanten für Licht der Wellenlänge $\lambda = 1013$ nm!

(3 BE)

1.2 Bei Bestrahlung von Materie mit Licht treten Wechselwirkungen zwischen Photonen und Elektronen auf.

1.2.1 Natriumgas wird mit Licht der Frequenz $f = 1{,}48 \cdot 10^{15}$ Hz bestrahlt. Dabei absorbiert ein Natriumatom im Grundzustand ein Photon.
Berechnen Sie die kinetische Energie des emittierten Elektrons, wenn die Ionisierungsenergie des Natriumatoms $E_{ion} = 5{,}14$ eV beträgt!

(3 BE)

1.2.2 Zeigen Sie unter Verwendung des Energie- und Impulserhaltungssatzes, dass die Energie eines Photons bei der Wechselwirkung mit einem freien ruhenden Elektron nicht vollständig in kinetische Energie des Elektrons umgewandelt werden kann!
Beachten Sie, dass eine relativistische Betrachtungsweise notwendig ist!

(2 BE)

2 Eine Schwungscheibe A besteht aus Stahl und hat einen Durchmesser $d_A = 30$ cm. Sie soll als ein Vollzylinder betrachtet werden, dessen Höhe $h_A = 60$ mm beträgt. Der Antrieb der Schwungscheibe erfolgt über die Welle A. Das Trägheitsmoment dieser Welle beträgt $J_W = 0{,}15\ \text{kg} \cdot \text{m}^2$. Gegenüber der Schwungscheibe A ist auf einer zweiten Welle die Schwungscheibe B befestigt. Beide Schwungscheiben berühren sich zunächst nicht.

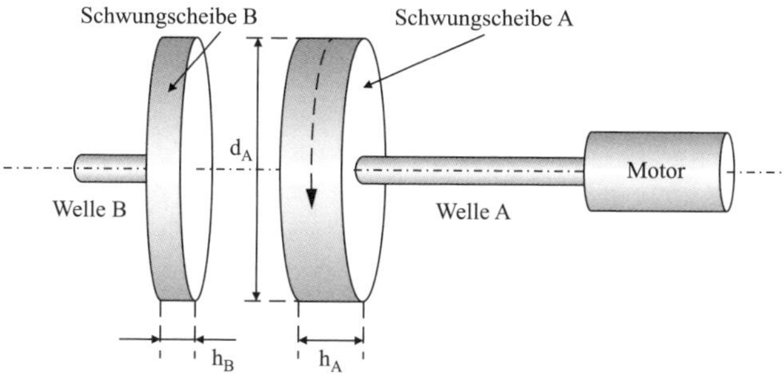

2.1 Die Schwungscheibe A wird über die Antriebswelle von einem Motor beschleunigt. Dabei wird die Drehzahl n zu verschiedenen Zeitpunkten gemessen. Es ergeben sich folgende Messwerte:

t in s	0	10,0	16,0	20,0
n in min^{-1}	50	175	250	300

2.1.1 Stellen Sie die Abhängigkeit der Drehzahl n von der Zeit t grafisch dar!
Nennen Sie die Art der Bewegung und begründen Sie Ihre Aussage!

(3 BE)

2.1.2 Berechnen Sie die Winkelbeschleunigung!
[Kontrollergebnis: $\alpha = 1{,}31\ \text{s}^{-2}$]

(3 BE)

2.1.3 Berechnen Sie die Anzahl der Umdrehungen, die die Schwungscheibe A bis zum Zeitpunkt $t = 20{,}0$ s ausgeführt hat!

(3 BE)

2.1.4 Berechnen Sie das Drehmoment, das die beschriebene Bewegung verursacht!

(5 BE)

2.1.5 Geben Sie die physikalische Bedeutung des Trägheitsmomentes an!

(2 BE)

2.2 Zum Zeitpunkt t = 20,0 s wird der Motor von der Welle A abgekoppelt und die Schwungscheibe A sofort auf die vorher ruhende Schwungscheibe B gepresst.
Das gemeinsame Trägheitsmoment von Schwungscheibe B und Welle B beträgt $J_2 = 0{,}186\ \text{kg} \cdot \text{m}^2$.

2.2.1 Berechnen Sie die Drehzahl n_2, die sich unmittelbar nach der Verbindung beider Scheiben einstellt!
[Kontrollergebnis: $n_2 = 3{,}69\ \text{s}^{-1}$]

(2 BE)

2.2.2 Berechnen Sie den Betrag der Energie, der beim Verbinden beider Schwungscheiben in Wärme umgewandelt wird!

(3 BE)

Lösung

1.1.1 $E_n = E_1 \cdot \frac{1}{n^2}$

Berechnung von E_1: $n = 3$ $E_3 = -6{,}045\ \text{eV}$

$E_1 = E_3 \cdot n^2$ $E_1 = -54{,}4\ \text{eV}$

Berechnung von E_2: $n = 2$

$E_2 = E_1 \cdot \frac{1}{n^2}$ $E_2 = -13{,}6\ \text{eV}$

1.1.2 Die maximale Wellenlänge wird beim Übergang vom 5. zum 4. Energieniveau emittiert.

$E_5 = -2{,}176\ \text{eV}$ $E_4 = -3{,}4\ \text{eV}$

$\Delta E = E_5 - E_4$

$\Delta E = 1{,}224\ \text{eV}$

$\Delta E = 1{,}958 \cdot 10^{-19}\ \text{J}$

$\Delta E = h \cdot f$ $c = \lambda \cdot f$

$\Delta E = h \cdot \frac{c}{\lambda}$

$\lambda = \frac{h \cdot c}{\Delta E}$

$\lambda = 1{,}015 \cdot 10^{-6}\ \text{m}$

Die Wellenlänge befindet sich im Bereich des infraroten Lichtes.

1.1.3 Das He^+-Ion wird vollständig ionisiert, wenn das Elektron das Atom verlässt: $n \to \infty$, $E_\infty = 0\ \text{eV}$.

$\Delta E = 0\ \text{eV} - E_1$

$\Delta E = 54{,}405\ \text{eV}$

$\Delta E = 8{,}705 \cdot 10^{-18}\ \text{J}$

1.1.4 $h \cdot f = m_{Ph} \cdot c^2$ $f = \frac{c}{\lambda}$

$\frac{h}{\lambda} = m_{Ph} \cdot c$

$p_{Ph} = \frac{h}{\lambda}$ $p_{Ph} = 6{,}528 \cdot 10^{-28}\ \text{N} \cdot \text{s}$

$m_{Ph} = \frac{h}{c \cdot \lambda}$ $m_{Ph} = 2{,}176 \cdot 10^{-36}\ \text{kg}$

1.2.1 Ein Teil der absorbierten Energie wird benötigt um das Atom zu ionisieren. Der Rest verbleibt als kinetische Energie im Elektron.

$$E_{Ph} = h \cdot f$$

$$E_{Ph} = 6{,}129\ eV \qquad E_{ion} = 5{,}14\ eV$$

$$E_{kin} = E_{Ph} - E_{ion}$$

$$E_{kin} = 0{,}989\ eV \qquad E_{kin} = 1{,}583 \cdot 10^{-19}\ J$$

1.2.2 Energieerhaltungssatz:

$$m_{e0}c^2 + hf = \frac{m_{e0}c^2}{\sqrt{1-\left(\frac{v}{c}\right)^2}} \qquad (1)$$

Impulserhaltungssatz:

$$\frac{hf}{c} = \frac{m_{e0}v}{\sqrt{1-\left(\frac{v}{c}\right)^2}} \qquad (2)$$

Aus (2) folgt (2'):

$$hf = \frac{m_{e0}vc}{\sqrt{1-\left(\frac{v}{c}\right)^2}}$$

Einsetzen von (2') in (1) und Umformen ergibt:

$$m_{e0}c^2 + \frac{m_{e0}vc}{\sqrt{1-\left(\frac{v}{c}\right)^2}} = \frac{m_{e0}c^2}{\sqrt{1-\left(\frac{v}{c}\right)^2}}$$

$$c + \frac{v}{\sqrt{1-\left(\frac{v}{c}\right)^2}} = \frac{c}{\sqrt{1-\left(\frac{v}{c}\right)^2}}$$

$$c = \frac{c-v}{\sqrt{1-\left(\frac{v}{c}\right)^2}}$$

$$c^2 = \frac{(c-v)^2}{1-\left(\frac{v}{c}\right)^2}$$

$$c^2 - v^2 = c^2 + v^2 - 2 \cdot c \cdot v$$

$$v^2 = c \cdot v$$

Das Elektron müsste sich nach der Absorption entweder mit Lichtgeschwindigkeit c bewegen oder das Elektron müsste in Ruhe (v = 0) bleiben.
Beides führt zum Widerspruch!

2.1.1 Abhängigkeit der Drehzahl von der Zeit:

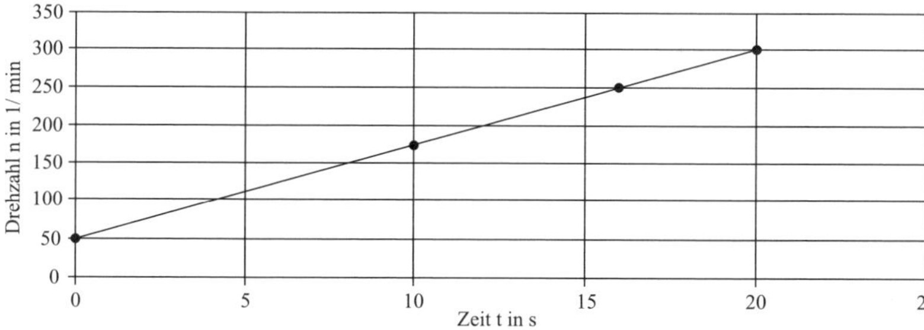

Es handelt sich um eine gleichmäßig beschleunigte Drehbewegung, weil die Drehzahl (Winkelgeschwindigkeit) gleichmäßig mit der Zeit zunimmt.

2.1.2 Anfangswinkelgeschwindigkeit:

$$n_0 = \frac{50}{min} \qquad n_0 = 0,833\ Hz$$

$$\omega_0 = 2 \cdot \pi \cdot n_0$$

$$\omega_0 = 5,24\ Hz$$

Winkelgeschwindigkeit nach 20 s:

$$n_{20} = \frac{300}{min} \qquad n_{20} = 5\ Hz \text{ Winkelbeschleunigung:}$$

$$\omega = 2 \cdot \pi \cdot n_{20}$$

$$\omega = 31,4\ Hz$$

Winkelbeschleunigung:

$$\alpha = \frac{\omega - \omega_0}{\Delta t}$$

$$\alpha = 1,31 \frac{1}{s^2}$$

2.1.3 In t = 20 s überstrichener Winkel:

$$\varphi = \frac{\alpha \cdot t^2}{2} + \omega_0 \cdot t \qquad \varphi = 367$$

Anzahl der Umdrehungen:

$$N = \frac{\varphi}{2 \cdot \pi} \qquad N = 58,4$$

2.1.4 Es gilt:

$$M = J_{ges} \cdot \alpha$$

Das Trägheitsmoment J_{ges} setzt sich aus dem Trägheitsmoment $J_W = 0{,}15\ kgm^2$ der Welle A und dem Trägheitsmoment J_A des Körpers A zusammen.

Trägheitsmoment J_A:
Es handelt sich um einen Vollzylinder aus Stahl.
Mit $r_A = 15\,cm$, $h_A = 60\ mm$ und $\rho_{St} = 7{,}86 \cdot 10^3\ \frac{kg}{m^3}$ erhält man:

$$J_A = \frac{m_A \cdot r_A^2}{3} \qquad m_A = \rho_{St} \cdot V \qquad V = \pi \cdot r_A^2 \cdot h_A$$

$$m_A = 33{,}335\ kg \qquad V = 4{,}241 \cdot 10^{-3}\,m^3$$

$$J_A = 0{,}375\ kg\ m^2$$

Trägheitsmoment J_{ges}:

$$J_{ges} = J_A + J_W$$

$$J_{ges} = 0{,}525\ kg\ m^2$$

Über $M = J_{ges} \cdot \alpha$ ergibt sich ein Drehmoment von $M = 0{,}687\ Nm$.

2.1.5 Das Trägheitsmoment beschreibt die Masse und die Massenverteilung eines Körpers. Es ist ein Maß für die Trägheit gegen die Änderung einer Drehbewegung.

2.2.1 Es gilt der Drehimpulserhaltungssatz.
Aus Aufgabe 2.1.2 ist die Winkelgeschwindigkeit $\omega_1 = 31{,}4\ Hz$ bekannt.

$$(J_A + J_W) \cdot \omega_1 = (J_A + J_W + J_2) \cdot \omega_2$$

$$\omega_2 = \frac{(J_A + J_W) \cdot \omega_1}{J_A + J_W + J_2}$$

$$\omega_2 = 23{,}2\ Hz$$

Drehzahl n_2:

$$n_2 = \frac{\omega_2}{2 \cdot \pi}$$

$$n_2 = 3{,}69\ Hz$$

2.2.2 $E_{rot1} = \frac{(J_A + J_W) \cdot \omega_1^2}{2}$ $\qquad E_{rot1} = 259\ J$

$$E_{rot2} = \frac{(J_A + J_W + J_2) \cdot \omega_2^2}{2} \qquad E_{rot2} = 191\ J$$

$$Q = E_{rot1} - E_{rot2}$$

$$Q = 68\ J$$

Leistungskurs Physik (Thüringen): Abiturprüfung 2004
Aufgabe B1: Thermodynamik

Im Jahre 1816 entwickelte der schottische Geistliche ROBERT STIRLING (1790 – 1878) mit seinem Heißluftmotor nach den Dampfmaschinen von NEWCOMEN und WATT die zweite wirtschaftlich nutzbare Wärmekraftmaschine. Der Prozess, nach dem diese Maschine arbeitet, setzt sich aus isothermen und isochoren Zustandsänderungen zusammen.
Vorteile des Stirlingmotors (z. B.: hoher Wirkungsgrad, Nutzung verschiedener Wärmequellen) ließen das Interesse an diesem Motor in unserer Zeit wieder aufleben.

1 Beschreiben Sie den Ablauf des Stirling'schen Kreisprozesses! Gehen Sie dabei auch auf Volumenarbeit und Wärme ein!
Der Ausgangszustand des Kreisprozesses ist durch den größten Druck und das kleinste Volumen festgelegt!

(4 BE)

2 Leiten Sie die Gleichung für den thermischen Wirkungsgrad des Stirling'schen Kreisprozesses her und berechnen Sie diesen!
Begründen Sie, warum der real arbeitende Stirlingmotor einen kleineren thermischen Wirkungsgrad hat!
Gegeben sind für den Ausgangszustand $p_1 = 3 \cdot 10^5$ Pa, $V_1 = 200$ cm^3 und $T_1 = 673$ K. Darüber hinaus gilt für die Wärme bei der ersten Zustandsänderung $Q_{12} = 204$ J. Der kleinste Druck beträgt $p_3 = 5{,}17 \cdot 10^3$ Pa. Vor der isochoren Erwärmung ist der Gasdruck $p_4 = 1{,}55 \cdot 10^5$ Pa.

(6 BE)

Lösung

1 p-V-Diagramm:

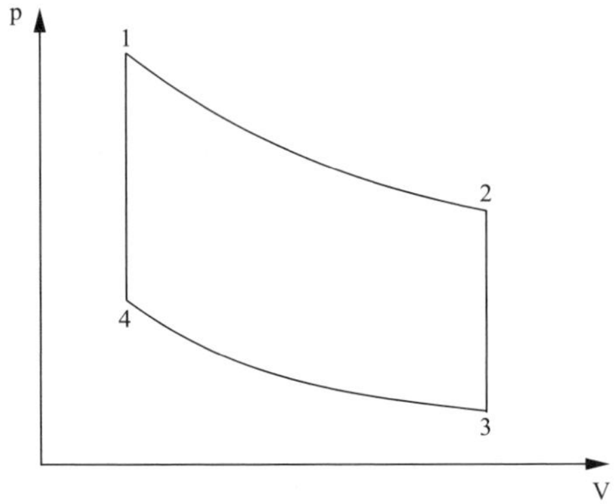

Prozess	Zustandsänderung	Arbeit	Wärme
$1 \rightarrow 2$	Isotherme Expansion	Das System verrichtet Arbeit. $W_{12} = -n \cdot R \cdot T_1 \cdot \ln\left(\frac{V_2}{V_1}\right)$	Dem System wird Wärme zugeführt. $Q_{12} = n \cdot R \cdot T_1 \cdot \ln\left(\frac{V_2}{V_1}\right)$
$2 \rightarrow 3$	Isochore Druckverringerung	$W_{23} = 0$	Das System gibt Wärme ab. $Q_{23} = c_V \cdot m \cdot (T_2 - T_1)$
$3 \rightarrow 4$	Isotherme Kompression	Am System wird Arbeit verrichtet. $W_{34} = -n \cdot R \cdot T_2 \cdot \ln\left(\frac{V_4}{V_3}\right)$	Das System gibt Wärme ab. $Q_{34} = n \cdot R \cdot T_2 \cdot \ln\left(\frac{V_4}{V_3}\right)$
$4 \rightarrow 1$	Isochore Druckerhöhung	$W_{41} = 0$	Dem System wird Wärme zugeführt. $Q_{41} = c_V \cdot m \cdot (T_1 - T_2)$

2 *Herleitung der Gleichung für den thermischen Wirkungsgrad*

$$\eta = \frac{-W}{Q_{zu}}$$

Da die Wärme, die beim Prozess $2 \rightarrow 3$ an den Wärmetauscher abgegeben wird, beim Prozess 4->1 wieder zugeführt wird, findet die Wärme Q_{41} bei den zugeführten Wärmen keine Berücksichtigung.

$$\eta = \frac{-(W_{12} + W_{34})}{Q_{12}}$$

$$\eta = \frac{-\left(-n \cdot R \cdot T_1 \cdot \ln\left(\frac{V_2}{V_1}\right) - n \cdot R \cdot T_2 \cdot \ln\left(\frac{V_4}{V_3}\right)\right)}{n \cdot R \cdot T_1 \cdot \ln\left(\frac{V_2}{V_1}\right)}$$

$$\eta = \frac{T_1 \cdot \ln\left(\frac{V_2}{V_1}\right) + T_2 \cdot \ln\left(\frac{V_4}{V_3}\right)}{T_1 \cdot \ln\left(\frac{V_2}{V_1}\right)}$$

$$\eta = \frac{T_1 \cdot \ln\left(\frac{V_2}{V_1}\right) - T_2 \cdot \ln\left(\frac{V_3}{V_4}\right)}{T_1 \cdot \ln\left(\frac{V_2}{V_1}\right)}$$

Wegen $\frac{V_2}{V_1} = \frac{V_3}{V_4}$ folgt:

$$\eta = \frac{T_1 - T_2}{T_1}$$

Berechnung des thermischen Wirkungsgrades

T_1 ist mit 673 K gegeben. Es muss also nur noch T_2 ermittelt werden. Der Prozess von 4 nach 1 ist isochor. p_4, T_1 und p_1 sind gegeben.

$$\frac{p_4}{T_2} = \frac{p_1}{T_1}$$

$$T_2 = \frac{p_4}{p_1} \cdot T_1 \qquad T_2 = 348\ \text{K}$$

$$\eta = \frac{T_1 - T_2}{T_1}$$

$$\eta = 0{,}483$$

Begründung dafür, dass der reale Wirkungsgrad geringer als der ideal berechnete ist

Die zugeführte Wärme Q_{zu} ist größer als Q_{12}, da Q_{41} nicht vollständig aus Q_{23} resultieren kann. Die „Zwischenspeicherung“ der Wärme Q_{23} wird praktisch nicht zu 100 % gelingen. Deshalb muss dem Prozess über Q_{12} hinaus noch etwas mehr Wärme zugeführt werden!

Aufgabe B2: Bewegung geladener Teilchen in Feldern

In der angegebenen Versuchsanordnung können sich Elektronen unter dem Einfluss homogener elektrischer und magnetischer Felder im Vakuum bewegen.
Der Geschwindigkeitsvektor $\vec{v}_1$ der Elektronenbewegung steht nach dem Verlassen des Feldes mit der Feldstärke $\vec{E}_1$ senkrecht auf den Feldlinien des Feldes mit der Feldstärke $\vec{E}_2$. Er zeigt außerdem in die gleiche Richtung wie die Feldlinien des magnetischen Feldes mit der magnetischen Flussdichte $\vec{B}$.
Der Leuchtschirm mit einem Koordinatensystem ist senkrecht zu den magnetischen Feldlinien angeordnet.
Relativistische Effekte, das Magnetfeld der Erde sowie die Einflüsse inhomogener elektrischer und magnetischer Randfelder können bei allen nachfolgenden Betrachtungen vernachlässigt werden.

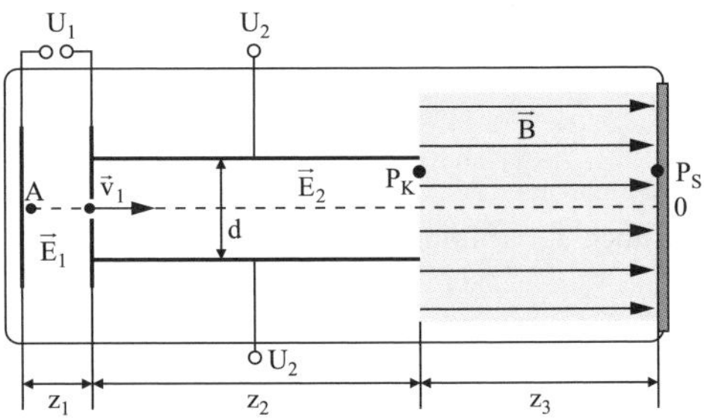

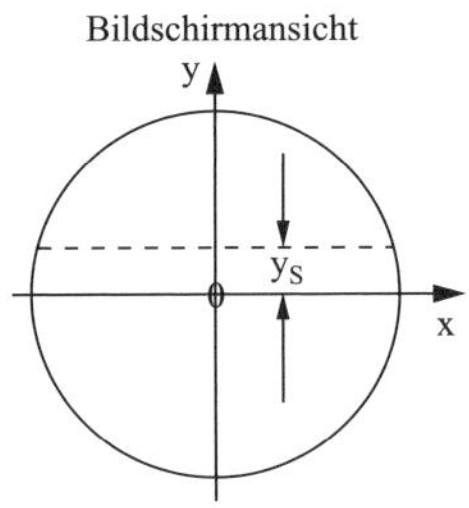

Daten der Versuchsanordnung:

$U_1 = 2220$ V; $U_2 = 266{,}4$ V; $z_2 = 10{,}00$ cm ; $z_3 = 49{,}91$ cm; $d = 3{,}000$ cm

1 Beschreiben Sie den Bewegungsablauf der Elektronen vom Ausgangspunkt A bis zum Auftreffpunkt P_S auf dem Bildschirm, wenn ihre Bewegung aus der Ruhe heraus erfolgt! Begründen Sie Ihre Aussagen!

(7 BE)

2 Berechnen Sie eine magnetische Flussdichte B für den Fall, dass die Ablenkung y_S auf dem Bildschirm gleich der Ablenkung y_K am Ende des Ablenkkondensators ist!

(3 BE)

Lösung

1. *Bewegungsabschnitt z_1*
   - geradlinig, gleichmäßig beschleunigte Bewegung in z-Richtung, da die konstante Kraft des elektrischen Feldes 1 in z-Richtung wirkt

   Bewegungsabschnitt z_2
   - zusammengesetzte Bewegung:
     z-Richtung: gleichförmige Bewegung, da in z-Richtung keine Kraft wirkt
     y-Richtung: gleichmäßig beschleunigte Bewegung, da in y-Richtung die konstante Kraft des elektrischen Feldes 2 wirkt
   - Die Bahnform der zusammengesetzten Bewegung ist eine Parabel.

   Bewegungsabschnitt z_3

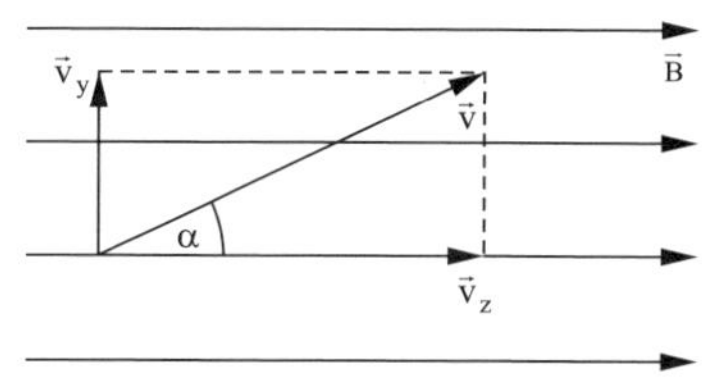

   - zusammengesetzte Bewegung:
     z-Richtung: gleichförmige Bewegung
     x-y-Richtung: gleichförmige Kreisbewegung
     Begründung: Das Teilchen tritt mit dem Winkel α in das Magnetfeld ein. Der Geschwindigkeitsvektor kann in zwei Komponenten zerlegt werden (Skizze). v_z ist parallel zu den magnetischen Feldlinien, es wirkt keine Kraft in z-Richtung. v_y steht senkrecht zu den magnetischen Feldlinien. Somit wirkt in der x-y-Ebene eine Lorentzkraft $F_L = e \cdot v_y \cdot B$, die immer zum Mittelpunkt eines Kreises gerichtet ist und die Radialkraft darstellt.
   - Die Bahnform der zusammengesetzten Bewegung ist eine Spirale.

2. *Bestimmung der Geschwindigkeit in z-Richtung*

$$\frac{m_e \cdot v_z^2}{2} = e \cdot U_1 \quad \Rightarrow \quad v_z = \sqrt{\frac{2 \cdot e \cdot U_1}{m_e}}$$

$$v_z = 2{,}796 \cdot 10^7 \, \frac{m}{s}$$

Zeit für z_3

$$v_z = \frac{z_3}{t_z} \quad \Rightarrow \quad t_z = \frac{z_3}{v_z}$$

$$t_z = 1{,}785 \cdot 10^{-8} \, s$$

Bewegung in der x-y-Ebene

$$F_L = F_R \quad \Rightarrow \quad e \cdot v_y \cdot B = m_e \cdot \frac{v_y^2}{r} \quad \Rightarrow \quad B = \frac{m_e \cdot v_y}{e \cdot r}$$

Wenn das Elektron im B-Feld jeweils eine halbe Schraubenbahn durchläuft, sind y_k und y_S gleich. Für die Bahngeschwindigkeit gilt

$$v_y = \frac{k \cdot \pi \cdot r}{t_z},$$

wobei k = 1, 2, 3, … ist. k = 1 entspricht einer halben Schraube, k = 2 einer ganzen usw. Daraus folgt für die möglichen magnetischen Flussdichten:

$$B = B_k = \frac{m_e \cdot k \cdot \pi}{e \cdot t_z} \quad \Rightarrow \quad B_k = k \cdot 10^{-3} \, T$$

Leistungskurs Physik (Thüringen): Abiturprüfung 2004
Experiment E1: Elektrizitätslehre

Bestätigen Sie experimentell die Gleichungen zur Berechnung der Gesamtkapazität zweier Kondensatoren für Reihen- und Parallelschaltung!
Leiten Sie in der Vorbetrachtung jeweils die Gleichung zur Berechnung der Gesamtkapazität aus allgemeinen Zusammenhängen her!

Folgende Geräte und Hilfsmittel stehen zur Verfügung:

- zwei Kondensatoren
- ohmsche Widerstände
- Spule mit Eisenkern
- Schülerstromversorgungsgerät mit Gleich- und Wechselspannungsausgang ($f = 50$ Hz)
- Verbindungsleiter
- Drehwiderstand
- zwei Vielfachmessgeräte
- Stoppuhr

Hinweis:

- Die Daten der Kondensatoren, der ohmschen Widerstände und die Windungszahl der Spule werden Ihnen mitgeteilt!
- Es ist nicht erforderlich, alle vorgegebenen Geräte und Hilfsmittel zu verwenden!

Das Protokoll soll enthalten:

- Vorbetrachtungen und Beschreibung der Versuchsdurchführung (5 BE)
- Messprotokoll (3 BE)
- Auswertung (5 BE)
- Fehlerbetrachtung (2 BE)

Lösung

1. **Aufgabe**

   Bestätigen Sie experimentell die Gleichungen zur Berechnung der Gesamtkapazität zweier Kondensatoren für die Reihen- und Parallelschaltung!
   Leiten Sie in der Vorbetrachtung jeweils die Gleichung zur Berechnung der Gesamtkapazität aus allgemeinen Zusammenhängen her!

2. **Vorbetrachtung**

   Herleitung für die Parallelschaltung
   An den Kondensatoren liegen jeweils die gleichen Spannungen an, die Ladungen addieren sich.

$$U_{ges} = U_1 = U_2$$
$$Q_{ges} = Q_1 + Q_2$$
$$C_{ges} = \frac{Q_{ges}}{U_{ges}} = \frac{Q_1 + Q_2}{U_{ges}}$$
$$C_{ges} = \frac{Q_1}{U_1} + \frac{Q_2}{U_2}$$
$$C_{ges} = C_1 + C_2$$

   Herleitung für die Reihenschaltung
   Auf den Kondensatoren befindet sich die gleiche Ladungsmenge, die Spannungen addieren sich.

$$U_{ges} = U_1 + U_2$$
$$Q_{ges} = Q_1 = Q_2$$
$$\frac{U_{ges}}{Q_{ges}} = \frac{U_1 + U_2}{Q_{ges}}$$
$$\frac{U_{ges}}{Q_{ges}} = \frac{U_1}{Q_1} + \frac{U_2}{Q_2}$$
$$\frac{1}{C_{ges}} = \frac{1}{C_1} + \frac{1}{C_2}$$

   Bestimmung von C
   Strom- und Spannungsmessung durch die folgenden Schaltungen:

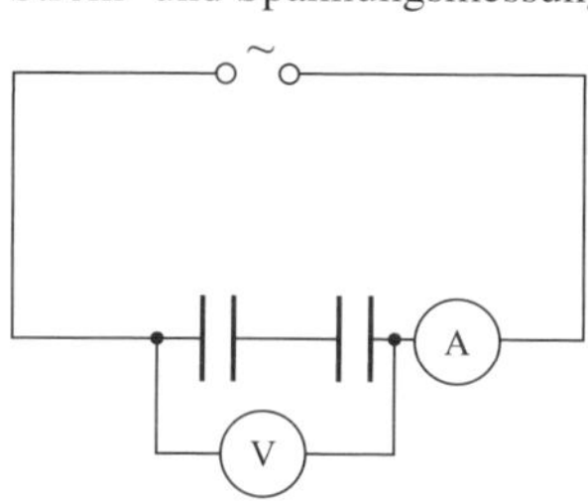

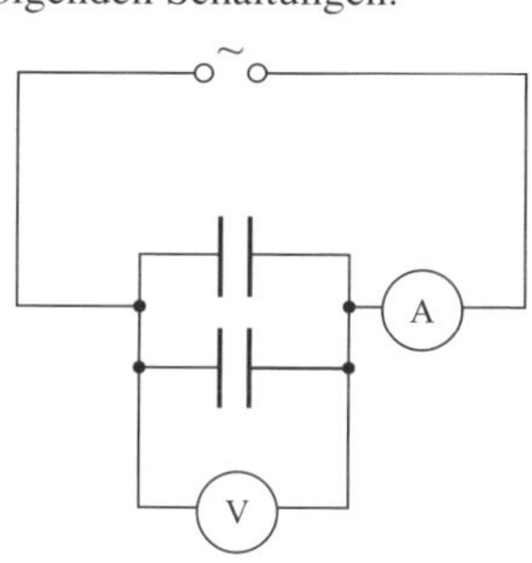

Es gilt:

$$X_C = \frac{U}{I}$$

$$\frac{1}{2 \cdot \pi \cdot f \cdot C} = \frac{U}{I}$$

$$C = \frac{I}{U \cdot 2 \cdot \pi \cdot f}$$

Es wird im Wechselstromkreis gemessen, wobei die Frequenz f der Netzfrequenz von 50 Hz entspricht. Es werden 3 Messungen durchgeführt. Die einzelnen Kapazitäten sind mit je 4 µF bekannt.

3. **Messwerte**

Parallelschaltung:

U in V	8,1	11,0	13,2
I in mA	22	29	35

Reihenschaltung:

U in V	8,1	11,0	13,2
I in mA	5,8	7,5	9,0

4. **Auswertung**

Parallelschaltung:

C_{ges} in µF	8,6	8,4	8,4

Mittelwert:

$$C = 8{,}5\ \mu F$$

Theoretischer Wert:

$$C_{ges} = C_1 + C_2$$
$$C_{ges} = 4\ \mu F + 4\ \mu F$$
$$C_{ges} = 8\ \mu F$$

Reihenschaltung:

C_{ges} in µF	2,3	2,2	2,2

Mittelwert:

$$C = 2{,}2\ \mu F$$

Theoretischer Wert:

$$\frac{1}{C_{ges}} = \frac{1}{C_1} + \frac{1}{C_2}$$

$$\frac{1}{C_{ges}} = \frac{1}{4 \cdot \mu F} + \frac{1}{4 \cdot \mu F}$$

$$C_{ges} = 2\ \mu F$$

Die Abweichungen lassen sich durch Messfehler erklären. Die Zusammenhänge wurden somit gut bestätigt.

5. Fehlerbetrachtung

Zufällige Fehler:
- Güteklasse der Messgeräte
- Parallaxenfehler

Systematische Fehler:
- Verwendung der spannungsrichtigen Schaltung, d. h. der Strom wurde fehlerbehaftet (Strom durch das Voltmeter gemessen)
- Widerstände der Verbindungsleiter
- Genauigkeit der Kapazitätsangabe (4 μF)

Leistungskurs Physik (Thüringen): Abiturprüfung 2004
Experiment E2: Strahlenoptik

Untersuchen Sie experimentell den Zusammenhang zwischen Gegenstandsweite und Bildweite einer vorgegebenen Sammellinse! Stellen Sie diesen grafisch dar!
Bestimmen Sie aus den ermittelten Messdaten die Brennweite der Linse!
Leiten Sie die Gleichungen zur Berechnung der Brennweite für dünne Sammellinsen aus allgemeinen Zusammenhängen her!

Folgende Geräte und Hilfsmittel stehen zur Verfügung:

- Schülerstromversorgungsgerät mit Gleich- und Wechselspannungsausgang ($f = 50$ Hz)
- Verbindungsleiter
- optische Leuchte
- Auffangschirm
- Stativmaterial
- T-Füße
- Lineal
- Sammellinse
- Spaltblende
- Diapositiv als Gegenstand
- Diahalter

Hinweis: Es ist nicht erforderlich, alle vorgegebenen Geräte und Hilfsmittel zu verwenden!

Das Protokoll soll enthalten:

- Vorbetrachtungen und Beschreibung der Versuchsdurchführung (5 BE)
- Messprotokoll (3 BE)
- Auswertung (5 BE)
- Fehlerbetrachtung (2 BE)

Lösung

1. **Aufgabe**

Untersuchen Sie experimentell den Zusammenhang zwischen Gegenstandsweite und Bildweite einer vorgegebenen Sammellinse! Stellen Sie diesen grafisch dar!
Bestimmen Sie aus den ermittelten Messdaten die Brennweite der Linse!
Leiten Sie die Gleichungen zur Berechnung der Brennweite für dünne Sammellinsen aus allgemeinen Zusammenhängen her!

2. **Vorbetrachtung**

Herleitung der Abbildungsgleichung

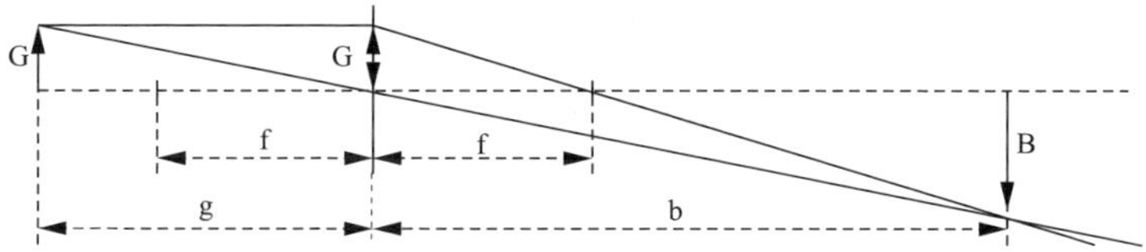

Laut Strahlensatz gilt:

$$\frac{G}{g} = \frac{B}{b} \text{ und } \frac{G}{f} = \frac{B}{b-f}$$

Umformen liefert:

$$\frac{G}{B} = \frac{g}{b} \text{ und } \frac{G}{B} = \frac{f}{b-f}$$

Beide Gleichungen werden gleichgesetzt:

$$\frac{g}{b} = \frac{f}{b-f}$$

Durch Umformen erhält man schließlich die Abbildungsgleichung:

$$\frac{1}{f} = \frac{1}{g} + \frac{1}{b}$$

Versuchsaufbau

Messgrößen

g: Abstand Dia-Sammellinse
b: Abstand Sammellinse-Schirm

Durchführung

Es wird eine bestimmte Gegenstandsweite g vorgegeben, anschließend wird auf dem Schirm das Bild scharf eingestellt und die Bildweite b gemessen. Es werden 5 Messungen durchgeführt.

3. **Messwerte**

g in cm	13,4	14,6	20,0	27,0	31,3
b in cm	39,1	31,1	20,0	15,7	14,3

4. **Auswertung**

Zusammenhang zwischen g und b

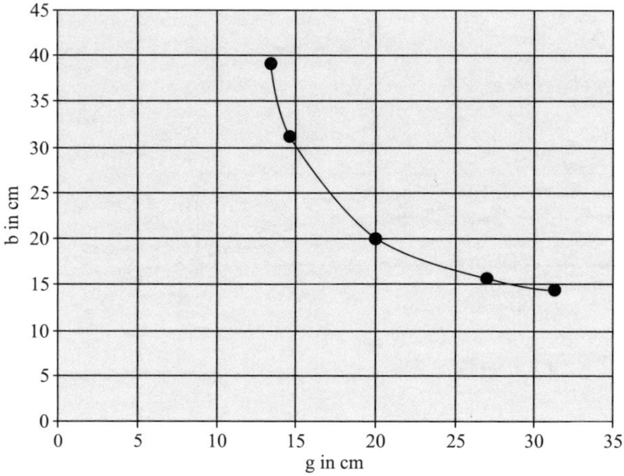

Bestimmung der Brennweite

Über $f = \frac{b \cdot g}{b + g}$ ermittelt man folgende Brennweiten:

f in cm	10,0	9,9	10,0	9,9	9,8

Mittelwert:

9,9 cm

5. **Fehlerbetrachtung**

Zufällige Fehler:
- Einstellen einer scharfen Bildposition
- Ablesefehler am Lineal
- Daraus resultieren die Größtfehler $\Delta g = \pm 0{,}5$ cm, $\Delta b = \pm 0{,}5$ cm

Systematische Fehler:
- Dia, Linse und Schirm liegen nicht genau auf der optischen Achse
- Abbildungsfehler an der sphärischen Linse

Leistungskurs Physik (Thüringen): Abiturprüfung 2005
Aufgabe A1: Wechselstromkreis/Schwingungen

1 Das folgende Bild zeigt eine Vorrichtung zur automatischen Füllstandsregelung. Sie enthält einen Kondensator zur Messung der Füllstandshöhe einer nicht leitenden Flüssigkeit. Er besteht aus zwei vertikal aufgestellten quadratischen Metallplatten der Seitenlänge $a = 77{,}5$ cm. Ihr Abstand beträgt $d = 48{,}3$ cm. Der Kondensator ist gemeinsam mit dem ohmschen Widerstand $R = 30{,}0\ \text{k}\Omega$ an eine Wechselspannung mit dem Effektivwert $U = 50{,}0$ V und der Frequenz $f = 362$ kHz angeschlossen.

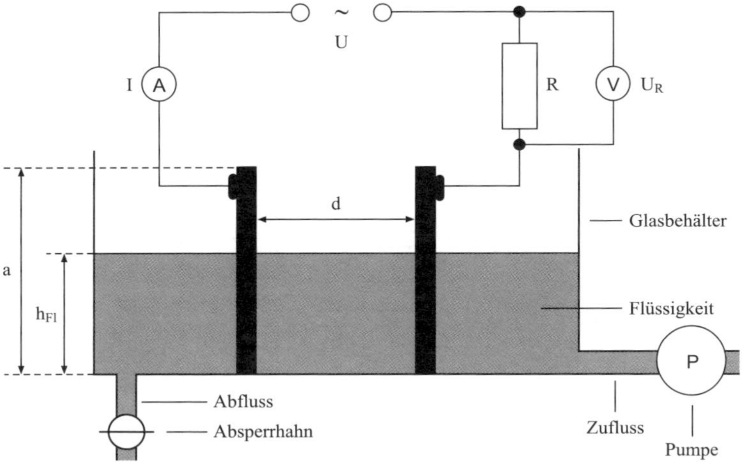

1.1 Berechnen Sie die Kapazität C_0 des Kondensators für den Fall, dass sich keine Flüssigkeit im Behälter befindet!
[Kontrollergebnis: $C_0 = 11{,}0$ pF] (3 BE)

1.2 Ermitteln Sie die effektive Stromstärke I, wenn der Behälter leer ist! (3 BE)

1.3 Beschreiben Sie qualitativ die Änderung der effektiven Stromstärke I, wenn Flüssigkeit in den Behälter eingefüllt wird! Erklären Sie diese Veränderung! (4 BE)

1.4 Die Kapazität des nur teilweise mit Flüssigkeit gefüllten Kondensators kann nach folgender Gleichung berechnet werden:

$$C = \frac{\varepsilon_0}{d}[a \cdot (a - h_{Fl}) + \varepsilon_r \cdot a \cdot h_{Fl}]$$

ε_r … Dielektrizitätszahl der Flüssigkeit

Leiten Sie diese Gleichung her! (4 BE)

1.5 Mithilfe des Spannungsabfalls über dem ohmschen Widerstand R soll die Pumpe am Zufluss abgeschaltet werden, wenn der Flüssigkeitsstand $h_{Fl} = 62{,}0$ cm beträgt. Die Dielektrizitätszahl der Flüssigkeit ist $\varepsilon_r = 4{,}30$.
Berechnen Sie für diesen Fall den Effektivwert der Spannung U_R! (5 BE)

2 Ein Vollzylinder mit der Querschnittsfläche $A = 2{,}00\ cm^2$ und dem Volumen $V = 20{,}0\ cm^3$ hat die Masse $m = 500\ g$. Er hängt an einer Schraubenfeder. Beide bilden ein schwingungsfähiges System, dessen Schwingungsdauer in Luft $T_1 = 2{,}00\ s$ beträgt.
Unter den ruhenden Vollzylinder wird ein Gefäß mit Wasser so gestellt, dass er die Oberfläche der Flüssigkeit gerade berührt (siehe Abbildung).
Nun wird der Körper so weit nach unten ausgelenkt, dass er gerade vollständig eintaucht. Anschließend wird er losgelassen.
Die Reibung des schwingenden Körpers mit der Umgebung ist zu vernachlässigen.

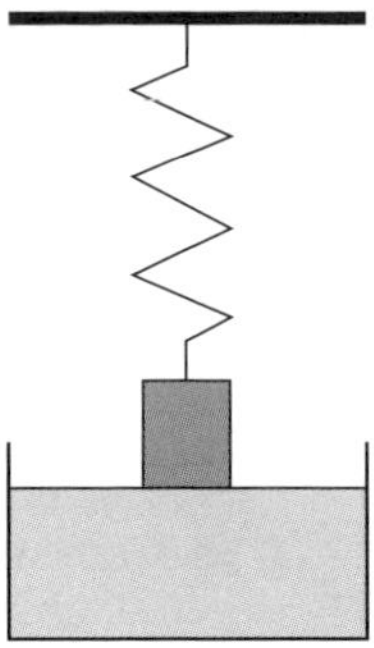

2.1 Berechnen Sie die Richtgröße D_2 für den Teil der Schwingung, bei dem der Körper im Wasser eingetaucht ist!

[Kontrollergebnis: $D_2 \approx 6{,}9 \frac{N}{m}$] (3 BE)

2.2 Berechnen Sie die Zeit t, die der Körper für die Strecke vom Ausgangspunkt bis zum Erreichen des oberen Umkehrpunktes benötigt! (3 BE)

2.3 Berechnen Sie die maximale Geschwindigkeit v_{max} und die größtmögliche Beschleunigung a_{max} des Körpers! Geben Sie an, wo diese Maximalwerte jeweils auftreten! (5 BE)

2.4 Zeichnen Sie ein Diagramm, das die Abhängigkeit der rücktreibenden Kraft F_R von der Auslenkung y im Intervall $-5\ cm \leq y \leq 5\ cm$ zeigt! (5 BE)

Lösung

1 Die folgenden Größen sind gegeben:

$a = 77{,}5\ \text{cm}$	$d = 48{,}3\ \text{cm}$	$R = 30{,}0\ \text{k}\Omega$
$U = 50{,}0\ \text{V}$	$f = 362\ \text{kHz}$	$\varepsilon_0 = 8{,}854 \cdot 10^{-12}\ \frac{\text{F}}{\text{m}}$

1.1 Wir setzen in die Beziehung

$$C_0 = \varepsilon_0 \cdot \frac{a^2}{d}$$

die gegebenen Zahlenwerte ein und erhalten:

$$\underline{\underline{C_0 = 1{,}10 \cdot 10^{-11}\ \text{F} = 11{,}0\ \text{pF}}}$$

1.2 Die Stromstärke berechnet sich gemäß

$$I = \frac{U}{Z}$$

Mit dem Scheinwiderstand

$$Z = \sqrt{R^2 + \left(\frac{1}{2 \cdot \pi \cdot f \cdot C_0}\right)^2}$$

$$Z = 4{,}99 \cdot 10^4\ \Omega$$

erhält man:

$$\underline{\underline{I = 1{,}00\ \text{mA}}}$$

1.3 Die Flüssigkeit ist das Dielektrikum des Kondensators. Mit steigender Flüssigkeit nimmt die Kapazität des Kondensators zu, der kapazitive Widerstand X_C und somit der Scheinwiderstand Z der Schaltung ab. Die Stromstärke steigt.

1.4 Es handelt sich um eine Parallelschaltung von zwei Kondensatoren mit Dielektrikum (C_1) und ohne Dielektrikum (C_2). Für die Gesamtkapazität folgt:

$$C_{ges} = C_1 + C_2$$

$$C_{ges} = \varepsilon_0 \cdot \varepsilon_r \cdot \frac{A_1}{d} + \varepsilon_0 \cdot \frac{A_2}{d}$$

$$C_{ges} = \frac{\varepsilon_0}{d} \cdot (\varepsilon_r \cdot A_1 + A_2)$$

$$\underline{\underline{C_{ges} = \frac{\varepsilon_0}{d} \cdot [\varepsilon_r \cdot h_{Fl} \cdot a + (a - h_{Fl}) \cdot a]}}$$

1.5 Wir berechnen zunächst die Kapazität des Kondensators mit der Füllhöhe $h_{Fl} = 62{,}0\ \text{cm}$ und $\varepsilon_r = 4{,}3$:

$$C_{ges} = \frac{\varepsilon_0}{d} \cdot [\varepsilon_r \cdot h_{Fl} \cdot a + (a - h_{Fl}) \cdot a]$$

$$C_{ges} = 4{,}01 \cdot 10^{-11}\ \text{F}$$

Für die Stromstärke im Stromkreis ergibt sich:

$$I = \frac{U}{Z}$$

$$I = \frac{U}{\sqrt{R^2 + \left(\frac{1}{2 \cdot \pi \cdot f \cdot C_{ges}}\right)^2}}$$

$$I = 1{,}57 \cdot 10^{-3}\ \text{A}$$

Diese benötigt man zur Ermittlung des Spannungsabfalls über R.

$$U_R = R \cdot I$$

$$\underline{\underline{U_R = 47{,}0\ \text{V}}}$$

Bei dieser Spannung schaltet sich die Pumpe am Zufluss ab.

2 Die folgenden Größen sind gegeben:

$A = 2{,}00\ \text{cm}^2$ $\quad V = 20{,}0\ \text{cm}^3$ $\quad m_{VZ} = 0{,}500\ \text{kg}$

$T_1 = 2{,}00\ \text{s}$ $\quad \rho_{Fl} = 1\,000\ \frac{\text{kg}}{\text{m}^3}$

Bei der Bewegung handelt es sich um zwei verschiedene Teilschwingungen.

Teilschwingung 1: Der Körper bewegt sich außerhalb des Wassers. Auf ihn wirkt als rücktreibende Kraft nur die Federspannkraft F_F. Für ihren Betrag gilt $F_F = k \cdot y$. Für D_1 gilt $D_1 = k$.

Teilschwingung 2: Ist der Körper in Wasser eingetaucht so wirkt auf ihn eine rücktreibende Kraft, die sich aus der Federspannkraft und der Auftriebskraft im Wasser zusammensetzt. In Teilaufgabe 2.1 wird die Berechnung von D_2 gezeigt.

2.1 y ist die aktuelle Eintauchtiefe und damit die Elongation der Schwingung. Die Auftriebskraft F_A ist das Gewicht der durch den Zylinder verdrängten Flüssigkeit. Man erhält mit $F_F = k \cdot y$ und $F_A = m_{Fl} \cdot g = \rho_{Fl} \cdot V \cdot g = \rho_{Fl} \cdot A \cdot y \cdot g$ für die rücktreibende Kraft:

$$F_{Rück} = F_F + F_A$$

$$F_{Rück} = k \cdot y + \rho_{Fl} \cdot A \cdot g \cdot y$$

$$F_{Rück} = (k + \rho_{Fl} \cdot A \cdot g) \cdot y$$

Dies entspricht dem linearen Kraftgesetz der harmonischen Schwingung.
Für D_2 gilt somit:

$$D_2 = k + \rho_{Fl} \cdot g \cdot A \qquad (*)$$

Berechnung von k: Mit $\omega_1^2 = \frac{k}{m_{VZ}}$ und $\omega_1 = \frac{2 \cdot \pi}{T_1}$ folgt:

$$k = m_{VZ} \cdot 4 \cdot \frac{\pi^2}{T_1^2} \qquad (**)$$

$$k = 4{,}93\ \frac{\text{N}}{\text{m}}$$

Einsetzen der Zahlenwerte in die Beziehung (*) liefert:

$$\underline{\underline{D_2 = 6{,}9\ \frac{\text{N}}{\text{m}}}}$$

2.2 Die Zeit setzt sich aus der Zeit des Körpers im Wasser (Teilschwingung 2) und der Zeit über dem Wasser (Teilschwingung 1) zusammen. Diese Zeiten betragen jeweils ein Viertel der entsprechenden Schwingungsdauern.

$$t_{ges} = t_1 + t_2$$

$$t_{ges} = \frac{T_1}{4} + \frac{T_2}{4} \qquad T_1 = 2{,}00\ \text{s} \qquad T_2 = 2 \cdot \pi \cdot \sqrt{\frac{m_{VZ}}{D_2}} \qquad T_2 = 1{,}69\ \text{s}$$

$$\underline{\underline{t_{ges} = 0{,}92\ \text{s}}}$$

2.3 Man betrachtet beide Teilschwingungen.

Teilschwingung 2 (unter Wasser)

Amplitude:

$$V = A \cdot y_{max,2}$$

$$y_{max,2} = \frac{V}{A}$$

$$y_{max,2} = 10\ \text{cm}$$

Maximale Geschwindigkeit:

$$v_{max,2} = \omega_2 \cdot y_{max,2}$$

$$v_{max,2} = 2 \cdot \pi \cdot \frac{1}{T_2} \cdot y_{max,2}$$

$$v_{max,2} = 0{,}37\ \frac{\text{m}}{\text{s}}$$

Maximale Beschleunigung:

$$a_{max,2} = \omega_2^2 \cdot y_{max,2}$$

$$a_{max,2} = 4 \cdot \pi^2 \cdot \left(\frac{1}{T_2}\right)^2 \cdot y_{max,2}$$

$$a_{max,2} = 1{,}38\ \frac{\text{m}}{\text{s}^2}$$

Teilschwingung 1 (über Wasser)

Amplitude:

Beim Verlassen des Wassers gilt für den Körper der folgende Energieansatz.

$$m_{VZ} \cdot \frac{v_{max,2}^2}{2} = \frac{1}{2} k \cdot y_{max,1}^2$$

$$y_{max,1} = \sqrt{\frac{m_{VZ} \cdot v_{max,2}^2}{k}} \qquad (***)$$

$$y_{max,1} = 11{,}8\ \text{cm}$$

Maximale Geschwindigkeit:

$$v_{max,1} = \omega_1 \cdot y_{max,1}$$

$$v_{max,1} = 2 \cdot \pi \cdot \frac{1}{T_1} \cdot y_{max,1}$$

$$v_{max,1} = 0,37\,\frac{m}{s} = v_{max,2}$$

Anmerkung: Die Übereinstimmung der beiden Geschwindigkeiten lässt sich exakt zeigen:

$$v_{max,1} = \frac{2 \cdot \pi}{T_1} \cdot y_{max,1} \overset{(***)}{=} \frac{2 \cdot \pi}{T_1} \cdot \sqrt{\frac{m_{VZ} \cdot v_{max,2}^2}{k}} \overset{(**)}{=} \frac{2 \cdot \pi}{T_1} \cdot \sqrt{\frac{m_{VZ}}{m_{VZ} \cdot \frac{4 \cdot \pi^2}{T_1^2}}} \cdot v_{max,2}$$

$$= v_{max,2}$$

Maximale Beschleunigung:

$$a_{max,1} = \omega_1^2 \cdot y_{max,1}$$

$$a_{max,1} = 4 \cdot \pi^2 \cdot \left(\frac{1}{T_1}\right)^2 \cdot y_{max,1}$$

$$a_{max,1} = 1,17\,\frac{m}{s^2}$$

Ergebnis: Die maximale Geschwindigkeit wird entweder unmittelbar nach dem Austreten aus dem Wasser oder unmittelbar vor dem Eintauchen erreicht.
Die maximale Beschleunigung erreicht der Körper am unteren Umkehrpunkt.

2.4 Während die Auslenkung nach unten (negativ) erfolgt, ist die rücktreibende Kraft nach oben (positiv) gerichtet. Der Graph besteht aus zwei Ursprungsgeraden mit zwei unterschiedlichen Steigungen (Richtgrößen), sodass die Berechnung jeweils eines Wertepaars genügt:

$$F_R(-0,05) = -D_2 \cdot (-0,05) = 0,345\text{ N}; \quad F_R(0,05) = -D_{Feder} \cdot (0,05) = -0,247\text{ N}$$

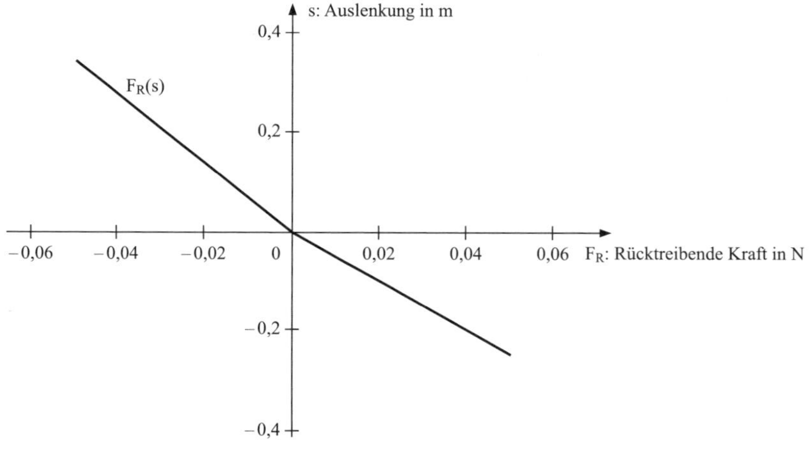

Leistungskurs Physik (Thüringen): Abiturprüfung 2005
Aufgabe A2: Teilchen in Feldern, Quantenphysik

1 Die Abbildung zeigt den prinzipiellen Aufbau eines Zyklotrons. Es besteht aus einer Vakuumkammer, die zwei D-förmige Hohlelektroden (Duanten) enthält. Im Zentrum des schmalen Raumes zwischen ihnen befindet sich eine Quelle für geladene Teilchen. Der Innenraum der Duanten ist frei von elektrischen Feldern. Die Feldlinien des magnetischen Führungsfeldes verlaufen senkrecht durch die Duanten.

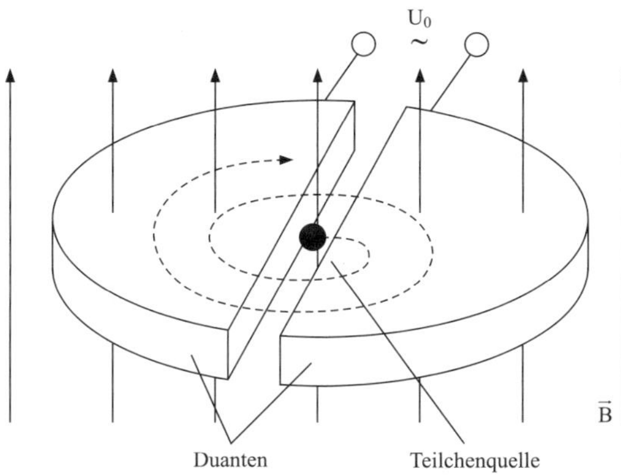

1.1 Die geladenen Teilchen bewegen sich auf einer spiralförmigen Bahn. Erklären Sie diesen Sachverhalt! (3 BE)

1.2 In einem Experiment sollen im Zyklotron Protonen beschleunigt werden. Die Flussdichte des magnetischen Führungsfeldes beträgt $B = 200$ mT. Die Duanten haben den Abstand $d = 1{,}00$ cm. Der Maximalwert der Beschleunigungsspannung ist $U_0 = 10{,}0$ kV.

Hinweise:

- Die Protonen werden immer mit U_0 beschleunigt.
- Das elektrische Feld ist näherungsweise homogen.
- Die Protonen verlassen die Quelle mit vernachlässigbar geringer Geschwindigkeit.

1.2.1 Berechnen Sie die Zeit t_1, die ein Proton für die Strecke von der Teilchenquelle bis zur Hohlelektrode beim erstmaligen Beschleunigen benötigt und ermitteln Sie die Geschwindigkeit v_1, mit der das Proton erstmals in diese Hohlelektrode eintritt! (5 BE)

1.2.2 Zeigen Sie, dass die Zeit t_2 zum Durchlaufen einer Hohlelektrode konstant ist und berechnen Sie daraus die Frequenz f der Beschleunigungsspannung! (5 BE)

1.2.3 Berechnen Sie nach den Gesetzen der klassischen Physik die maximale kinetische Energie E_{kinMax} der Protonen, wenn der größte Durchmesser ihrer Bahn $d_{max} = 2{,}40$ m beträgt! (4 BE)

1.2.4 Ermitteln Sie die Zahl N der Umläufe, die ein Proton vom Verlassen der Quelle bis zum Erreichen der maximalen kinetischen Energie E_{kinMax} vollzogen hat! (2 BE)

2 Aus der Oberfläche flüssigen Natriums treten Atome aus. Mithilfe zweier Blenden wird daraus ein feiner Atomstrahl erzeugt, der im Punkt B auf eine Platte auftrifft. Am Ort A fällt senkrecht zum Atomstrahl monochromatisches Licht ein. Die im folgenden Bild dargestellte Anordnung befindet sich im Vakuum.

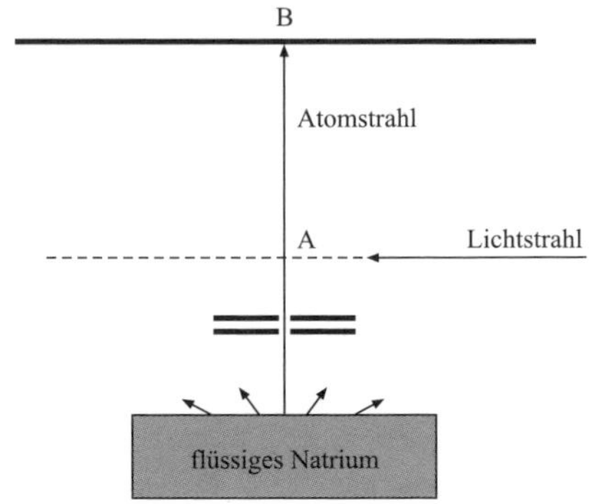

2.1 Berechnen Sie die mittlere Geschwindigkeit $\overline{v}$ der Natriumatome, wenn die Temperatur des Natriumdampfes $\vartheta = 301\ °C$ beträgt! Betrachten Sie den Natriumdampf als einatomiges ideales Gas. Außerdem wird angenommen, dass

$$\overline{v} \approx \sqrt{\overline{v^2}}$$

gilt.
[Kontrollergebnis: $\overline{v} \approx 789\ m \cdot s^{-1}$] (3 BE)

2.2 Berechnen Sie den Impuls p eines Natriumatoms mit der Geschwindigkeit $\overline{v}$! (3 BE)

2.3 Die niedrigste Anregungsenergie eines Natriumatoms ist $E_1 = 2{,}10\ eV$. Seine Ionisierungsenergie beträgt $E_{ion} = 5{,}14\ eV$.
Beschreiben Sie die Wechselwirkungen zwischen einem Photon und einem Natriumatom, wenn die Photonen des einfallenden Lichtes die Energien

$$E_A = 1{,}90\ eV,\ E_B = 2{,}10\ eV \text{ bzw. } E_C = 5{,}50\ eV$$

besitzen! (4 BE)

2.4 Wenn am Ort A Photonen mit der Energie $E_B = 2{,}10\ eV$ auf den Atomstrahl treffen, wird ein Teil der Natriumatome um den Winkel α zur ursprünglichen Bewegungsrichtung abgelenkt.

2.4.1 Erklären Sie diesen Effekt und berechnen Sie den Ablenkwinkel α für Natriumatome mit dem Impuls $p = 3{,}01 \cdot 10^{-23}\ Ns$! (4 BE)

2.4.2 Es treffen nicht alle Atome, die am Ort A eine Wechselwirkung mit einem Photon hatten, im selben Punkt auf die Platte. Erklären Sie diesen Sachverhalt! (2 BE)

Lösung

1.1 Auf die geladenen Teilchen wirkt eine Lorentzkraft, die als Radialkraft wirkt. Diese ist stets zum Mittelpunkt einer Kreisbahn mit dem Radius r gerichtet. Es gilt:

$$F_L = F_R$$

$$Q \cdot v \cdot B = \frac{mv^2}{r}$$

$$r = \frac{m \cdot v}{Q \cdot B}$$

Der Radius einer Kreisbahn ist also von der Geschwindigkeit v abhängig, die anderen Größen sind konstant. Zwischen den Duanten wirkt die Kraft des elektrischen Feldes auf die Teilchen, sie werden somit beschleunigt, d. h. die Geschwindigkeit vergrößert sich. Dies hat wiederum eine Vergrößerung des Radius zur Folge. Da alle halbe Umdrehung eine Beschleunigung stattfindet, erhöht sich auch der Radius der Kreisbahnen stetig. Die Bahn stellt somit eine Folge von immer größer werdenden Halbkreisen dar.

1.2 Folgende Größen sind gegeben:

$B = 0{,}200\ \text{T}$ $\quad d = 1{,}00\ \text{cm}$ $\quad U_0 = 10{,}0\ \text{kV}$

$m_p = 1{,}673 \cdot 10^{-27}\ \text{kg}$ $\quad e = 1{,}602 \cdot 10^{-19}\ \text{C}$

1.2.1 Die Protonen werden im elektrischen Feld gleichmäßig beschleunigt. Es gilt:

$$m_p \cdot a = E \cdot e \qquad E = \frac{U_0}{d}$$

$$m_p \cdot a = \frac{U_0 \cdot e}{d}$$

$$a = \frac{U_0 \cdot e}{m_p \cdot d}$$

$$a = 9{,}58 \cdot 10^{13}\ \frac{\text{m}}{\text{s}^2}$$

Dabei wird ein Weg von $\frac{d}{2}$ zurückgelegt, für den gilt:

$$\frac{d}{2} = \frac{a \cdot t_1^2}{2}$$

$$t_1 = \sqrt{\frac{d}{a}}$$

$$\underline{\underline{t_1 = 1{,}02 \cdot 10^{-8}\ \text{s}}}$$

Für die zugehörige Geschwindigkeit ergibt sich:

$$v_1 = a \cdot t_1$$

$$\underline{\underline{v_1 = 9{,}79 \cdot 10^5\ \frac{\text{m}}{\text{s}}}}$$

1.2.2 Wir gehen wieder vom Kräfteansatz $F_L = F_R$ aus und erhalten:

$$e \cdot v \cdot B = m_p \cdot \frac{v^2}{r}$$

$$e \cdot B = m_p \cdot \frac{v}{r}$$

Mit $v = \frac{u}{T}$ (u: Umfang; T: Zeit für einen vollen Umlauf) folgt $v = \frac{2 \cdot \pi \cdot r}{T}$ und damit:

$$e \cdot B = m_p \cdot \frac{2 \cdot \pi}{T}$$

$$T = \frac{2 \cdot \pi \cdot m_p}{e \cdot B} \qquad t_2 = \frac{T}{2}$$

$$\underline{\underline{t_2 = \frac{\pi \cdot m_p}{e \cdot B}}}$$

Der Ausdruck enthält nur Konstanten. Somit ist die Zeit zum Durchlaufen eines Duanten konstant und nicht von v oder r abhängig.
Für die Frequenz erhält man:

$$f = \frac{1}{T} = \frac{e \cdot B}{2 \cdot \pi \cdot m_p}$$

$$\underline{\underline{f = 3{,}05 \cdot 10^6 \text{ Hz}}}$$

1.2.3 Klassisch gilt:

$$E_{kinMax} = m_p \cdot \frac{v_{max}^2}{2} \qquad v_{max} = \frac{\pi \cdot d_{max}}{T} \qquad T = \frac{2 \cdot \pi \cdot m_p}{e \cdot B}$$

$$v_{max} = \frac{e \cdot B \cdot d_{max}}{2 \cdot m_p}$$

$$E_{kinMax} = m_p \cdot \frac{\left(\frac{e \cdot B \cdot d_{max}}{2 \cdot m_p}\right)^2}{2}$$

$$E_{kinMax} = \frac{e^2 \cdot B^2 \cdot d_{max}^2}{8 \cdot m_p}$$

$$\underline{\underline{E_{kinMax} = 4{,}42 \cdot 10^{-13} \text{ J}}}$$

1.2.4 Pro Umlauf wird das Proton zweimal beschleunigt. Die Anzahl der Umläufe beträgt also:

$$N = \frac{E_{kinMax} - E_{kin1}}{2 \cdot \Delta E_{kin}}$$

Dabei bedeuten

E_{kin1}: kinetische Energie nach dem ersten Beschleunigen (Quelle – Duant);

ΔE_{kin}: Zuwachs der kinetischen Energie nach einer Beschleunigung zwischen zwei Duanten.

Mit

$$E_{kin1} = \frac{m_p \cdot v^2}{2}; \quad E_{kin1} = 8{,}01 \cdot 10^{-16}\ \text{J}$$

und

$$\Delta E_{kin} = e \cdot U_0; \quad \Delta E_{kin} = 1{,}6 \cdot 10^{-15}\ \text{J}$$

ergibt sich für die Zahl der Umläufe somit:

$$N = 137{,}64 \approx \underline{\underline{137}}$$

2.1 Folgende Werte sind gegeben:

$T = 574{,}15$ K $\quad k = 1{,}380658 \cdot 10^{-23}\ \frac{\text{J}}{\text{K}}$ $\quad h = 6{,}626 \cdot 10^{-34}\ \text{J} \cdot \text{s}$

$c = 3 \cdot 10^8\ \frac{\text{m}}{\text{s}}$ $\quad u = 1{,}66054 \cdot 10^{-27}$ kg $\quad m_{Na} = 23 \cdot u = 3{,}82 \cdot 10^{-26}$ kg

Für die mittlere kinetische Energie der austretenden Natriumatome gilt:

$$\overline{E_{kin}} = \frac{1}{2} \cdot m_{Na} \cdot \overline{v^2} = \frac{3}{2} \cdot k \cdot T$$

$$\bar{v} \approx \sqrt{\overline{v^2}} = \sqrt{\frac{3 \cdot k \cdot T}{m_{Na}}}; \quad \underline{\underline{\bar{v} = 789\ \frac{\text{m}}{\text{s}}}}$$

2.2 $p = m_{Na} \cdot \bar{v}$

$$\underline{\underline{p = 3{,}01 \cdot 10^{-23}\ \frac{\text{kg} \cdot \text{m}}{\text{s}}}}$$

2.3 **$E_A = 1{,}90$ eV:** Das Photon kann vom Atom nicht aufgenommen werden. Es findet ein vollständig elastischer Stoß zwischen Photon und Atom statt.

$E_B = 2{,}10$ eV: Das Photon wird vom Atom absorbiert. Dabei geht das Atom vom Grundzustand in den niedrigsten Anregungszustand über. Nach etwa 10^{-8} s geht das Atom wieder in den Grundzustand zurück und emittiert ein Photon der Energie 2,10 eV.

$E_C = 5{,}5$ eV: Das Atom nimmt die Energie des Photons auf und wird ionisiert. Die Restenergie $\Delta E = 0{,}36$ eV tritt in Form von kinetischer Energie auf, die sich auf das Elektron und das Natriumion aufteilt.

2.4.1 Ein Teil der Atome absorbieren ein von rechts einfallendes Photon. Dabei gilt der Impulserhaltungssatz, d. h. der Impuls des Atoms und des Photons werden vektoriell addiert und es ergibt sich ein neuer Impuls p'_{Na}.

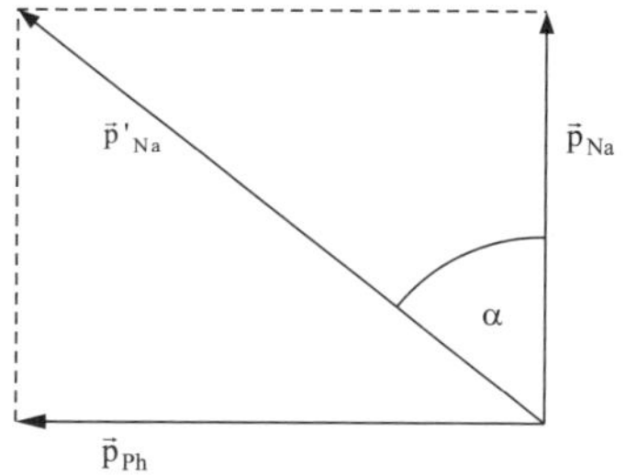

Berechnung der Wellenlänge des Photons:

$$E_{Ph} = 2{,}1\ \text{eV} = 3{,}36 \cdot 10^{-19}\ \text{J}$$

$$E_{Ph} = h \cdot f = h \cdot \frac{c}{\lambda}$$

$$\lambda = \frac{h \cdot c}{E_{Ph}}$$

$$\lambda = 5{,}91 \cdot 10^{-7}\ \text{m}$$

Impuls des Photons:

$$p_{Ph} = \frac{h}{\lambda}$$

$$p_{Ph} = 1{,}12 \cdot 10^{-27} \frac{kg \cdot m}{s}$$

Berechnung des Ablenkwinkels α:

$$\tan(\alpha) = \frac{p_{Ph}}{p_{Na}}$$

$$\alpha = \arctan\left(\frac{p_{Ph}}{p_{Na}}\right)$$

$$\underline{\underline{\alpha = 2{,}13 \cdot 10^{-3\,\circ}}}$$

2.4.2 Die Atome besitzen eine statistische Geschwindigkeitsverteilung und somit auch eine Impulsverteilung. Des Weiteren kann es unterwegs zu einer Reemission des Photons kommen, was zu einer Änderung des Impulses führt.

Leistungskurs Physik (Thüringen): Abiturprüfung 2005
Aufgabe B1: Kalorik

1 Eis der Masse m_E hat eine Temperatur $\vartheta_{Eis} < 0\ °C$. Es wird in Wasser der Masse m_W bei einer Temperatur $\vartheta_{Wasser} > 0\ °C$ gegeben.
Das gesamte System befindet sich in einem von der Umgebung isolierten Behälter mit vernachlässigbar geringer Wärmekapazität.
Geben Sie fünf Endzustände (Mischtemperatur, Eismasse und Wassermasse) an, die sich nach dem Erreichen des thermischen Gleichgewichtes einstellen können! Begründen Sie mindestens drei Fälle! (6 BE)

2 Beschreiben Sie den Endzustand, der sich einstellt, wenn folgende Ausgangsgrößen gegeben sind:
$m_E = 700\ g$; $\vartheta_{Eis} = -60{,}0\ °C$; $m_W = 210\ g$; $\vartheta_{Wasser} = 65{,}0\ °C$; $c_{Eis} = \frac{1}{2} \cdot c_{Wasser}$

Bestimmen Sie dazu die Mischtemperatur und die Massen von Eis und Wasser!

(4 BE)

Lösung

1 Für die Unterscheidung der Fälle ist die Betrachtung der folgenden Wärmen notwendig:

- Wärme, die bei der Abkühlung des Wassers auf $T_0 = 273$ K abgegeben wird:

  $$Q_W = c_W\, m_W(T_W - T_0)$$

- Wärme, die beim Erstarren des gesamten Wassers abgegeben wird:

  $$Q_{WE} = q_S\, m_W$$

- Wärme, die beim Erwärmen des Eises auf $T_0 = 273$ K aufgenommen wird:

  $$Q_E = c_E\, m_E(T_0 - T_E)$$

- Wärme, die beim Schmelzen des gesamten Eises aufgenommen wird:

  $$Q_{EW} = q_S\, m_E$$

Fall 1: nur Eis im Behälter; $\vartheta_{misch} < 0$ °C

Begründung:

$$Q_W + Q_{WE} < Q_E$$

Die beim Abkühlen und vollständigem Erstarren des Wassers abgegebene Wärme reicht nicht aus, um das Eis auf 0 °C zu erwärmen.

Fall 2: nur Eis im Behälter; $\vartheta_{misch} = 0$ °C

Begründung:

$$Q_W + Q_{WE} = Q_E$$

Die beim Abkühlen und vollständigem Erstarren des Wassers abgegebene Wärme reicht gerade aus, um das Eis auf 0 °C zu erwärmen.

Fall 3: Eis und Wasser im Behälter; $\vartheta_{misch} = 0$ °C; Eismenge hat zugenommen

Begründung:

$$Q_W + Q_{WE} > Q_E \text{ und } Q_W < Q_E$$

Die beim Abkühlen und teilweisem Erstarren des Wassers abgegebene Wärme wird genutzt, um das Eis auf 0 °C zu erwärmen.

Fall 4: Eis und Wasser im Behälter; $\vartheta_{misch} = 0$ °C; Eismenge bleibt gleich

Begründung:

$$Q_W = Q_E$$

Die beim Abkühlen des Wassers abgegebene Wärme wird zum Erwärmen des Eises auf 0 °C genutzt. Schmelz und Erstarrungsvorgänge finden nicht statt.

Fall 5: Eis und Wasser im Behälter; $\vartheta_{misch} = 0$ °C; Eismenge hat abgenommen

Begründung:

$$Q_W < Q_E + Q_{EW} \text{ und } Q_W > Q_E$$

Die beim Abkühlen des Wassers abgegebene Wärme wird zum Erwärmen des Eises auf 0 °C und zum teilweisen Schmelzen des Eises genutzt.

Fall 6: nur Wasser; $\vartheta_{misch} = 0\,°C$

Begründung:

$$Q_W = Q_E + Q_{EW}$$

Die beim Abkühlen des Wassers abgegebene Wärme reicht gerade aus, um das Eis auf 0 °C zu erwärmen und vollständig zu schmelzen.

Fall 7: nur Wasser; $\vartheta_{misch} > 0\,°C$

Begründung:

$$Q_W > Q_E + Q_{EW}$$

Die beim Abkühlen des Wassers abgegebene Wärme wird genutzt, um das Eis auf 0 °C zu erwärmen, vollständig zu schmelzen und auf die Mischtemperatur zu erwärmen.

2 Um zu ermitteln, um welchen Fall es sich handelt, müssen die einzelnen Wärmen berechnet werden (Tafelwerk: $c_W = 4{,}19 \cdot 10^3 \frac{J}{kg \cdot K}$; $q_S = 334 \cdot 10^3 \frac{J}{kg}$).

$$Q_W = c_W \cdot m_W \cdot (T_W - T_0) \qquad Q_W = 5{,}72 \cdot 10^4\ J$$

$$Q_{WE} = q_S \cdot m_W \qquad Q_{WE} = 7{,}01 \cdot 10^4\ J$$

$$Q_E = c_E \cdot m_E \cdot (T_0 - T_E) \qquad Q_E = 8{,}80 \cdot 10^4\ J$$

$$Q_{EW} = q_S \cdot m_E \qquad Q_{EW} = 2{,}34 \cdot 10^5\ J$$

$Q_W + Q_{WE} = 1{,}273 \cdot 10^5\ J$ ist größer als Q_E und $Q_W < Q_E$. Es handelt sich also um **Fall 3**.

Bestimmung der Massen von Eis und Wasser mithilfe der Wärmebilanz:
Bezeichnen wir mit m_{EW} die Masse des neu gebildeten Eises, so gilt:

$$Q_W + Q_{WE} = Q_E$$

$$c_W \cdot m_W \cdot (T_W - T_0) + q_S \cdot m_{EW} = c_E \cdot m_E \cdot (T_0 - T_E)$$

$$m_{EW} = \frac{c_E \cdot m_E \cdot (T_0 - T_E) - c_W \cdot m_W \cdot (T_W - T_0)}{q_S}$$

Einsetzen der Zahlenwerte liefert:

$$m_{EW} = 0{,}092\ kg$$

$$m_{E,neu} = m_E + m_{EW} \qquad \underline{\underline{m_{E,neu} = 0{,}792\ kg}}$$

$$m_{W,neu} = m_W - m_{EW} \qquad \underline{\underline{m_{W,neu} = 0{,}118\ kg}}$$

Nach dem Mischvorgang befinden sich 792 g Eis und 118 g Wasser bei 0 °C im Gefäß.

Leistungskurs Physik (Thüringen): Abiturprüfung 2005
Aufgabe B2: Induktion

Schon kurze Zeit nach der Entdeckung der elektromagnetischen Induktion durch M. Faraday im Jahre 1831 gelang es H. Pixii 1832 den ersten funktionstüchtigen Generator zu bauen. Dieser wurde seinerzeit jedoch noch von Hand betrieben und war so für die praktische Nutzung unbrauchbar.
Für großtechnische Anwendungen war die Entdeckung des dynamo-elektrischen Prinzips durch W. v. Siemens 1867 von entscheidender Bedeutung. Von da an war es möglich, leistungsfähige Generatoren zu konstruieren. Bereits 1878 fertigte die Firma Siemens & Halske 25 Generatoren pro Woche. 1882 ging in New York das erste Elektrizitätswerk der Welt ans Netz. In Europa nahm schließlich 1884 in der Berliner Friedrichstraße ein solches seine Arbeit auf.

1 Beschreiben Sie den Aufbau eines Wechselstromgenerators und erklären Sie seine Wirkungsweise!
Einem Generator mit angeschlossenen Verbrauchern muss selbst bei vernachlässigbar geringer Reibung ständig Energie zugeführt werden. Zeigen Sie an diesem Sachverhalt, dass die Lenz'sche Regel eine direkte Folge aus dem Energieerhaltungssatz ist!

(5 BE)

2 In einem Generator befindet sich in einem homogenen Magnetfeld der Flussdichte $B = 50{,}0$ mT eine Spule mit der Windungszahl $N = 100$. Sie hat einen quadratischen Querschnitt $A_0 = 0{,}50\ \text{m}^2$ und rotiert mit der Drehzahl $n = 3\,000\ \text{min}^{-1}$.
Zeigen Sie, dass die vom Generator abgegebene Spannung einen sinusförmigen Verlauf hat. Ermitteln Sie den Maximalwert und die Frequenz dieser Spannung!

(5 BE)

Lösung

1 *Funktionsweise des Wechselstromgenerators*
Die Spule mit der Fläche A_0 rotiert im Magnetfeld der konstanten magnetischen Flussdichte B (Skizze). Dieses wird von Permanentmagneten oder von Feldspulen erzeugt. Dabei ändert sich die vom Magnetfeld durchsetzte Fläche $A_\perp$ und somit der magnetische Fluss ($\Phi = B \cdot A_\perp$) durch die Spule. Laut Induktionsgesetz

$$U_i = -N\frac{d\Phi}{dt}$$

entsteht eine Wechselspannung, die an den Schleifkontakten abgegriffen wird.

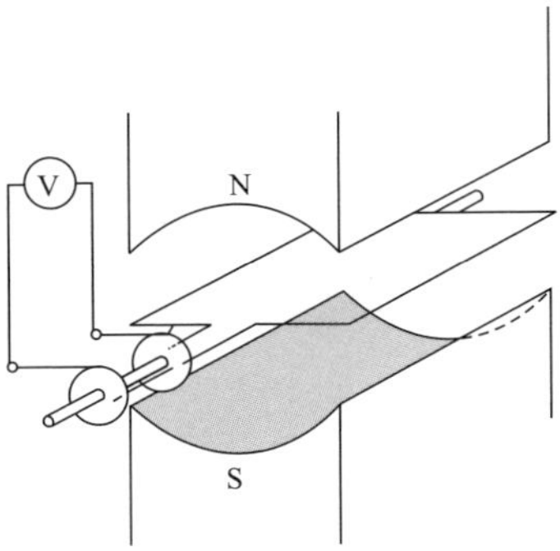

Lenz'sche Regel
Die Induktionsspannung (und somit der Induktionsstrom) ist stets so gerichtet, dass sie der Ursache ihrer Entstehung entgegen wirkt.
Die Skizze zeigt die Leiterschleife in der Seitenansicht. Im oberen Teil fließt der Induktionsstrom in die Blattebene hinein, im unteren Teil aus der Blattebene heraus (physikalische Stromrichtung). Da es sich um einen bewegten stromdurchflossenen Leiter im Magnetfeld handelt, wirkt auf ihn die Lorentzkraft

$$\vec{F}_L = I \cdot (\vec{\ell} \times \vec{B}).$$

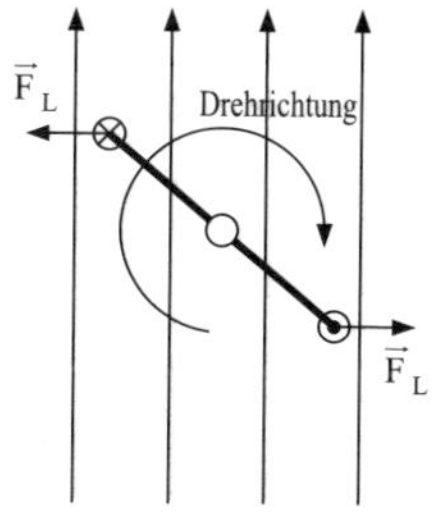

Diese ist entgegen der Drehrichtung der Spule gerichtet. Zum Drehen der Spule ist somit eine Kraft entgegen der Lorentzkraft und damit eine mechanische Arbeit notwendig. Diese wird am Verbraucher in elektrische Arbeit umgewandelt.

2 Zeitliche Änderung des magnetischen Flusses:

$$A(t) = A_0 \cdot \cos(\alpha(t)) \qquad \alpha = \omega \cdot t$$

$$\Phi(t) = B \cdot A_0 \cdot \cos(\omega \cdot t)$$

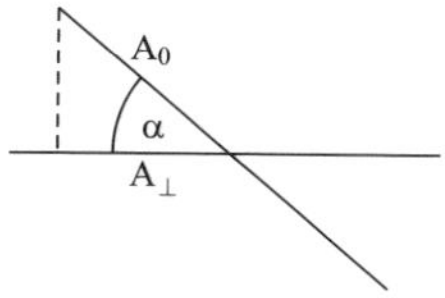

Induktionsgesetz :

$$U_i = -N \cdot \frac{d\Phi(t)}{dt}$$

$$\underline{\underline{U_i = B \cdot N \cdot A_0 \cdot \omega \cdot \sin(\omega \cdot t)}}$$

Der Ausdruck $U_i = B \cdot N \cdot A_0 \cdot \omega$ stellt U_{max} dar und ist konstant. $U_i(t)$ hat somit den Verlauf einer Sinusfunktion.

Mit den gegebenen Daten

$$B = 0{,}05\ T \qquad N = 100$$

$$A_0 = 0{,}50\ m^2 \qquad n = 3\,000\ min^{-1}$$

folgt für die Frequenz

$$\underline{\underline{f = n = 50\ Hz}}$$

und für den Maximalwert der Spannung:

$$U_{max} = B \cdot N \cdot A_0 \cdot \omega$$

$$\underline{\underline{U_{max} = 785{,}4\ V}}$$

Leistungskurs Physik (Thüringen): Abiturprüfung 2005
Experiment E1: Elektrizitätslehre

Ermitteln Sie experimentell die relative Permeabilität eines geschlossenen Eisenkernes in einer Spule.

Folgende Geräte und Hilfsmittel stehen zur Verfügung:

- 2 Vielfachmessgeräte
- 1 Schülerstromversorgungsgerät
- 1 Spule mit 3 000 Windungen
- 1 geblätterter U-Kern
- 1 geblätterter I-Kern
- Kondensator $C = 1\ \mu F$
- Potenziometer
- Verbindungsleiter

Hinweise:
- Vom Lehrer wird Ihnen die Betriebsspannung für die Spule mitgeteilt.
- Es ist nicht erforderlich, alle vorgegebenen Geräte und Hilfsmittel zu verwenden.

Das Protokoll soll enthalten:
- Vorbetrachtungen und Beschreibung der Versuchsdurchführung (6 BE)
- Messprotokoll (3 BE)
- Auswertung (3 BE)
- Fehlerbetrachtung (3 BE)

Lösung

1 Aufgabe

Ermitteln Sie experimentell die relative Permeabilität eines geschlossenen Eisenkernes in einer Spule.

2 Vorbetrachtungen

Zunächst müssen der ohmsche Widerstand R sowie die Scheinwiderstände Z ohne Eisenkern und mit Eisenkern bestimmt werden.

Schaltung zur Bestimmung von R bzw. Z

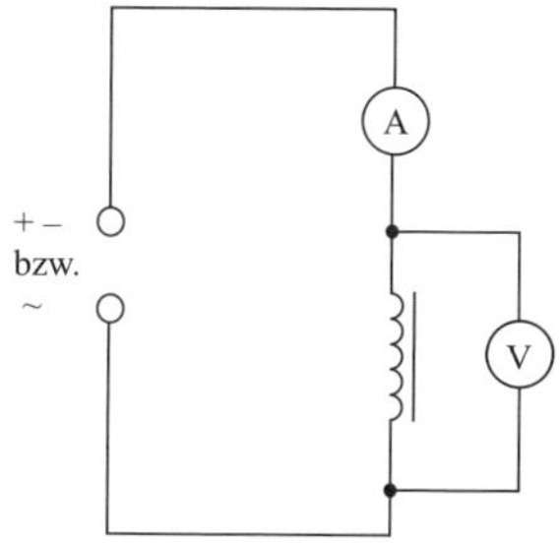

Bestimmung von R
U und I werden im Gleichstromkreis gemessen. Es gilt:

$$R = \frac{U}{I}$$

Bestimmung von Z und L
U und I werden im Wechselstromkreis gemessen. Es gilt:

$$Z = \frac{U}{I}$$

Die Frequenz entspricht mit 50 Hz der Netzfrequenz. Für die Induktivität folgt:

$$Z^2 = R^2 + (\omega \cdot L)^2$$

$$L = \sqrt{\frac{Z^2 - R^2}{(2 \cdot \pi \cdot f)^2}}$$

Ermittlung der Permeabilität
Induktivität der Spule
ohne Eisenkern ($\mu_r = 1$):

$$L_1 = \mu_0 \cdot \frac{N^2 \cdot A}{\ell}$$

mit Eisenkern:

$$L_2 = \mu_0 \cdot \mu_r \cdot \frac{N^2 \cdot A}{\ell}$$

Beide Gleichungen werden durcheinander dividiert und man erhält:

$$\mu_r = \frac{L_1}{L_2}$$

3 Messwerte

Ohmscher Widerstand:

$U_0 = 5\ \text{V}$ $\qquad$ $I_0 = 36\ \text{mA}$

Scheinwiderstand ohne Eisenkern:

$U_1 = 4\ \text{V}$ $\qquad$ $I_1 = 27\ \text{mA}$

Scheinwiderstand mit Eisenkern:

$U_2 = 4\ \text{V}$ $\qquad$ $I_2 = 2{,}35\ \text{mA}$

4 Auswertung

Ohmscher Widerstand:

$$R = \frac{U_0}{I_0} \qquad R = 139\ \Omega$$

Scheinwiderstand ohne Eisenkern:

$$Z_1 = \frac{U_1}{I_1} \qquad Z_1 = 148\ \Omega$$

$$L_1 = \frac{\sqrt{Z_1^2 - R^2}}{2 \cdot \pi \cdot f} \qquad L_1 = 0{,}16\ \text{H}$$

Scheinwiderstand mit Eisenkern:

$$Z_2 = \frac{U_2}{I_2} \qquad Z_2 = 1\,700\ \Omega$$

$$L_2 = \frac{\sqrt{Z_2^2 - R^2}}{2 \cdot \pi \cdot f} \qquad L_2 = 5{,}4\ \text{H}$$

Bestimmung von μ_r:

$$\mu_r = \frac{L_2}{L_1} \qquad \underline{\underline{\mu_r = 32{,}91 \approx 33}}$$

5 Fehlerbetrachtung

Zufällige Fehler:

- es wurden Messgeräte der Güteklasse 2,5 für die Gleichstrommessung bzw. 5 für die Wechselstrommessung verwendet, d. h., die prozentualen Größtfehler betragen schon bei Vollausschlag 2,5 % bzw. 5 %. Bei einem Teilausschlag sind die Fehler entsprechend größer.

Systematische Fehler:

- es wurde die spannungsrichtige Schaltung verwendet, weshalb man einen systematischen Fehler bei der Strommessung hat. Zusätzlich zum zu messenden Strom durch die Spule, misst man den Strom durch das Voltmeter. Dieser Strom ist allerdings vergleichsweise gering.
- Widerstände der Verbindungsleiter wurden nicht beachtet.

Leistungskurs Physik (Thüringen): Abiturprüfung 2005
Experiment E2: Wellenoptik

Bestimmen Sie experimentell das Verhältnis der Gitterkonstanten zweier optischer Gitter! Leiten Sie anhand einer Skizze die erforderliche Messgleichung her!

Folgende Geräte und Hilfsmittel stehen zur Verfügung:

- Stativmaterial
- Lineal
- Winkelmesser
- verschiedene Farbfilter mit unbekannten Wellenlängen
- 2 verschiedene optische Gitter
- Sammellinse
- Doppelkeilspalt
- Auffangschirm
- optische Leuchte
- Spaltblende
- Halterungen
- Stromversorgungsgerät
- Verbindungsleiter

Hinweise:

- Beachten Sie, dass die Umstellung einer aus dem Tafelwerk entnommenen Gleichung nach der gesuchten Größe keine Herleitung ist!
- Es ist nicht erforderlich, alle vorgegebenen Geräte und Hilfsmittel zu verwenden.

Das Protokoll soll enthalten:

- Vorbetrachtungen und Beschreibung der Versuchsdurchführung (6 BE)
- Messprotokoll (3 BE)
- Auswertung (3 BE)
- Fehlerbetrachtung (3 BE)

Lösung

1 **Aufgabe**

Bestimmen Sie experimentell das Verhältnis der Gitterkonstanten zweier optischer Gitter! Leiten Sie anhand einer Skizze die erforderliche Messgleichung her!

2 **Vorbetrachtungen**

Für die Interferenz am Gitter gelten folgende Zusammenhänge:

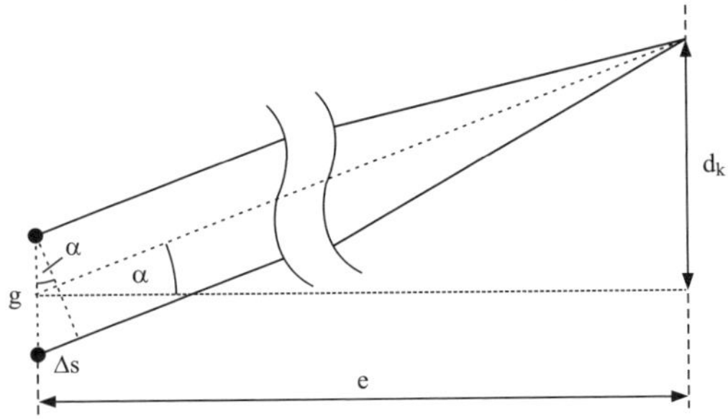

g: Gitterkonstante

e: Entfernung Gitter – Schirm

d_k: Abstand des k-ten Maximums vom 0. Maximum

Es gilt:

$$\sin\alpha = \frac{\Delta s}{g} = \frac{k\lambda}{g}$$

$$\tan\alpha = \frac{d_k}{e}$$

Da bei diesem Experiment α kleiner als 5° ist, kann mit der Näherung $\sin\alpha \approx \tan\alpha$ gearbeitet werden, sodass folgt:

$$\frac{k\lambda}{g} = \frac{d_k}{e}$$

Ermittlung des Verhältnisses der Gitterkonstanten $\frac{g_1}{g_2}$

d_{k1} und d_{k2} werden für beide Gitter mit derselben Wellenlänge bei gleichem e und gleicher Ordnung gemessen.

Gitter 1:

$$\frac{k\lambda}{g_1} = \frac{d_{k1}}{e}$$

Gitter 2:

$$\frac{k\lambda}{g_2} = \frac{d_{k2}}{e}$$

Beide Gleichungen werden durcheinander dividiert und man erhält:

$$\frac{g_1}{g_2} = \frac{d_{k2}}{d_{k1}}$$

Versuchsaufbau

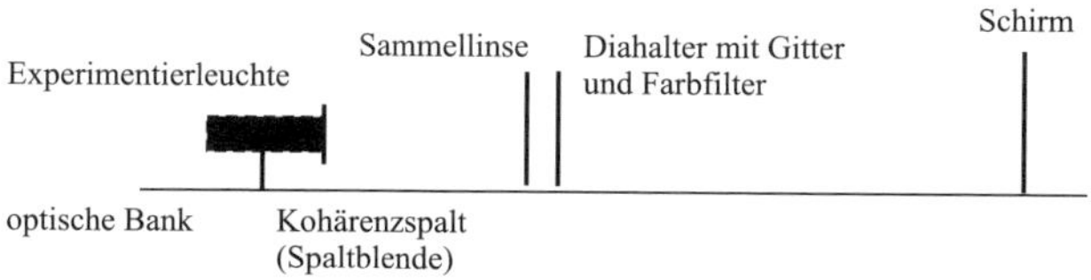

Zunächst wird der Kohärenzspalt mit der Sammellinse scharf abgebildet. Anschließend bringt man das optische Gitter mit der bekannten Gitterkonstante in den Strahlengang und bestimmt d_k. Dabei wird eine möglichst hohe Ordnung k ausgemessen. Der Versuch wird mit zwei verschiedenen Farbfiltern durchgeführt.

3 Messwerte

Es wurde der Abstand 2. Ordnung bestimmt.

Roter Farbfilter:

$d_{k1} = 2{,}4$ cm $\qquad$ $d_{k2} = 1{,}2$ cm

Blauer Farbfilter:

$d_{k1} = 2{,}0$ cm $\qquad$ $d_{k2} = 1{,}0$ cm

4 Auswertung

Rot:

$$\frac{g_1}{g_2} = 2$$

Blau:

$$\frac{g_1}{g_2} = 2$$

Mittelwert für $\frac{g_1}{g_2}$: 2

Ergebnis: Das Verhältnis der beiden Gitterkonstanten beträgt 2.

5 Fehlerbetrachtung

zufällige Fehler:
- Fehler bei der Längenbestimmung: $\Delta d_k = 0{,}5$ mm

systematische Fehler:
- keine vollständig exakte Justierung auf der optischen Achse
- Abbildungsfehler an der Linse

Leistungskurs Physik (Thüringen): Abiturprüfung 2006
Aufgabe A1: Mechanische Wellen, Thermodynamik

1 **Mechanische Wellen**

1.1 Geben Sie die physikalische Bedeutung der Wellenlänge, der Frequenz und der Ausbreitungsgeschwindigkeit einer Welle an! (2 BE)

1.2 Berechnen Sie die Wellenlänge einer Schallwelle in Luft bei der Temperatur $\vartheta = 20{,}0\ °C$. Ihre Frequenz beträgt $f = 440\ Hz$! (2 BE)

1.3 Auf einem langen linearen Wellenträger läuft in positiver x-Richtung eine sinusförmige Transversalwelle mit der Ausbreitungsgeschwindigkeit $c = 2{,}0\ m \cdot s^{-1}$ zur Zeit $t = 0\ s$ im Ursprung los. Der Oszillator im Ursprung beginnt in mathematisch positiver Richtung zu schwingen. Die Amplitude beträgt $y_{max} = 10{,}0\ cm$, die Kreisfrequenz $\omega = 3{,}14\ s^{-1}$.

1.3.1 Leiten Sie aus dem Elongations-Zeit-Gesetz für eine harmonische Schwingung den funktionalen Zusammenhang $y(t, x) = y_{max} \cdot \sin[2\pi(\frac{t}{T} - \frac{x}{\lambda})]$ für eine lineare Welle her! (3 BE)

1.3.2 Zum Zeitpunkt $t = \frac{3}{2}T$ beginnt der Oszillator an der Stelle $x = x_1$ zu schwingen. Berechnen Sie x_1 und skizzieren Sie das Momentbild der Welle zu diesem Zeitpunkt! (3 BE)

1.3.3 Berechnen Sie die Zeit, nach der der Oszillator an der Stelle $x = 3{,}50\ m$ zum ersten Mal den positiven Maximalwert erreicht! (2 BE)

2 **Thermodynamik**

2.1 Beschreiben und erklären Sie den Vorgang des Verdunstens unter phänomenologischen und kinetisch-statistischen Gesichtspunkten! (4 BE)

2.2 Ein einatomiges ideales Gas der Stoffmenge $n = 1{,}40\ mol$ durchläuft einen 4-stufigen Kreisprozess aus isobaren und isochoren Zustandsänderungen. Der Ausgangszustand des Prozesses ist durch das kleinste Volumen $V_1 = 750\ cm^3$ und den größten Druck $p_1 = 46{,}56 \cdot 10^5\ Pa$ charakterisiert. Die erste Zustandsänderung ist eine isobare Expansion auf das doppelte Volumen. Es schließt sich eine isochore Abkühlung auf die Ausgangstemperatur an.

2.2.1 Benennen Sie die fehlenden Zustandsänderungen! (2 BE)

2.2.2 Ermitteln Sie für alle vier Zustände Druck, Volumen und Temperatur und fassen Sie diese in einer Tabelle zusammen! (4 BE)

2.2.3 Zeichnen Sie das p-V-Diagramm des Kreisprozesses! (1 BE)

2.2.4 Berechnen Sie für jede der Zustandsänderungen die dabei verrichtete Volumenarbeit W und die zugeführte bzw. abgegebene Wärme Q!
Fassen Sie ihre Ergebnisse in einer Tabelle zusammen! (5 BE)

2.2.5 Zeichnen Sie in das p-V-Diagramm die Isotherme für die Temperatur T_1 ein! Geben Sie dazu mindestens 4 Wertepaare an! (2 BE)

2.2.6 Durch die Isotherme ergeben sich 2 Kreisprozesse:

Prozess A: $1 \rightarrow 2 \rightarrow 3 \rightarrow 1$ Prozess B: $1 \rightarrow 3 \rightarrow 4 \rightarrow 1$

Vergleichen Sie die Nutzarbeiten und berechnen Sie die Wirkungsgrade beider Prozesse! (5 BE)

Tipps und Hinweise zu Aufgabe A1

Tipp zu Teilaufgabe 1.1

- Benutzen Sie Fachbegriffe und achten Sie auf eine exakte Beschreibung.

Tipps zu Teilaufgabe 1.2

- Sie benötigen die Grundgleichung der Wellenlehre $c = \lambda \cdot f$.
- Die Schallgeschwindigkeit in Luft bei 20 °C entnehmen Sie dem Tafelwerk.

Tipps zu Teilaufgabe 1.3.1

- Betrachten Sie die Welle zunächst am festen Ort $x = 0$ und formulieren Sie die zugehörige Schwingungsgleichung, wenn zum Zeitpunkt $t = 0$ die Schwingung einsetzt (Elongations-Zeit-Gesetz).
- Wie muss ausgehend von dieser Gleichung die entsprechende Gleichung an einem Ort $x_1 > 0$ zu einem späteren Zeitpunkt t_1 aussehen? Veranschaulichen Sie sich die Situation am besten anhand einer Skizze.
- Drücken Sie t_1 durch x_1 aus und verwenden Sie die Beziehung zwischen Schallgeschwindigkeit und Wellenlänge. Einsetzen ergibt die gesuchte Wellengleichung.

Tipps zu Teilaufgabe 1.3.2

- Hier gibt es zwei Lösungsvarianten: Entweder Sie bestimmen x_1 unmittelbar als den in der Zeit t zurückgelegten Weg der Welle oder Sie berechnen x_1 mithilfe der Schwingungsgleichung $y(t, x)$.
- Sie müssen in jedem Fall zunächst die Schwingungsdauer T und die Zeit t berechnen. Bei der zweiten Variante benötigen Sie zusätzlich die Wellenlänge λ, die Elongation beträgt $y = 0$ m.
- Beachten Sie für die Erstellung des Momentbilds, dass gemäß Angabe der Oszillator zu Beginn nach oben schwingt.

Tipp zu Teilaufgabe 1.3.3

- In diesem Fall müssen Sie die Schwingungsgleichung $y(t, x)$ am Ort x nach t umformen.

Tipp zu Teilaufgabe 2.1

- Führen Sie eine klare Unterscheidung zwischen kinetisch-statistischer und phänomenologischer Betrachtung durch.

Tipp zu Teilaufgabe 2.2.1

- Ermitteln Sie die fehlenden Zustandsänderungen am besten anhand einer Skizze. Es sind nur isochore bzw. isobare Prozesse erlaubt.

Tipps zu Teilaufgabe 2.2.2

- Es ist hilfreich, wenn Sie zunächst alle unmittelbar und mittelbar gegebenen Größen übersichtlich notieren. Fassen Sie die gegebenen Zustandsgrößen in einer Tabelle zusammen, sodass Sie die noch fehlenden Werte sofort im Blick haben.
- Berechnen Sie die fehlenden Größen mithilfe der Zustandsgleichung für das ideale Gas.

Tipp zu Teilaufgabe 2.2.3

- Achten Sie auf die vollständige Beschriftung der Koordinatenachsen und des Diagramms.

Tipps zu Teilaufgabe 2.2.4

- Diese Teilaufgabe erfordert einen sicheren Umgang mit dem 1. Hauptsatz der Thermodynamik.
- Je nach Zustandsänderung müssen Sie verschiedene Ausdrücke für die Volumenarbeit verwenden. In diesem Fall entweder $W = -p \cdot (V_2 - V_1)$ für die isobare Zustandsänderung oder $W = 0$ für die isochore Zustandsänderung.
- Bei der Berechnung der Wärme mit der kalorischen Zustandsgleichung $Q = c \cdot m \cdot \Delta T$ müssen Sie c_p bei einer isobaren und c_v bei der isochoren Zustandsänderung einsetzen.

Tipp zu Teilaufgabe 2.2.5

- Für die isotherme Zustandsänderung gilt $p \cdot V = \text{konst.}$

Tipps zu Teilaufgabe 2.2.6

- Der Vergleich der Nutzarbeiten kann sowohl über die Flächen im p-V-Diagramm als auch über die berechneten Beträge durchgeführt werden.
- Beachten Sie: Es handelt sich um die Summe der *zugeführten* Wärmen. Die anderen Wärmen werden nicht beachtet.

Lösung zu Aufgabe A1

1.1 Die **Wellenlänge** ist der kleinste räumliche Abstand zweier gleicher Schwingungszustände.

Wichtig ist, dass es sich um den *kleinsten* räumlichen Abstand handelt.

Die **Frequenz** gibt die Anzahl der Schwingungen je Zeiteineinheit an.
Die **Ausbreitungsgeschwindigkeit** beschreibt, wie schnell sich der Schwingungszustand im Raum ausbreitet.

1.2 Mit der gegebenen Frequenz $f = 440$ Hz und der Schallgeschwindigkeit $c = 343\ \frac{m}{s}$ (Tafelwerk) erhält man für die Wellenlänge:

$$c = \lambda \cdot f$$
$$\lambda = \frac{c}{f}$$
$$\underline{\underline{\lambda = 0{,}78\ m}}$$

1.3.1 Am Ort $x = 0$ setzt zum Zeitpunkt $t = 0$ die Schwingung des Oszillators nach der Gleichung $y(t, 0) = y_{max} \cdot \sin(\omega \cdot t)$ ein. Sie breitet sich mit der Geschwindigkeit $c = \lambda \cdot f$ bzw. $c = \frac{\lambda}{T}$ aus. Der Oszillator am Ort x_1 beginnt erst nach der Zeit $t_1 = \frac{x_1}{c}$ zu schwingen. Seine Schwingungsgleichung lautet daher:

$$y(t, x_1) = y_{max} \cdot \sin[\omega \cdot (t - t_1)]$$

Denken Sie daran, dass sich der verzögerte Einsatz der Schwingung am Ort x_1 (siehe Skizze) mathematisch als Subtraktion des Phasenwinkels $\omega \cdot t_1$ im Argument der Sinusfunktion äußert. Sie führt zu einer Verschiebung der Sinuskurve nach rechts längs der t-Achse.

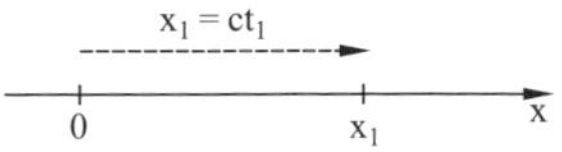

Einsetzten von t_1 und $c = \frac{\lambda}{T}$ liefert:

$$y(t, x_1) = y_{max} \cdot \sin\left[\omega \cdot \left(t - \frac{x_1 \cdot T}{\lambda}\right)\right]$$

$$y(t, x_1) = y_{max} \cdot \sin\left[2\pi \cdot \left(\frac{t}{T} - \frac{x_1}{\lambda}\right)\right]$$

Für den allgemeinen Fall wird x_1 durch x ersetzt:

$$\underline{\underline{y(t, x) = y_{max} \cdot \sin\left[2\pi \cdot \left(\frac{t}{T} - \frac{x}{\lambda}\right)\right]}}$$

1.3.2. Gegeben sind:

$c = 2{,}0\ \frac{m}{s} \qquad y_{max} = 10{,}0\ cm \qquad \omega = 3{,}14\ Hz$

Die Welle legt in der Zeit t den Weg

$$x_1 = c \cdot t$$

zurück. t erhält man über die Schwingungsdauer bzw. die Kreisfrequenz:

$$\omega = \frac{2 \cdot \pi}{T}$$

$$T = \frac{2 \cdot \pi}{\omega} \qquad T = 2\,s$$

$$t = \frac{3}{2} \cdot T \qquad t = 3\,s$$

$$x_1 = c \cdot t \qquad \underline{\underline{x_1 = 6\,m}}$$

Alternativ können Sie x_1 auch durch Auflösen der Schwingungsgleichung $y(t, x)$ nach x bestimmen:

$$x = \frac{\lambda}{2} \cdot \left(2 \cdot \frac{t}{T} - \frac{1}{\pi} \cdot \arcsin\left(\frac{y}{y_{max}}\right)\right)$$

Mit $\lambda = c \cdot T$ und $T = 2$ s, $t = 3$ s, $y = 0$ folgt daraus aber wieder $x_1 = \frac{c \cdot T}{2} \cdot 2 \cdot \frac{t}{T} = c \cdot t$.

Am Ort $x_1 = 6$ m schwingt der Oszillator nach oben. Somit erhält man das folgende Momentbild.

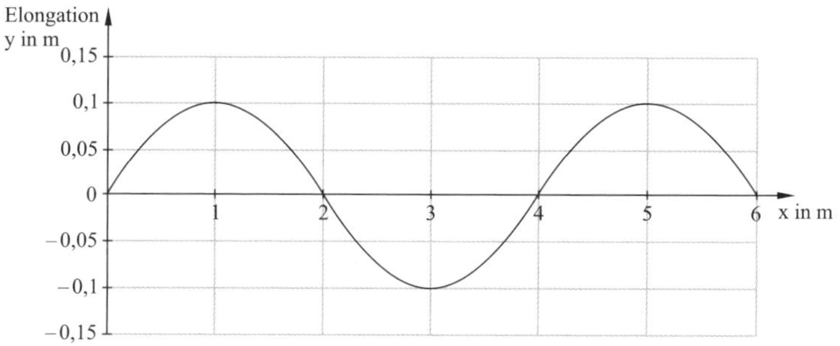

1.3.3 Am Ort $x = 3{,}50$ m beträgt die Elongation $y = y_{max}$. Auflösen der Schwingungsgleichung $y(t, x)$ nach t ergibt mit $\arcsin(1) = \frac{\pi}{2}$:

$$t = \frac{T}{2 \cdot \pi} \cdot \arcsin\left(\frac{y}{y_{max}}\right) + \frac{T \cdot x}{\lambda}$$

$$t = \frac{1}{\omega} \cdot \frac{\pi}{2} + \frac{x}{c} \qquad \underline{\underline{t = 2{,}25\,s}}$$

2.1 **Phänomenologische Betrachtung**

Beim Verdunsten findet ein Wechsel des Aggregatzustandes statt. Die dazu notwendige Umwandlungswärme (Verdunstungswärme) wird der Flüssigkeit entnommen. Ihre innere Energie und die Temperatur sinken.

Kinetisch-statistische Betrachtung

Ähnlich wie in Gasen gibt es auch in Flüssigkeiten eine statistische Geschwindigkeitsverteilung. An der Oberfläche können die schnellsten Teilchen die Flüssigkeit verlassen. Diese Teilchen besitzen eine hohe kinetische Energie, welche jetzt nicht mehr in die Berechnung der mittleren kinetischen Energie der Teilchen der Flüssigkeit eingeht. Diese nimmt ab. Da die mittlere kinetische Energie eines Teilchens direkt proportional zur Temperatur ist, nimmt die Temperatur der Flüssigkeit ab.

2.2.1 Die fehlenden Zustandsänderungen sind von
$3 \rightarrow 4$: isobare Kompression;
$4 \rightarrow 1$: isochore Erwärmung.

2.2.2 Tabellarische Übersicht der gegebenen Zustandsgrößen:

Zustand	p in 10^5 Pa	V in cm^3	T in K
1	46,56	750	
2	46,56	1 500	
3		1 500	
4		750	

Darüber hinaus sind noch folgende Größen bekannt:
$n = 1{,}40$ mol, $R_0 = 8{,}314 \frac{J}{mol \cdot K}$

Es folgt die Berechnung der fehlenden Zustandsgrößen.
Temperatur T_1:

$$p_1 \cdot V_1 = n \cdot R_0 \cdot T_1 \qquad T_1 = \frac{p_1 \cdot V_1}{n \cdot R_0} \qquad \underline{\underline{T_1 = 300 \text{ K}}}$$

Temperatur T_2:

$$\frac{V_1}{T_1} = \frac{V_2}{T_2} \qquad T_2 = T_1 \cdot \frac{V_2}{V_1} \qquad \underline{\underline{T_2 = 600 \text{ K}}}$$

Temperatur T_3: Beim Prozess $2 \rightarrow 3$ wird wieder die Ausgangstemperatur T_1 erreicht.

$$T_3 = T_1 \qquad \underline{\underline{T_3 = 300 \text{ K}}}$$

Druck p_3:

$$\frac{p_2}{T_2} = \frac{p_3}{T_3} \qquad p_3 = p_2 \cdot \frac{T_3}{T_2} \qquad \underline{\underline{p_3 = 2{,}328 \cdot 10^6 \text{ Pa}}}$$

Druck p_3: Da es sich bei der Zustandsänderung $3 \rightarrow 4$ um eine isobare Zustandsänderung handelt, gilt:

$$p_3 = p_4 \qquad \underline{\underline{p_4 = 2{,}328 \cdot 10^6 \text{ Pa}}}$$

Temperatur T_4:

$$\frac{V_3}{T_3} = \frac{V_4}{T_3} \qquad T_4 = T_3 \cdot \frac{V_4}{V_3} \qquad \underline{\underline{T_4 = 150 \text{ K}}}$$

Die vollständige Tabelle der Zustandsgrößen lautet:

Zustand	p in 10^5 Pa	V in cm^3	T in K
1	46,56	750	300
2	46,56	1 500	600
3	23,28	1 500	300
4	23,28	750	150

2.2.3 p-V-Diagramm:

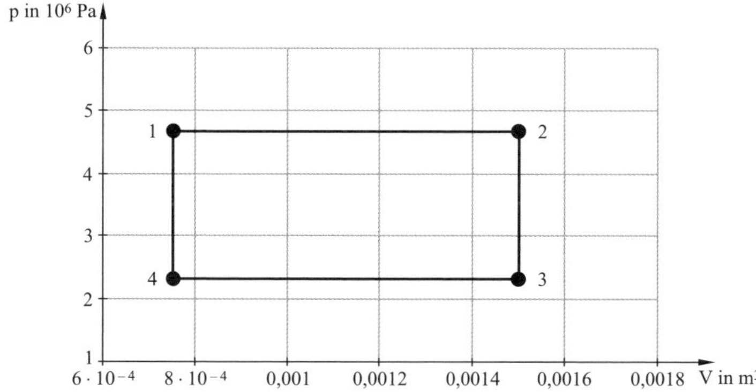

2.2.4 **Zustandsänderung 1 → 2 (isobare Expansion)**
Das Gas verrichtet die Arbeit ($W_{12} < 0$):

$$W_{12} = -p_1 \cdot (V_2 - V_1) \qquad \underline{\underline{W_{12} = -3{,}49 \cdot 10^3\ \text{J}}}$$

Für die Wärme gilt:

$$Q_{12} = c_p \cdot m \cdot (T_2 - T_1)$$

Weder c_p noch m sind bekannt. Der Ausdruck $c_p \cdot m$ muss also ersetzt werden. Für ein einatomiges Gas gilt:

$$c_p = \frac{5}{2} \cdot \frac{R_0}{M}$$

Ersetzen der molaren Masse M durch den Ausdruck $M = \frac{m}{n}$ führt auf:

$$c_p = \frac{5 \cdot R_0 \cdot n}{2 \cdot m} \qquad c_p \cdot m = \frac{5}{2} \cdot R_0 \cdot n$$

In Q_{12} eingesetzt ergibt sich:

$$Q_{12} = \frac{5}{2} \cdot R_0 \cdot n \cdot (T_2 - T_1) \qquad \underline{\underline{Q_{12} = 8{,}73 \cdot 10^3\ \text{J}}}$$

Zustandsänderung 2 → 3 (isochore Abkühlung))
Die Arbeit lässt sich sofort angeben:

$$\underline{\underline{W_{23} = 0}}$$

Die Wärme beträgt:

$$Q_{23} = c_v \cdot m \cdot (T_3 - T_2).$$

Analog zu $c_p \cdot m$ ergibt sich für $c_v \cdot m$ mit $M = \frac{m}{n}$:

$$c_v = \frac{3 \cdot R_0}{2 \cdot M} \qquad c_v \cdot m = \frac{3}{2} \cdot R_0 \cdot n$$

In Q_{23} eingesetzt folgt:

$$Q_{23} = \frac{3}{2} \cdot R_0 \cdot n \cdot (T_3 - T_2) \qquad \underline{\underline{Q_{23} = -5{,}24 \cdot 10^3\ \text{J}}}$$

Zustandsänderung 3 → 4 (isobare Kompression)
Es wird am Gas Arbeit verrichtet ($W_{34} > 0$):

$$W_{34} = -p_3 \cdot (V_4 - V_3) \qquad \underline{\underline{W_{34} = 1{,}75 \cdot 10^3\,\text{J}}}$$

$$Q_{34} = \frac{5}{2} \cdot R_0 \cdot n \cdot (T_4 - T_3) \qquad \underline{\underline{Q_{34} = -4{,}37 \cdot 10^3\,\text{J}}}$$

Zustandsänderung 4 → 1 (isochore Erwärmung)

$$\underline{\underline{W_{41} = 0}}$$

$$Q_{41} = \frac{3}{2} \cdot R_0 \cdot n \cdot (T_1 - T_4) \qquad \underline{\underline{Q_{41} = 2{,}62 \cdot 10^3\,\text{J}}}$$

Die Wärmen und Volumenarbeiten sind in der folgenden Tabelle zusammengefasst.

	W in kJ	Q in kJ
1 → 2	–3,49	8,73
2 → 3	0	–5,24
3 → 4	1,75	–4,37
4 → 1	0	2,62

2.2.5 Für die isotherme Zustandsänderung gilt $p \cdot V = \text{konst.}$, wobei für die Konstante $p_1 \cdot V_1$ bzw. $p_3 \cdot V_3$ eingesetzt wird.

Wertetabelle:

p in 10^5 Pa	V in cm^3
46,56	750,0
38,80	900,0
34,92	1 000
27,94	1 250
24,92	1 400
23,28	1 500

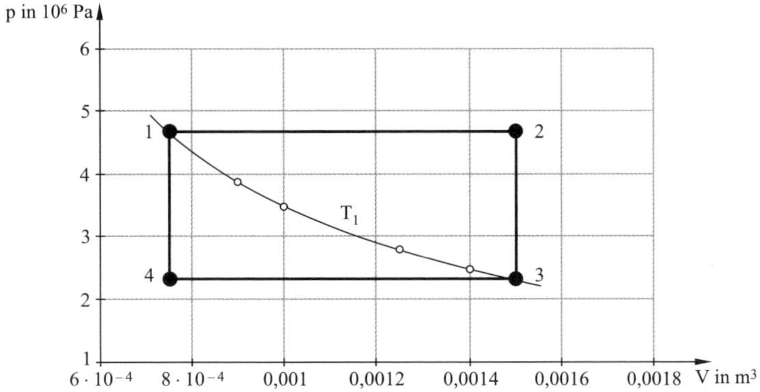

2.2.6 Die Nutzarbeit beim Prozess A ist größer als die Nutzarbeit beim Prozess B, weil die eingeschlossene Fläche bei A, die die Nutzarbeit darstellt, größer ist.

Thermischer Wirkungsgrad
Zunächst muss die Volumenarbeit für den isothermen Prozess ermittelt werden.

Die Formel für die Volumenarbeit ergibt sich durch Integration der Druckfunktion $p(V) = p_1 \cdot V_1 \cdot \frac{1}{V}$ in den Grenzen V_1 und V_3, wobei $p_1 \cdot V_1 = n \cdot R_0 \cdot T_1$ gilt.

Prozess A:

$$W_{13} = -n \cdot R_0 \cdot T_1 \cdot \ln\left(\frac{V_3}{V_1}\right)$$

$$W_{13} = -2{,}42 \cdot 10^3\ \text{J}$$

Prozess B:

$$W_{31} = -n \cdot R_0 \cdot T_1 \cdot \ln\left(\frac{V_1}{V_3}\right)$$

$$W_{31} = 2{,}42 \cdot 10^3\ \text{J}$$

Berechnung der Nutzarbeiten:

$$W_{Nutz,A} = W_{12} + W_{31} \qquad W_{Nutz,A} = -1{,}07 \cdot 10^3\ \text{J}$$

$$W_{Nutz,B} = W_{13} + W_{34} \qquad W_{Nutz,B} = -0{,}67 \cdot 10^3\ \text{J}$$

Der thermische Wirkungsgrad ist definiert durch

$$\eta = -\frac{\text{Nutzarbeit}}{\text{Summe der zugeführten Wärme}} = -\frac{W_{Nutz}}{\sum Q_{zu}}$$

Berücksichtigt man, dass für isotherme Zustandsänderungen nach dem 1. Hauptsatz $W = -Q$ gilt, folgt für

Prozess A: Es wird nur bei der Zustandsänderung $1 \rightarrow 2$ Wärme zugeführt.

$$Q_{zu,A} = Q_{12} \qquad Q_{zu,A} = 8{,}73 \cdot 10^3\ \text{J}$$

$$\eta_A = -\frac{W_{Nutz,A}}{Q_{zu,A}} \qquad \underline{\underline{\eta_A = 0{,}123}}$$

Prozess B: Es wird beim Prozess $1 \rightarrow 3$ und $4 \rightarrow 1$ Wärme zugeführt.

$$Q_{13} = -W_{13}$$

$$Q_{zu,B} = Q_{13} + Q_{41} \qquad Q_{zu,B} = 5{,}04 \cdot 10^3\ \text{J}$$

$$\eta_B = -\frac{W_{Nutz,B}}{Q_{zu,B}} \qquad \underline{\underline{\eta_B = 0{,}134}}$$

1. In der Raumfahrttechnik werden seit den sechziger Jahren des 20. Jahrhunderts nukleare Batterien eingesetzt. In solchen thermoelektrischen Energiequellen wird die beim Spontanzerfall von Radionukliden freigesetzte thermische Energie in elektrische Energie umgewandelt.
Neue Entwicklungen setzen auf das Isotop $^{63}_{28}Ni$. Es hat eine Halbwertszeit $T_{1/2} = 100$ Jahre und ist ein reiner β^--Strahler.
Das Nickelisotop $^{63}_{28}Ni$ hat die Kernmasse $m_{Ni} = 62{,}9143149$ u. Die Masse des stabilen Folgekerns beträgt $m_X = 62{,}9136912$ u.

1.1 Beschreiben Sie die Vorgänge in einem Atomkern, die zur Aussendung von β^--Strahlung führen!
Geben Sie die Zerfallsgleichung für das Radionuklid $^{63}_{28}Ni$ an! (2 BE)

1.2 Das Radionuklid ist von einem einige Zentimeter dicken Material umhüllt, welches thermische Energie in elektrische Energie umwandelt.
Begründen Sie mithilfe der Eigenschaften der radioaktiven Strahlung, dass in diesem Fall kein zusätzlicher Strahlenschutz erforderlich ist! (2 BE)

1.3 Berechnen Sie die maximale kinetische Energie $E_{kin/max}$ der β^--Teilchen sowie ihre größtmögliche Geschwindigkeit v_{max}!
[Kontrollergebnis: $E_{kin/max} \approx 70$ keV] (4 BE)

1.4 Erklären Sie, weshalb die Teilchen in der von $^{63}_{28}Ni$ ausgehenden β^--Strahlung auch geringere kinetische Energien als $E_{kin/max}$ besitzen können! (2 BE)

1.5 Eine Nuklearbatterie hat die thermische Anfangsleistung $P_0 = 1{,}0$ kW.
Der Einfachheit halber wird angenommen, dass die vom $^{63}_{28}Ni$-Isotop ausgehende β^--Strahlung nur aus Teilchen mit maximaler kinetischer Energie besteht.
Hinweis: Innerhalb einer Sekunde kann die Leistung als konstant aufgefasst werden.

1.5.1 Berechnen Sie die Zahl ΔN der radioaktiven Zerfälle je Sekunde, um die gegebene Anfangsleistung zu gewährleisten!
[Kontrollergebnis: $\Delta N \approx 8{,}9 \cdot 10^{16}$] (3 BE)

1.5.2 Ermitteln Sie die Zerfallskonstante λ des β^--Zerfalls! Leiten Sie die Gleichung zur Berechnung der Zerfallskonstante λ aus dem Zerfallsgesetz her und berechnen Sie diese für das Nickelisotop $^{63}_{28}Ni$!
[Kontrollergebnis: $\lambda = 2{,}20 \cdot 10^{-10}\ s^{-1}$] (3 BE)

1.5.3 Berechnen Sie die Masse m_0 des Radionuklids $^{63}_{28}Ni$, damit die gegebene thermische Anfangsleistung P_0 erreicht wird! (2 BE)

2 Auf zwei parallelen waagerechten Metallschienen mit vernachlässigbarem ohmschen Widerstand liegt ein Leiter, der auf den Schienen reibungsfrei gleiten kann und an einer Schraubenfeder befestigt ist, die auf Zug und Druck reagiert. Ihre Federkonstante beträgt $D = 0{,}80\ N \cdot cm^{-1}$. Bei den folgenden Betrachtungen kann die Masse der Feder vernachlässigt werden. Ein homogenes Magnetfeld der Flussdichte $B = 1{,}50$ T durchsetzt die gesamte Anordnung.
Die Metallschienen haben den Abstand $\ell = 18{,}0$ cm. Der Leiter hat die Masse $m = 210$ g und den ohmschen Widerstand $R = 2{,}0\ \Omega$.

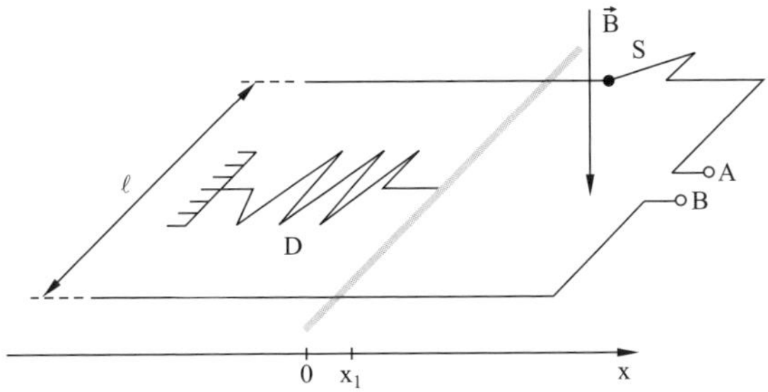

2.1 Berechnen Sie die Spannung, die man an die Klemmen A und B bei geschlossenem Schalter S anlegen muss, damit der Leiter bis zur Stelle $x_1 = 5{,}20$ cm verschoben wird! Geben Sie die Polarität dieser Spannung an! (4 BE)

2.2 Nachdem der Leiter die Stelle x_1 erreicht hat, wird der Schalter S geöffnet.

2.2.1 Beschreiben und erklären Sie das Verhalten des Leiters! (3 BE)

2.2.2 Berechnen Sie den Betrag der maximalen Geschwindigkeit v_{max} des Leiters bei seiner Bewegung! (3 BE)

2.2.3 Erklären Sie, weshalb während der Bewegung des Leiters zwischen seinen Enden eine Spannung induziert wird! (3 BE)

2.2.4 Für die induzierte Spannung gilt:

$$U_i(t) = B \cdot \ell \cdot x_1 \cdot \omega \cdot \sin(\omega \cdot t)$$

Leiten Sie diese Gleichung her und berechnen Sie den Betrag des Maximalwertes der induzierten Spannung! (4 BE)

Tipps und Hinweise zu Aufgabe A2

Tipps zu Teilaufgabe 1.1

- Es ist wichtig, dass Sie eine Aussage zur Umwandlung des Neutrons machen.
- Achten Sie beim Aufstellen der Zerfallsgleichung, dass die Summen der Massen- und Kernladungszahlen auf beiden Seiten übereinstimmen.

Tipp zu Teilaufgabe 1.2

- Es ist wichtig, dass Sie eine Aussage zum Durchdringungsvermögen der β^--Strahlung machen.

Tipps zu Teilaufgabe 1.3

- Überlegen Sie: Woher stammt die Energie beim β^--Zerfall?
- Wie ist der Massendefekt definiert? Vergessen Sie bei der Berechnung des Massendefektes nicht das Elektron (β^--Teilchen).

Tipp zu Teilaufgabe 1.4

- Das Energiespektrum eines β^--Strahlers ist kontinuierlich. Was folgt daraus für die Zahl der Zerfallsprodukte? Denken Sie an den Energieerhaltungssatz.

Tipps zu Teilaufgabe 1.5.1

- Wie groß ist die in 1 s von der Batterie freigesetzte Energie?
- Verwenden Sie das Ergebnis aus Teilaufgabe 1.3.

Tipp zu Teilaufgabe 1.5.2

- Stellen Sie das Zerfallsgesetz nach $\frac{N}{N_0}$ um. Nach Ablauf der Halbwertzeit $T_{1/2}$ beträgt dieses Verhältnis 1 : 2.

Tipp zu Teilaufgabe 1.5.3

- Bestimmen Sie zunächst die Anzahl der Ausgangskerne N_0. Verwenden Sie hierzu das Ergebnis aus Teilaufgabe 1.5.1.

Tipps zu Teilaufgabe 2.1

- Welche Kräfte wirken auf den Leiter? Stellen Sie eine Kräftebilanz auf.
- Verwenden Sie die Linke-Hand-Regel.

Tipp zu Teilaufgabe 2.2.1

- Welche Kraft fällt durch das Öffnen des Schalters weg? Wirkt sich die verbleibende Kraft auf die Bewegung des Leiters aus?

Tipp zu Teilaufgabe 2.2.2

- Die Berechnung der maximalen Geschwindigkeit ist über den Energieerhaltungssatz oder über das Geschwindigkeit-Zeit-Gesetz der harmonischen Schwingung möglich.

Tipps zu Teilaufgabe 2.2.3

- Auch hier sind wieder zwei Varianten möglich. Bei der ersten wird die Induktion über die Verschiebung der Ladungsträger erklärt, bei der zweiten über das Induktionsgesetz.
- Unterstützen Sie Ihre Aussagen möglichst mit einer Skizze.

Tipp zu Teilaufgabe 2.2.4

- Die Berechnung kann natürlich ebenfalls über die in 2.2.3 genannten Varianten erfolgen. Variante 1: Berechnung mit der Gleichung der induzierten Spannung eines bewegten Leiters im Magnetfeld; Variante 2: Induktionsgesetz

Lösung zu Aufgabe A2

1.1 Im Potenzialtopfmodell des Atomkerns sind in einem stabilen Kern die Energieniveaus im Neutronentopf und im Protonentopf etwa gleich hoch besetzt. Ist dies nicht der Fall und ein höher gelegenes Niveau mit einem Neutron besetzt, während ein tiefer gelegenes für Protonen noch frei ist, kann das Neutron das tiefer gelegene Niveau besetzen. Dabei wandelt sich das Neutron in ein Proton unter Abgabe eines Elektrons und eines Antineutrinos um.

Zerfallsgleichung: ${}^{63}_{28}Ni \rightarrow {}^{63}_{29}Cu + {}^{0}_{-1}e + \overline{\nu}$

1.2 β-Strahlung hat im Vergleich z. B. zu Gammastrahlung nur ein geringes Durchdringungsvermögen. Die Reichweite in Stoffen hängt von der Dichte und von der Maximalenergie ab. Die Wechselwirkung mit stofflichen Medien ist dreifacher Art:

- Ionisation der Atome unter Energieabgabe
- Abbremsung der Betateilchen beim Durchgang durch das Coulombfeld der Atomhüllen unter Abgabe von Bremsstrahlung
- Streuung, d. h. fortgesetzte Richtungsänderung der Betateilchen.

Generell lässt sich sagen, dass bereits eine wenige Millimeter starke Metallplatte ausreicht, um die Betastrahlung vollständig abzuschirmen.

1.3 Kernmasse des Nickels: $m_{Ni} = 62{,}9143149\ u$

Kernmasse des Kupfers: $m_{Cu} = 62{,}9136912\ u$

Elektronenruhemasse: $m_{e,0} = 0{,}91095 \cdot 10^{-30}\ kg$

Die kinetische Energie der β^--Teilchen resultiert aus dem Massendefekt Δm beim β^--Zerfall, also der Massendifferenz zwischen dem Ausgangsprodukt (Nickelkern) und den Zerfallsprodukten (Kupferkern und β^--Teilchen). Gemäß der Zerfallsgleichung gilt:

$$\Delta m = m_{Ni} - (m_{Cu} + m_{e,0})$$
$$\Delta m = 1{,}247 \cdot 10^{-31}\ kg$$

Für die maximale kinetische Energie folgt:

$$E_{kin/max} = \Delta m \cdot c^2$$
$$E_{kin/max} = 1{,}123 \cdot 10^{-14}\ J \quad \text{bzw.}$$
$$\underline{\underline{E_{kin/max} = 7{,}007 \cdot 10^4\ eV \approx 70\ keV}}$$

Für die Berechnung der Geschwindigkeit von β^--Teilchen ist der relativistische Energieansatz notwendig. Auflösen nach v führt auf:

$$m_e \cdot c^2 = E_{kin/max} + m_{e0} \cdot c^2$$
$$\frac{m_{e0}}{\sqrt{1 - \frac{v^2}{c^2}}} \cdot c^2 = E_{kin/max} + m_{e0} \cdot c^2$$
$$v = \sqrt{1 - \frac{1}{\left(\frac{E_{kin/max}}{m_{e0} \cdot c^2} + 1\right)^2}} \cdot c$$
$$\underline{\underline{v = 1{,}427 \cdot 10^8\ \frac{m}{s}}}$$

1.4 Beim β^--Zerfall entsteht neben dem Elektron noch ein zusätzliches Teichen, das Antineutrino. Dieses Teilchen ist Träger der Restenergie. Die beim Zerfall frei gewordene kinetische Energie teilen sich das Elektron und das Antineutrino, wobei die Energieaufteilung statistisch ist.

1.5.1 Die Zahl der radioaktiven Zerfälle ergibt sich aus dem Quotienten aus der in 1 s anfallenden Energie $E_0 = P_0 \cdot 1\,s = 1\,000$ J und der in Teilaufgabe 1.3 berechneten kinetischen Energie $E_{kin/max}$:

$$\Delta N = \frac{E_{ges}}{E_{kin/max}}$$

$$\underline{\underline{\Delta N = 8{,}9 \cdot 10^{16}}}$$

1.5.2 Setzt man im Zerfallsgesetz $N = N_0 \cdot e^{-\lambda \cdot t}$ die Zeit t gleich der Halbwertszeit $T_{1/2}$, so muss gelten:

$$\frac{1}{2} = e^{-\lambda \cdot T_{1/2}}$$

$$\ln\frac{1}{2} = -\lambda \cdot T_{1/2}$$

$$\lambda = \frac{\ln 2}{T_{1/2}}$$

Mit der Halbwertzeit von 100 Jahren ergibt sich:

$$\underline{\underline{\lambda = 2{,}20 \cdot 10^{-10}\,\frac{1}{s}}}$$

1.5.3 Die gesuchte Masse ergibt sich als Produkt aus der anfangs vorhandenen Zahl N_0 der Kerne und der Nuklidmasse:

$$m_{ges} = N_0 \cdot m_{Ni} \qquad (*)$$

Die Ermittlung von N_0 erfolgt am einfachsten über die Aktivität, also der Anzahl der Zerfälle je Sekunde. Sie wurde bereits in Teilaufgabe 1.5.1 berechnet und beträgt $A = 8{,}908 \cdot 10^{16}$ Bq. Es gilt:

$$A = \lambda \cdot N_0 \qquad N_0 = \frac{A}{\lambda}$$

$$N_0 = 4{,}056 \cdot 10^{26}$$

Mit (*) folgt:

$$\underline{\underline{m_{ges} = 42{,}4\ \text{kg}}}$$

Alternative Ermittlung von N_0: Man wählt einen Zeitraum von t = 1 s und wendet das Zerfallsgesetz an:

$$\Delta N = N_0 - N(t)$$

$$\Delta N = N_0 - N_0 \cdot e^{-\lambda \cdot t} \qquad \Delta N = N_0 \cdot (1 - e^{-\lambda \cdot t})$$

$$N_0 = \frac{\Delta N}{1 - e^{-\lambda \cdot t}} \qquad N_0 = 4{,}056 \cdot 10^{26}$$

2.1 Gegeben sind die folgenden Größen:

$D = 0{,}80\,\frac{N}{cm}$ $B = 1{,}50\,T$ $\ell = 18{,}0\,cm$ $m_L = 0{,}210\,kg$ $R = 2{,}0\,\Omega$ $x_1 = 5{,}20\,cm$

Spannung

Der Leiter bewegt sich infolge der auf ihn wirkenden Lorentzkraft so weit in die positive x-Richtung, bis sich die Lorentzkraft und die rücktreibende Kraft der Feder im Gleichgewicht befinden:

$$F_L = F_{Rück}$$

$$I \cdot \ell \cdot B = D \cdot x_1 \qquad I = \frac{U_{AB}}{R}$$

$$\frac{U_{AB} \cdot \ell \cdot B}{R} = D \cdot x_1$$

$$U_{AB} = \frac{D \cdot x_1 \cdot R}{\ell \cdot B}$$

$$\underline{\underline{U_{AB} = 30{,}8\ V}}$$

Polarität

Damit die Lorentzkraft in die positive x-Richtung wirkt, muss der Anschluss A positiv sein. Dies lässt sich mit der Linken-Hand-Regel erklären. Die Richtungen von Strom (physikalische Stromrichtung), Lorentzkraft und Magnetfeld sind in der Skizze dargestellt.

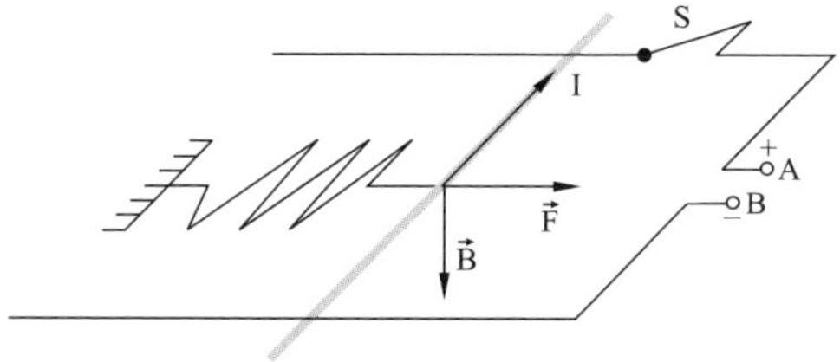

2.2.1 Nach dem Öffnen des Schalters fließt durch den Leiter kein Strom. Demzufolge wirkt nur noch die rücktreibende Kraft der Feder, die dem linearen Kraftgesetz $F_{Rück} = -D \cdot x$ der harmonischen Schwingung gehorcht. Der Leiter führt um die Nulllage eine harmonische Schwingung mit der Amplitude x_1 aus.

2.2.2 *Variante 1: Energieerhaltung*

Am Ort $x = 0$ ist die Geschwindigkeit des Leiters maximal. Die potenzielle Energie der Feder (Federspannenergie) wurde dort vollständig in kinetische Energie umgewandelt:

$$E_{pot} = E_{kin}$$

$$\frac{D}{2} \cdot x_1^2 = \frac{m_L \cdot v_{max}^2}{2}$$

$$v_{max} = x_1 \cdot \sqrt{\frac{D}{m_L}}$$

$$\underline{\underline{v_{max} = 1{,}01\,\frac{m}{s}}}$$

Variante 2: Geschwindigkeit-Zeit-Gesetz
Der Leiter führt eine harmonische Schwingung aus und bewegt sich mit der Momentangeschwindigkeit:

$$v = x_1 \cdot \omega \cdot \sin(\omega \cdot t)$$

Für $v = v_{max}$ ist $\sin(\omega \cdot t) = 1$ und daher:

$$v_{max} = x_1 \cdot \omega$$

Es muss noch die Kreisfrequenz bestimmt werden:

$$D = m_L \cdot \omega^2$$

$$\omega = \sqrt{\frac{D}{m_L}}$$

Damit ergibt sich für v_{max} wie bei Variante 1:

$$v_{max} = x_1 \cdot \sqrt{\frac{D}{m_L}} \qquad \underline{\underline{v_{max} = 1{,}01\,\frac{m}{s}}}$$

2.2.3 *Variante 1: Verschiebung der Ladungsträger*
Der Leiter (und damit die Elektronen in ihm) bewegt sich z. B. nach links. Gemäß der Linken-Hand-Regel wirkt auf die Elektronen eine Lorentzkraft, die die Elektronen verschiebt. Am hinteren Ende bildet sich ein negativer Ladungsschwerpunkt (Elektronenüberschuss), am vorderen Ende ein positiver Ladungsschwerpunkt (Elektronenmangel).

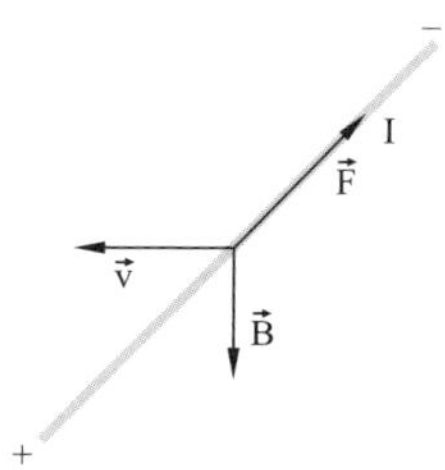

Variante 2: Induktionsgesetz
Die graue Fläche kann als Änderung der Fläche A einer vom Magnetfeld durchsetzten Leiterschleife betrachtet werden. Es gilt das Induktionsgesetz

$$U_i = -\frac{d\Phi}{dt},$$

wobei $\frac{d\Phi}{dt}$ die zeitliche Änderung des magnetischen Flusses $\Phi = B \cdot A$ beschreibt. Da sich A verändert, verändert sich auch der magnetische Fluss Φ und somit wird eine Spannung induziert.

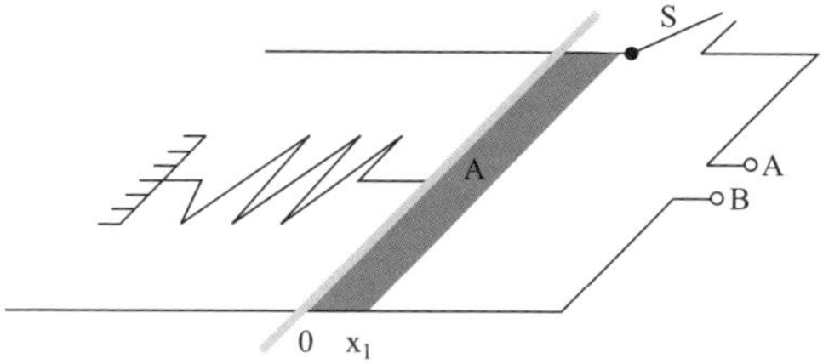

2.2.4 Entsprechend den in Teilaufgabe 2.2.3 genannten Erklärungsvarianten ergeben sich die folgenden Lösungsmöglichkeiten.

Variante 1: Verschiebung der Ladungsträger
Der Leiter schwingt nach dem Geschwindigkeit-Zeit-Gesetz der harmonischen Schwingung im Magnetfeld:

$$v(t) = v_{max} \cdot \sin(\omega \cdot t)$$

$$v(t) = x_1 \cdot \omega \cdot \sin(\omega \cdot t)$$

Für die induzierte Spannung im Leiter gilt:

$$U_i = B \cdot \ell \cdot v(t)$$

$$\underline{\underline{U_i = B \cdot \ell \cdot x_1 \cdot \omega \cdot \sin(\omega \cdot t)}}$$

Die Spannung wird maximal, wenn $\sin(\omega \cdot t) = 1$:

$$U_{i,max} = B \cdot \ell \cdot v_{max}$$

$$\underline{\underline{U_{i,max} = 0,274\ V}}$$

Variante 2: Induktionsgesetz

Mit $U_i = -\frac{d\Phi}{dt}$ folgt für die Zeitabhängigkeit des magnetischen Flusses (B = konst.):

$$\Phi(t) = B \cdot A(t)$$

$$\Phi(t) = B \cdot \ell \cdot x(t)$$

$$\Phi(t) = B \cdot \ell \cdot x_1 \cdot \sin(\omega \cdot t)$$

In das Induktionsgesetz eingesetzt und nach der Zeit t differenziert ergibt sich:

$$\underline{\underline{U_i = -B \cdot \ell \cdot x_1 \cdot \omega \cdot \cos(\omega \cdot t)}}$$

Dies stimmt bis auf einen beliebig wählbaren Phasenwinkel (Anfangsbedingung) mit dem gesuchten Ausdruck für $U_i(t)$ überein.

U_i wird maximal, wenn der $\cos(\omega \cdot t) = 1$. Für den Betrag der maximalen Induktionsspannung erhält man denselben Ausdruck wie in Variante 1:

$$|U_{i,max}| = B \cdot \ell \cdot x_1 \cdot \omega \qquad v_{max} = x_1 \cdot \omega$$

$$|U_{i,max}| = B \cdot \ell \cdot v_{max}$$

$$\underline{\underline{|U_{i,max}| = 0,274\ V}}$$

Leistungskurs Physik (Thüringen): Abiturprüfung 2006
Aufgabe B1: Bewegung geladener Teilchen in Feldern

Die Teilchen eines Elektronenstrahls treten mit der Geschwindigkeit $\vec{v}_0$ senkrecht zu den Feldlinien in das elektrische Feld eines Plattenkondensators ein. Die gesamte Anordnung befindet sich im Vakuum. Die Wirkung der Gravitation auf die Elektronen ist zu vernachlässigen.

1 Beschreiben und begründen Sie die Bewegung der Elektronen im Raum zwischen den Kondensatorplatten und leiten Sie die Bahngleichung für den Fall her, dass die Kondensatorspannung zeitlich konstant ist! (5 BE)

2 In einem Experiment durchlaufen die Elektronen des Strahls die im nachstehenden Bild dargestellte Bahnkurve, welche sich aus mehreren Parabelästen zusammensetzt. Für die Bahnabschnitte zwischen zwei aufeinander folgenden Punkten benötigen die Elektronen jeweils die gleichen Zeitintervalle $\Delta t = 100$ ns.

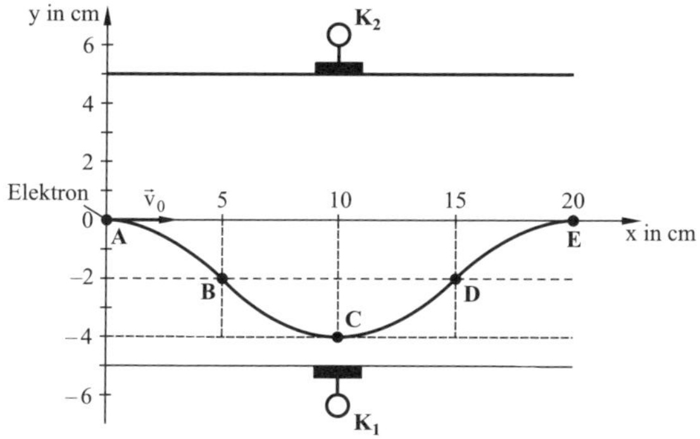

Skizze nicht maßstäblich!

Zeichnen Sie das Spannungs-Zeit-Diagramm der Ablenkungsspannung U_y im Intervall $0\ \text{s} \le t \le 400$ ns! Begründen Sie den Verlauf des Graphen! (5 BE)

Tipps und Hinweise zu Aufgabe B1

Tipps zu Teilaufgabe 1

- Es handelt sich um eine zusammengesetzte Bewegung. Dazu müssen Sie die Bewegungskomponenten in x- und y-Richtung analysieren.
- Die Begründung der Bewegungsart erfolgt stets durch die Kraft.
- Die Bahngleichung wird durch den Ausdruck y(x) beschrieben. Sie ist unabhängig von der Zeit.
- Setzen Sie zunächst das Weg-Zeit-Gesetz jeweils für die x- und für die y-Richtung an. Eliminieren Sie dann die Zeit und drücken Sie y in Abhängigkeit von x aus.
- Die Beschleunigung in y-Richtung erhalten Sie aus dem Kraftansatz im elektrischen Feld.

Tipps zu Teilaufgabe 2

- Für die Zeichnung benötigen Sie die Größe der Ablenkspannung, die Sie mithilfe der Bahngleichung berechnen können. Verwenden Sie zur Bestimmung der Anfangsgeschwindigkeit die im Text bzw. im Diagramm gegebenen Daten.
- Machen Sie sich anhand des gegebenen Diagramms die einzelnen Bewegungsphasen klar, die die Elektronen durchlaufen. Wie groß ist jeweils die wirkende Kraft, in welche Richtung zeigt sie? Was folgt daraus für die Größe der Ablenkspannung in den einzelnen Abschnitten?
- Denken Sie daran, das Diagramm vollständig zu beschriften.

Lösung zu Aufgabe B1

1 **Beschreibung der Elektronenbewegung**

x-Richtung:
Die Elektronen bewegen sich geradlinig gleichförmig, da keine Kraft in x-Richtung existiert; v_x bleibt konstant.

y-Richtung:
Die Elektronen werden gleichmäßig beschleunigt, da eine konstante Kraft im elektrischen Feld je nach Polung der Kondensatorplatten nach oben oder nach unten wirkt. Der Betrag von v_y ändert sich linear.

Herleitung der Bahngleichung

x-Richtung: $x = v_0 \cdot t$ (1)

y-Richtung: $y = \frac{a_y}{2} \cdot t^2$ (2)

Gleichung (1) nach t umgeformt und in (2) eingesetzt ergibt:

$$y = \frac{a_y \cdot x^2}{2 \cdot v_0^2} \qquad (3)$$

Für die Kraft in y-Richtung gilt mit $E = \frac{U_y}{d}$:

$$m_e \cdot a_y = E \cdot e$$

$$m_e \cdot a_y = \frac{U_y}{d} \cdot e$$

$$a_y = \frac{U_y \cdot e}{m_e \cdot d} \qquad (4)$$

Einsetzen von dem Ausdruck(4) in Gleichung (3) ergibt die Bahngleichung:

$$\underline{\underline{y = \frac{U_y \cdot e}{2 \cdot m_e \cdot d \cdot v_0^2} \cdot x^2}}$$

Der Ausdruck $\frac{U_y \cdot e}{2 \cdot m_e \cdot d \cdot v_0^2}$ stellt eine Konstante dar. Daher ist y proportional zu x^2.

Die Bahnform der einzelnen Bewegungsabschnitte ist somit eine **Parabel**.

2 Zur **Berechnung der Ablenkspannung** muss man die Bahngleichung nach U_y umformen:

$$U_y = \frac{2 \cdot m_e \cdot d \cdot v_0^2 \cdot y}{e \cdot x^2}$$

$y = 2$ cm, $x = 5$ cm und $d = 10$ cm sind bekannt, die Anfangsgeschwindigkeit der Elektronen muss noch berechnet werden. Mit $\Delta t = 100$ ns und $\Delta x = 5$ cm gilt:

$$v_0 = \frac{\Delta x}{\Delta t}$$

$$v_0 = 5 \cdot 10^5\ \frac{m}{s}$$

Damit folgt für die Ablenkspannung:

$$|U_y| = 2{,}28\ \text{V}$$

Spannung-Zeit-Diagramm

Hier ist es hilfreich, die einzelnen Bewegungsphasen, die die Elektronen beim Durchgang durch den Kondensator durchlaufen, zusammenzustellen:

Bahnabschnitt A – B

x-Richtung: geradlinig gleichförmige Bewegung, da keine Kraft in x-Richtung existiert, v_x bleibt konstant.

y-Richtung: gleichmäßig beschleunigte Bewegung, da eine konstante Kraft im elektrischen Feld nach unten wirkt. Der Betrag von v_y nimmt zu. K_1 ist dabei positiv, K_2 negativ.

Bahnabschnitt B – D

x-Richtung: wie oben

y-Richtung: gleichmäßig beschleunigte Bewegung, da eine konstante Kraft im elektrischen Feld wirkt. K_1 und K_2 haben die Polung gewechselt, weshalb die Kraft im elektrischen Feld nach oben wirkt.
B – C: Der Betrag von v_y nimmt ab.
C – D: Der Betrag von v_y nimmt zu.

Bahnabschnitt D – E

x-Richtung: wie oben

y-Richtung: gleichmäßig beschleunigte Bewegung, da eine konstante Kraft im elektrischen Feld nach unten wirkt.
Der Betrag von v_y nimmt ab. Die Polung hat wieder gewechselt. K_1 ist wieder positiv, K_2 negativ.

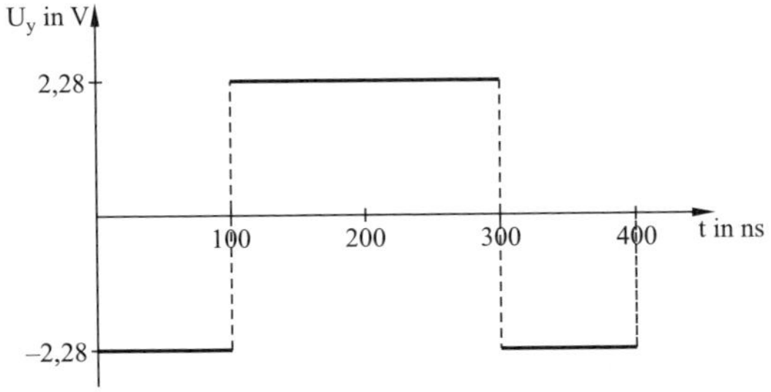

Da in den einzelnen Bewegungsabschnitten die Kraft konstant ist, muss auch die elektrische Feldstärke und somit die Spannung konstant sein. In den Punkten B und D erfolgt eine Umpolung des Feldes.

Leistungskurs Physik (Thüringen): Abiturprüfung 2006
Aufgabe B2: Quantenphysik

Im Jahr 1905 veröffentliche A. Einstein seine Überlegungen zum äußeren lichtelektrischen Effekt. 1922 untersuchte A. Compton die Streuung von monochromatischer Röntgenstrahlung an Kristallen. In beiden Fällen handelt es sich um Wechselwirkungen von Strahlung und Materie, die jedoch zu jeweils unterschiedlichen Ergebnissen führen.

1 Vergleichen Sie den Comptoneffekt mit dem äußeren lichtelektrischen Effekt! (5 BE)

2 Bei einem Experiment wird ein Kristall mit harter Röntgenstrahlung der Wellenlänge $\lambda_1 = 2{,}41 \cdot 10^{-12}$ m bestrahlt. Unter dem Streuwinkel $\phi = 53°$ wird Strahlung mit einer um $\Delta\lambda = 0{,}97 \cdot 10^{-12}$ m veränderten Wellenlänge registriert.
Berechnen Sie die Geschwindigkeit v_E der Elektronen nach der Wechselwirkung mit der einfallenden Strahlung! (5 BE)

Tipps und Hinweise zu Aufgabe B2

Tipps zu Teilaufgabe 1

- Bevor Sie beide Effekte vergleichen, sollten Sie diese kurz beschreiben. Der Vergleich kann im Text, aber auch in Tabellenform erfolgen.

- Klären Sie bei der Beschreibung bzw. dem Vergleich u. a. folgende Fragen: Welches grundlegende Erklärungsmodell ist zur Deutung der Effekte nötig? In welchem Bindungszustand befindet sich das wechselwirkende Elektron? Was verteilt sich die Energie der Strahlung bei beiden Effekten? Für welche Frequenzen treten die Effekte ein bzw. sind sie beobachtbar?

Tipps zu Teilaufgabe 2

- Sie sollten ein Impulsdiagramm zeichnen, dem die entsprechenden Bezeichnungen zu entnehmen sind.

- Der Impuls und die Energie werden beim Comptoneffekt stets relativistisch betrachtet.

- Bestimmen Sie zunächst mithilfe der Wellenlängen die Impulse des Photons vor und nach dem Stoß und anschließend den Impuls des gestreuten Elektrons (Kosinussatz). Die Geschwindigkeit erhalten Sie dann mit der relativistischen Impulsformel.

Lösung zu Aufgabe B2

1 **Fotoeffekt**
Eine Metallplatte (z. B. aus Zink) wird mit energiereichem Licht bestrahlt. Dabei verlassen Elektronen die Metalloberfläche.

Comptoneffekt
Ein Streukörper (z. B. aus Graphit) wird mit monochromatischer Röntgenstrahlung bestrahlt. Als Folge der Wechselwirkung beobachtet man Röntgenstrahlung mit einer vergrößerten, streuwinkelabhängigen Wellenlänge.

Vergleich der Effekte
Beide Effekte lassen sich mit dem Wellenmodell des Lichtes nicht erklären. Das Quantenmodell des Lichtes kann beide Effekte und damit verbundene Erscheinungen jedoch vollständig erklären. Dies stellt zugleich die entscheidende Gemeinsamkeit der beiden Effekte dar.
Beim Fotoeffekt wird ein Quant der Energie $h \cdot f$ von einem (locker) gebundenen Elektron vollständig absorbiert. Ein Teil der Energie wird zum Auslösen des Elektrons aus der Metalloberfläche (Auslösearbeit W_A) genutzt, der restliche Teil stellt die kinetische Energie des ausgelösten Elektrons dar. Die Energiebilanz lautet somit $h \cdot f = W_A + E_{kin}$. Da die Auslösearbeit W_A verrichtet werden muss, funktioniert der Effekt erst für Frequenzen oberhalb einer bestimmten Grenzfrequenz f_G, wobei $W_A = h \cdot f_G$.
Der Comptoneffekt kann als Stoßvorgang zwischen einem Quant und einem freien Elektron gedeutet werden. Unter Beachtung der relativistischen Impuls- und Energieerhaltung gibt das Quant einen Teil seiner Energie $h \cdot f$ beim Stoß an das Elektron ab. Die Energie des gestreuten Quants $h \cdot f'$ ist vom Streuungswinkel abhängig. Der Effekt funktioniert prinzipiell bei jeder Wellenlänge, allerdings ist er wegen der geringen Wellenlängenänderung (10^{-12} m) nur im Röntgenbereich nachweisbar.

2 Gegeben sind:
$\lambda_1 = 2{,}41 \cdot 10^{-12}$ m
$\Delta\lambda = 0{,}97 \cdot 10^{-12}$ m
$\phi = 53°$

Impulsdiagramm:

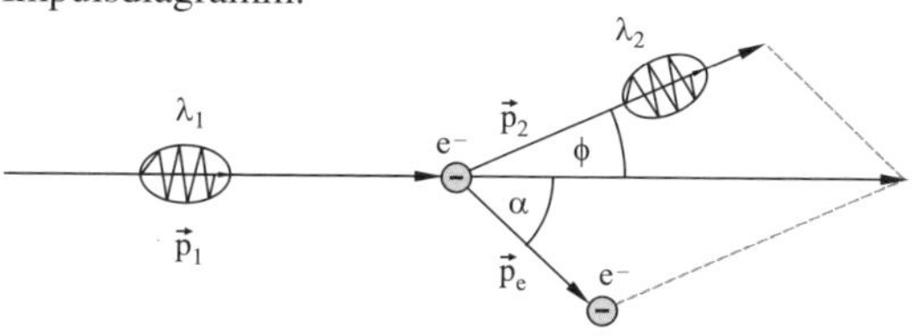

Impuls des einfallenden Quants:

$$p_1 = \frac{h}{\lambda_1} \qquad p_1 = 2{,}75 \cdot 10^{-22}\ \text{N} \cdot \text{s}$$

Den Impuls des Quants nach der Streuung erhält man über die Berechnung der neuen Wellenlänge:

$$\lambda_2 = \lambda_1 + \Delta\lambda \qquad \lambda_2 = 3{,}38 \cdot 10^{-12}\ \text{m}$$

$$p_2 = \frac{h}{\lambda_2} \qquad p_2 = 1{,}96 \cdot 10^{-22}\ \text{N} \cdot \text{s}$$

Impuls des Elektrons nach dem Stoß (Kosinussatz gemäß Impulsdiagramm):

$$p_e = \sqrt{p_1^2 + p_2^2 - 2p_1 \cdot p_2 \cdot \cos(\phi)} \qquad p_e = 2{,}22 \cdot 10^{-22}\ \text{N} \cdot \text{s}$$

Setzt man den relativistischen Impuls an und formt nach v um, so ergibt sich:

$$p_e = \frac{m_{e0}}{\sqrt{1 - \frac{v^2}{c^2}}} \cdot v \qquad v = \frac{p_e \cdot c}{\sqrt{p_e^2 + m_{e0}^2 \cdot c^2}} \qquad \underline{\underline{v = 1{,}89 \cdot 10^8\ \frac{\text{m}}{\text{s}}}}$$

Leistungskurs Physik (Thüringen): Abiturprüfung 2006
Experiment E1: Mechanik des starren Körpers

Bestimmen Sie experimentell das Massenträgheitsmoment eines rollenden Stativstabes! Berechnen Sie in der Auswertung das Trägheitsmoment eines Vollzylinders für die Rotation um die Längsachse mithilfe der Formel aus dem Tafelwerk und vergleichen Sie dieses mit dem experimentell aus der Rollbewegung ermittelten Wert!

Folgende Geräte und Hilfsmittel stehen zur Verfügung:
- Stativstab
- geneigte Ebene
- Lineal
- Stoppuhr
- Waage

Das Protokoll soll enthalten:
- Vorbetrachtungen und Beschreibung der Versuchsdurchführung (5 BE)
- Messprotokoll (3 BE)
- Auswertung (5 BE)
- Fehlerbetrachtung (2 BE)

Tipps und Hinweise zu Aufgabe E1

- Lösen Sie das das Problem mithilfe des Energieerhaltungssatzes. Sie müssen einen Ausdruck für das Trägheitsmoment J herleiten, der ausschließlich Größen enthält, die Sie messen können.
- Die Lösung über einen Kraftansatz ist ebenfalls möglich, allerdings erfordert diese den Satz von Steiner, der nicht Inhalt des Thüringer Lehrplanes ist.
- Die Rollbewegung des Stabes auf der geneigten Ebene erfolgt gleichmäßig beschleunigt.
- *Herleitung der Formel für J aus der Rollbewegung:* Stellen Sie die Energiebilanz für den Stab auf. Drücken Sie die Winkelgeschwindigkeit durch die Translationsgeschwindigkeit des Stabes aus. Diese können Sie dann mithilfe der Bewegungsgesetze für die gleichmäßig beschleunigte Bewegung durch die Messgrößen „zurückgelegter Weg“ und „benötigte Zeit“ ersetzen. Formen Sie den erhaltenen Ausdruck nach J um.

Lösung zu Aufgabe E1

1 **Aufgabe**

Bestimmen Sie experimentell das Massenträgheitsmoment eines rollenden Stativstabes! Berechnen Sie in der Auswertung das Trägheitsmoment eines Vollzylinders für die Rotation um die Längsachse mithilfe der Formel aus dem Tafelwerk und vergleichen Sie dieses mit dem experimentell aus der Rollbewegung ermittelten Wert!

2 **Vorbetrachtungen**

Experimentelle Ermittlung von J mithilfe der geneigten Ebene

Beim Herabrollen des Stabes, der als Vollzylinder betrachtet werden kann, wandelt sich potenzielle Energie in Rotationsenergie und kinetische (Translations-)Energie des Massepunktes um.
Es gilt der Energieerhaltungssatz:

Skizze:

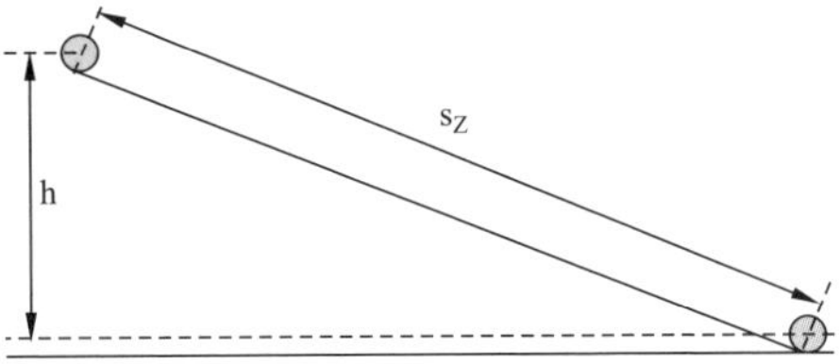

$$E_{pot} = E_{kin} + E_{rot}$$

$$m_Z \cdot g \cdot h = \frac{m_Z \cdot v^2}{2} + \frac{J \cdot \omega^2}{2}$$

Für die Bahngeschwindigkeit des Stabes gilt

$$v = \omega \cdot t,$$

somit kann ω durch $\frac{v}{r}$ ersetzt werden:

$$m_Z \cdot g \cdot h = \frac{m_Z\, v^2}{2} + \frac{J \cdot v^2}{2 \cdot r^2}$$

$$m_Z \cdot g \cdot h = \frac{v^2}{2} \cdot \left(m_z + \frac{J}{r^2} \right) \qquad (1)$$

Der Stab bewegt sich gleichmäßig beschleunigt die geneigte Ebene hinab.
Weg-Zeit-Gesetz:

$$s_Z = \frac{a}{2} \cdot t^2 \qquad (2)$$

Geschwindigkeit-Zeit-Gesetz:

$$v = a \cdot t \qquad (3)$$

(3) wird nach a umgeformt, in (2) eingesetzt und nach v umgeformt:

$$v = 2 \cdot \frac{s_Z}{t} \qquad (4)$$

Aus (4) in (1) folgt:

$$m_Z \cdot g \cdot h = \frac{\left(2 \cdot \frac{s_Z}{t}\right)^2}{2} \cdot \left(m_z + \frac{J}{r^2} \right)$$

$$m_Z \cdot g \cdot h = \frac{2 \cdot s_Z^2}{t^2} \cdot \left(m_z + \frac{J}{r^2} \right)$$

Dieser Ausdruck muss nun noch nach J umgeformt werden:

$$J = m_Z \cdot r^2 \cdot \left(\frac{g \cdot h \cdot t^2}{2 \cdot s_Z^2} - 1 \right)$$

Es müssen somit die Masse des Stabes m_Z, der Radius des Stabes r, die Höhe der geneigten Höhe h, der Abrollweg s_Z sowie die Abrollzeit t gemessen werden.

Berechnung des Trägheitsmoments mithilfe der Formel für den Vollzylinder

Für einen Vollzylinder gilt:

$$J = \frac{1}{2} \cdot m_Z \cdot r^2$$

Hier gehen als Messwerte lediglich die Masse und Radius des Stabes ein.

3 Messwerte

$m_Z = 0{,}15$ kg $r = 0{,}6$ cm $h = 2{,}7$ cm $s_Z = 49$ cm

Die Abrollzeit wird mehrfach gemessen.

$$t_1 = 1{,}65 \quad t_2 = 1{,}67 \quad t_3 = 1{,}69$$

Mittelwert: $t = 1{,}67$ s

4 Auswertung

Bestimmung über Rollbewegung

$$J = m_Z \cdot r^2 \cdot \left(\frac{g \cdot h \cdot t^2}{2 \cdot s_Z^2} - 1 \right)$$

$$\underline{\underline{J = 2{,}9 \cdot 10^{-6}\ \text{kgm}^2}}$$

Bestimmung mit Formel für das Trägheitsmoment eines Vollzylinders

$$J = \frac{1}{2} \cdot m_Z \cdot r^2$$

$$\underline{\underline{J = 2{,}7 \cdot 10^{-6}\ \text{kgm}^2}}$$

Unter Beachtung der auftretenden Fehler kann man feststellen, dass beide Werte in etwa gleich groß sind. Die experimentelle Messung und Auswertung auf der Grundlage des Energieerhaltungssatzes wird durch den mit der Formel gemäß Tafelwerk ermittelten Wert gut bestätigt.

5 Fehlerbetrachtung

Zufällige Fehler:

– Es ergeben sich für die Messgrößen folgende Größtfehler:
  $\Delta m_Z = 0{,}01$ kg $\Delta h = 0{,}3$ cm $\Delta s_Z = 0{,}5$ cm $\Delta r = 0{,}05$ cm $\Delta t = 0{,}2$ s

Systematische Fehler:

– Rollreibung wurde nicht beachtet.

Leistungskurs Physik (Thüringen): Abiturprüfung 2006
Experiment E2: Strahlenoptik

Bestätigen Sie experimentell die Abbildungsgleichung für dünne Sammellinsen! Leiten Sie diese Gleichung anhand einer Bildkonstruktion her!

Folgende Geräte und Hilfsmittel stehen zur Verfügung:
- Stativmaterial
- Lineal
- Schirm
- Halterungen (T-Füße)
- optische Leuchte mit Stromversorgungsgerät und Verbindungsleitern
- Dia mit Halterung
- 1 Sammellinse mit der Brennweite $f = 10$ cm
- 1 Zerstreuungslinse mit der Brennweite $f = -10$ cm

Das Protokoll soll enthalten:

– Vorbetrachtungen und Beschreibung der Versuchsdurchführung	(6 BE)
– Messprotokoll	(3 BE)
– Auswertung	(4 BE)
– Fehlerbetrachtung	(2 BE)

Tipps und Hinweise zu Aufgabe E2

- Fertigen Sie eine Skizze des Strahlengangs durch eine dünne Linse an und kennzeichnen Sie alle wesentlichen Größen.
- Sie können die Abbildungsgleichung herleiten, indem Sie den Strahlensatz zweimal anwenden.
- Realisieren Sie im Experiment den betrachteten Strahlengang für die Sammellinse und messen Sie die Gegenstandsweite und die Bildweite. Beachten Sie, dass Sie nicht alle gegebenen Hilfsmittel verwenden müssen. Welche Beziehung müssen diese Messgrößen erfüllen, damit die Abbildungsgleichung bestätigt werden kann?
- Es ist ebenfalls eine Zerstreuungslinse gegeben. Diese ist in der Mitte dünner als am Rand. Außerdem lässt sich mit ihr kein reelles Bild erzeugen.

Lösung zu Aufgabe E2

1 **Aufgabe**

Bestätigen Sie experimentell die Abbildungsgleichung für dünne Sammellinsen! Leiten Sie diese Gleichung anhand einer Bildkonstruktion her!

2 **Vorbetrachtungen**

Eine dünne Linse ist dadurch gekennzeichnet, dass ihre Dicke gering gegen die Brennweite ist.

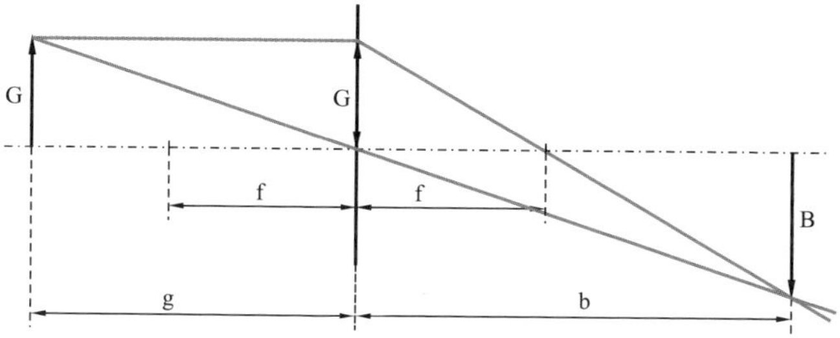

Laut Strahlensatz gilt:

$$\frac{G}{B} = \frac{g}{b} \quad \text{und} \quad \frac{G}{f} = \frac{B}{b-f}$$

Umformen der zweiten Gleichung liefert:

$$\frac{G}{B} = \frac{g}{b} \quad \text{und} \quad \frac{G}{B} = \frac{f}{b-f}$$

Beide Gleichungen werden gleichgesetzt:

$$\frac{g}{b} = \frac{f}{b-f}$$

Durch Umformen erhält man schließlich die **Abbildungsgleichung**:

$$\frac{1}{f} = \frac{1}{g} + \frac{1}{b}$$

Dabei ist f die Brennweite der Sammellinse, g die Gegenstandsweite und b die Bildweite.

Um die Gleichung zu überprüfen, muss man eine scharfe Abbildung realisieren und b und g messen.

Experimentieraufbau

Gegeben ist die Brennweite der Sammellinse mit f = 10 cm.

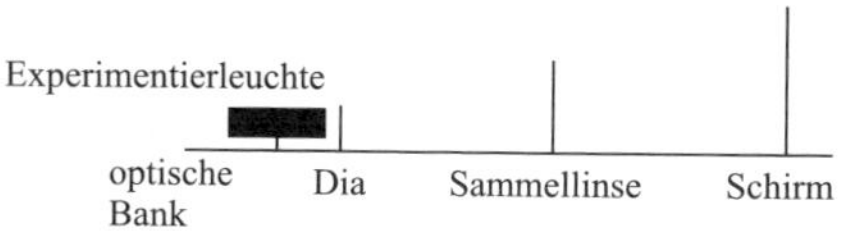

Messgrößen:
g: Abstand Dia – Sammellinse
b: Abstand Sammellinse – Schirm

3 Messwerte

Es wurde eine Linse mit der gegebenen Brennweite f = 10 cm verwendet.

g in cm	20,0	15,0	27,0	22,0	30,0
b in cm	20,0	28,4	16,0	18,3	15,0

4 Auswertung

Wenn die Abbildungsgleichung gelten soll, muss $\frac{1}{g}+\frac{1}{b}$ konstant sein.

g in cm	20,0	15,0	27,0	22,0	30,0
$\frac{1}{g}+\frac{1}{b}$ in cm^{-1}	0,102	0,100	0,100	0,099	0,100

Die Summen schwanken nur wenig um den Wert 0,100 cm^{-1}. Das ergibt eine Brennweite von 10,0 cm, was mit dem gegebenen Wert übereinstimmt. Da die Summe $\frac{1}{g}+\frac{1}{b}$ nahezu konstant ist, ist die Abbildungsgleichung für eine dünne Sammellinse experimentell bestätigt.

5 Fehlerbetrachtung

Zufällige Fehler:
- Einstellen einer scharfen Bildposition
- Ablesefehler am Lineal (± 0,5 mm)

Systematische Fehler:
- Dia, Linse und Schirm liegen nicht genau auf der optischen Achse.
- Abbildungsfehler an der sphärischen Linse

Leistungskurs Physik (Thüringen): Abiturprüfung 2007
Aufgabe A1: Wellenoptik, Quantenphysik, Elektrostatik

1 Das Spektrum einer Natriumdampflampe soll mit der nachstehend abgebildeten Anordnung untersucht werden.
Sie enthält neben der Lichtquelle (LQ) zwei schmale Spaltblenden (SB-1 und SB-2), zwei Sammellinsen (L_1 und L_2), ein optisches Gitter (G) mit 500 Linien je Millimeter sowie eine Vakuumfotozelle (FZ). Die Fotokatode besteht aus Kalium mit der Austrittsarbeit $W_A = 2{,}25$ eV.
Die Linse L_2, die Blende SB-2 sowie die Fotozelle FZ sind in einem schwenkbaren Tubus befestigt.
Parallel zur Fotozelle ist ein Kondensator mit der Kapazität $C = 10$ pF angeschlossen. Die Spannung zwischen seinen Platten wird mit einem Voltmeter gemessen, dessen Innenwiderstand so groß ist, dass die Entladung des Kondensators über das Messwerk vernachlässigt werden kann.

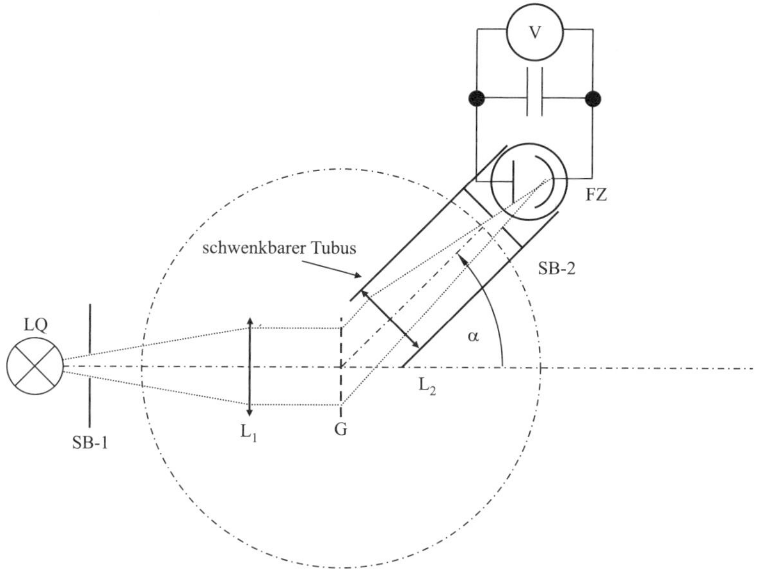

Im Ergebnis der Untersuchungen wurden folgende Spektrallinien ermittelt:

λ in nm	330,2	342,7	497,9	498,3	515,4	568,3

Fortsetzung der Messwerttabelle

568,8	589,0	589,6	615,0	618,3

1.1 Erklären Sie die spektrale Zerlegung des Lichtes der Natriumdampflampe in dieser Apparatur! (4 BE)

1.2 Erklären Sie die Notwendigkeit der Spaltblende SB-1 in der Versuchsanordnung! (2 BE)

1.3 Berechnen Sie die Intervallgrenzen des Winkelbereiches $\alpha_{min} \leq \alpha \leq \alpha_{max}$, in dem die sichtbaren Linien des Natriumspektrums 1. Ordnung liegen! (5 BE)

1.4 Durch Schwenken des Tubus kann erreicht werden, dass die sichtbaren Spektrallinien einzeln auf der Fotokatode der Fotozelle abgebildet werden.
Ermitteln Sie die Linien im sichtbaren Bereich des Spektrums der ersten Ordnung, die den Fotoeffekt an der Katode auslösen! (4 BE)

1.5 Bei Bestrahlung der Fotokatode mit geeignetem monochromatischem Licht aus dem Spektrum lädt sich der angeschlossene Kondensator bis zum Erreichen einer charakteristischen Spannung U_C auf.
Erklären Sie diese Erscheinung und berechnen Sie die Spannung U_C, wenn der Tubus um den Winkel $\alpha = 14{,}93°$ geschwenkt ist! (5 BE)

2 Physikalische Felder sind reale Objekte, deren Existenz durch die Wechselwirkung mit anderen materiellen Objekten nachgewiesen werden kann.

2.1 Geben Sie an, was man in der Physik unter einem elektrischen Feld versteht! (3 BE)

2.2 Gegeben ist die im nachstehenden Bild dargestellte Anordnung. Sie enthält zwei sehr kleine Kugeln mit den Massen $m_1 = m_2 = 2{,}5$ g und den gleichnamigen Ladungen $Q_1 = Q_2 = -44{,}77$ nC. Die Kugeln sind an Fäden der Länge $\ell = 15$ cm befestigt. Der Abstand der Kugelmittelpunkte beträgt $r = 6$ cm.

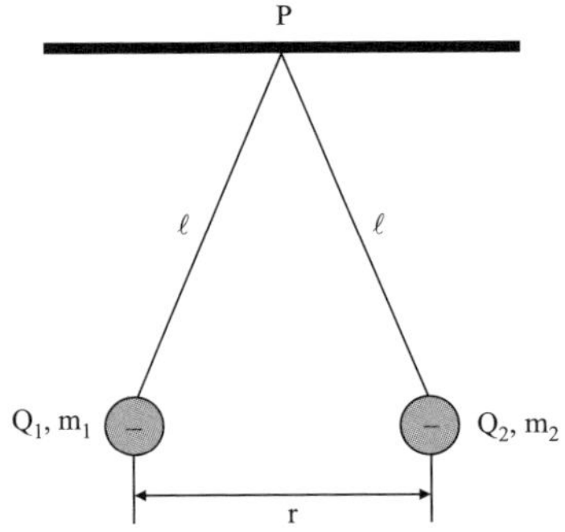

Hinweise: Der Einfluss der Fäden und der Aufhängung auf das elektrische Feld sowie die Masse der Fäden sind zu vernachlässigen.

2.2.1 Skizzieren Sie das Feldlinienbild des elektrischen Feldes, welches in der Umgebung der beiden Kugeln besteht!
Geben Sie wesentliche Eigenschaften dieses Feldes an! (4 BE)

2.2.2 Berechnen Sie den Betrag der elektrischen Feldstärke im Punkt P und geben Sie die Richtung des Feldstärkevektors $\vec{E}_P$ an! (4 BE)

2.2.3 Berechnen Sie mithilfe der gegebenen Größen die elektrische Feldkonstante ε_0! (4 BE)

Tipps und Hinweise zu Aufgabe A1

Tipp zu Teilaufgabe 1.1

Wesentlich sind die Vorgänge am Gitter. Verwenden Sie Fachbegriffe.

Tipp zu Teilaufgabe 1.2

Es muss die Kohärenz der Lichtwellen erfüllt sein.

Tipp zu Teilaufgabe 1.3

Ermitteln Sie zunächst, welche Spektrallinien im sichtbaren Bereich des Lichtes liegen.

Tipp zu Teilaufgabe 1.4

Ein Lichtquant muss mindestens die Ablösearbeit verrichten können.

Tipp zu Teilaufgabe 1.5

Gehen Sie bei Ihrer Erklärung auf die Vorgänge an der Fotokatode ein. Beachten Sie, dass sich durch das Laden des Kondensators ein Gegenfeld aufbaut.

Tipp zu Teilaufgabe 2.1

Jedes physikalische Feld ist ein Raumgebiet mit speziellen Eigenschaften.

Tipp zu Teilaufgabe 2.2.1

Beachten Sie die Richtung der Feldlinien (+ → –).

Tipp zu Teilaufgabe 2.2.2

Analysieren Sie die Feldstärken im Punkt P und überlegen Sie sich anhand einer Skizze die Berechnung der resultierenden Feldstärke.

Tipp zu Teilaufgabe 2.2.3

Führen Sie eine Kraftanalyse durch! Anhand der Kraftanalyse können Sie sich die weiteren Schritte überlegen.

Lösung zu Aufgabe A1

1.1 Parallele Wellenfronten treffen auf das Gitter. Gemäß dem Huygens'schen Prinzip bilden sich an jedem Spalt Elementarwellen, die sich im Bereich hinter dem Gitter unter Beachtung des Gangunterschiedes Δs überlagern. Als Folge der Interferenz entstehen Maxima, deren Lage durch die Wellenlänge λ bestimmt wird. Für die Lage der k-ten Ordnung der Maxima gilt

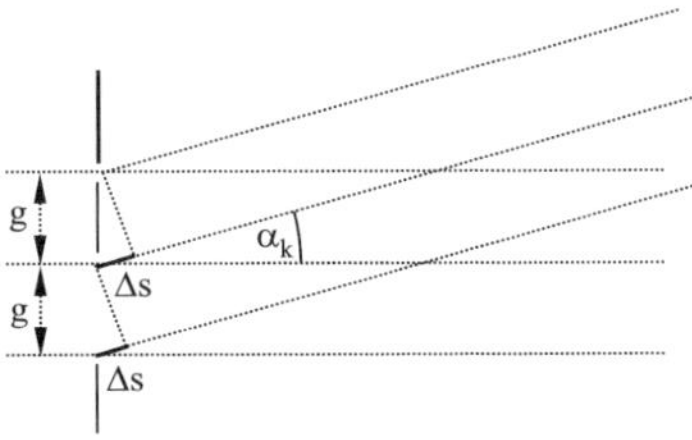

$$\sin\alpha_k = \frac{k \cdot \lambda}{g}, \qquad (*)$$

wobei g die Gitterkonstante ist.

1.2 Die Spaltblende SB-1 wirkt als **Kohärenzspalt**. Durch ihn gelangt nur Licht aus einem kleinen Bereich der Na-Dampflampe zur Interferenz, was zu einer deutlichen Verringerung der seitlichen Schwankungen des Interferenzbildes führt. Die Überlappung der Maxima und Minima nimmt ab, das Interferenzbild kann beobachtet werden.

1.3 Der sichtbare Bereich des Lichtes liegt im Bereich zwischen 400 nm und 700 nm. Mit $g = \frac{1}{500}$ mm, $k = 1$ und der Beziehung (*) folgt für den

– kleinsten Winkel:

$$\lambda_{min} = 497{,}9 \cdot 10^{-9}\ \text{m}$$

$$\alpha_{min} = \arcsin\left(\frac{\lambda_{min}}{g}\right) \qquad \underline{\underline{\alpha_{min} = 14{,}4°}}$$

– größten Winkel:

$$\lambda_{max} = 618{,}3 \cdot 10^{-9}\ \text{m}$$

$$\alpha_{max} = \arcsin\left(\frac{\lambda_{max}}{g}\right) \qquad \underline{\underline{\alpha_{max} = 18{,}0°}}$$

1.4 Es kann nur Licht den Fotoeffekt auslösen, dessen Wellenlänge unterhalb einer maximalen Wellenlänge λ_{max} liegt. Bei λ_{max} wird genau die Ablösearbeit $W_A = h \cdot f_g$ verrichtet. Mit $h = 6{,}626 \cdot 10^{-34}\ \text{J} \cdot \text{s}$, $c = 3 \cdot 10^8\ \text{m} \cdot \text{s}^{-1}$ und $W_A = 2{,}25\ \text{eV} = 3{,}60 \cdot 10^{-19}\ \text{J}$ erhält man für die Grenzfrequenz

$$W_A = h \cdot f_g$$

$$f_g = \frac{W_A}{h} \qquad f_g = 5{,}433 \cdot 10^{14}\ \text{Hz}$$

und daraus für die maximale Wellenlänge, bei der der Fotoeffekt eintreten kann:

$$c = \lambda_{max} \cdot f_g$$

$$\lambda_{max} = \frac{c}{f_g} \qquad \lambda_{max} = 5{,}522 \cdot 10^{-7}\ \text{m}$$

Damit lösen folgende Linien aus dem sichtbaren Bereich den Fotoeffekt aus:

$$\underline{\underline{\lambda_1 = 497{,}9\ \text{nm};\ \lambda_2 = 498{,}3\ \text{nm};\ \lambda_3 = 515{,}4\ \text{nm}}}$$

1.5 **Erklärung der Erscheinung**

Ausgelöst durch den Fotoeffekt fließt ein Strom von „Fotoelektronen". Dadurch wird der Kondensator aufgeladen. Der immer weiter sich aufladende Kondensator bewirkt ein elektrisches Gegenfeld, welches den Fotostrom zunehmend behindert. Der Ladevorgang des angeschlossenen Kondensators ist beendet, wenn dass Gegenfeld so stark ist, dass es alle Fotoelektronen bremsen kann.

Berechnung der Spannung U_C

Zunächst ermittelt man über die Wellenlänge die Frequenz des einfallenden Lichtes: Mit $\alpha = 14{,}93°$ und $k = 1$ folgt aus (*)

$$\sin\alpha = \frac{1\cdot\lambda}{g}$$

$$\lambda = g\cdot\sin\alpha \qquad \lambda = 5{,}153\cdot 10^{-7}\ \text{m}$$

und damit:

$$c = \lambda\cdot f$$

$$f = \frac{c}{\lambda} \qquad f = 5{,}822\cdot 10^{14}\ \text{Hz}$$

Für den Fotoeffekt gilt $h\cdot f = E_{kin} + W_A$. Die kinetische Energie eines Fotoelektrons berechnet sich durch $E_{kin} = e\cdot U_C$. Dabei ist U_C die Spannung des Gegenfeldes, die sich aufbaut und nach dem Ladevorgang am Kondensator anliegt.

$$h\cdot f = e\cdot U_C + W_A$$

$$U_C = \frac{(h\cdot f - W_A)}{e} \qquad \underline{\underline{U_C = 0{,}161\ \text{V}}}$$

2.1 Ein elektrisches Feld ist ein Raumgebiet, in dem auf einen elektrisch geladenen Körper eine Kraft wirkt. Ursache eines elektrischen Feldes ist eine elektrische Ladung. Das elektrische Feld ist Träger von Energie.

2.2.1 **Feldlinienbild**

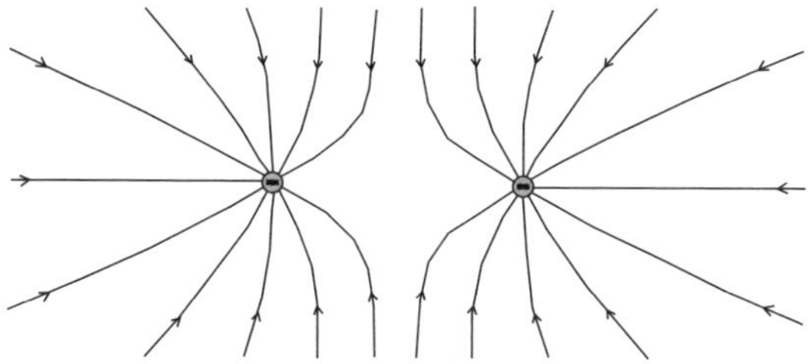

Eigenschaften des Feldes

1. Das Feld ist inhomogen.
2. Die Feldstärke ist in der Nähe der Ladungen größer als in größerer Entfernung.
3. Die Kraftwirkung auf eine positive Probeladung wirkt tangential zu den Feldlinien.

2.2.2 Die elektrische Feldstärke wird durch die vektorielle Addition der beiden Feldstärkevektoren, die durch Q_1 und Q_2 verursacht werden, ermittelt.

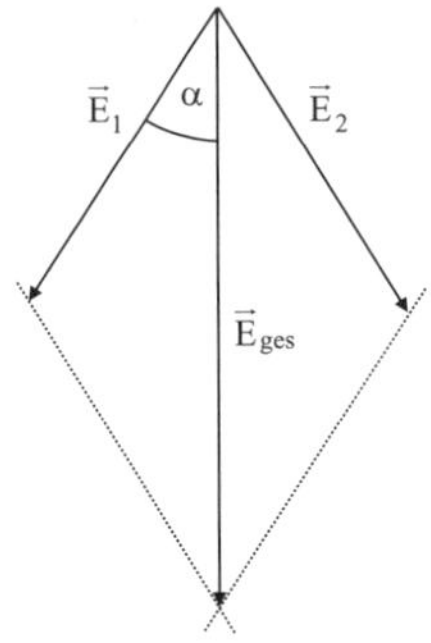

Zunächst wird der Betrag der elektrischen Feldstärke der Komponente E_1 errechnet.

$$E_1 = \frac{Q_1}{4\pi \cdot \varepsilon_0 \cdot \ell^2} \qquad E_1 = 1{,}7888 \cdot 10^4 \, \frac{V}{m}$$

Da $Q_2 = Q_1$ gilt natürlich auch $E_2 = E_1$, außerdem ist $m_1 = m_2$. Wir verwenden wegen der Gleichheit die Formelbuchstaben Q, E und m ohne Indizes. Weiterhin ist die Kenntnis des Winkels zwischen den beiden Feldstärkevektoren notwendig. Der Winkel beträgt 2α. Um α zu bestimmen, betrachten wir die auf eine geladene Kugel wirkenden Kräfte, die

Coulombkraft und Gewichtskraft:

$$F_C = \frac{Q^2}{4\pi \cdot \varepsilon_0 \cdot r^2} \qquad F_G = m \cdot g$$

$$F_C = 5{,}004 \cdot 10^{-3}\,N \qquad F_G = 24{,}517 \cdot 10^{-3}\,N$$

Aus der Skizze ist der folgende Zusammenhang ersichtlich:

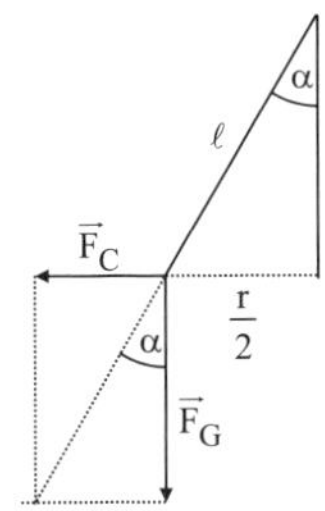

$$\tan\alpha = \frac{F_C}{F_G}$$

$$\alpha = \arctan\left(\frac{F_C}{F_G}\right) \qquad \alpha = 11{,}536°$$

Die resultierende Feldstärke im Punkt P ermittelt man mit:

$$E_{ges}^2 = E^2 + E^2 + 2 \cdot E^2 \cdot \cos(2\alpha)$$

$$E_{ges} = \sqrt{E^2 \cdot (2 + 2\cos(2\alpha))}$$

$$\underline{\underline{E_{ges} = 3{,}50 \cdot 10^4 \, \frac{V}{m}}}$$

Der Vektor zeigt in Richtung des Mittelpunktes der Verbindungslinie von Q_1 und Q_2.

Aufgrund der Symmetrie der Ladungsverteilung kann E_{ges} alternativ zur obigen Lösung auch in folgender Weise ermittelt werden:

$$\frac{E_{ges}}{2} = E \cdot \cos\alpha$$

$$E_{ges} = 2E \cdot \cos\alpha$$

2.2.3 Den Winkel α erhält man aus den Größen r und ℓ.

Beachten Sie, dass Sie nicht die Ergebnisse aus der Teilaufgabe 2.2.2 benutzen dürfen, weil in dieser Berechnung die elektrische Feldkonstante als bekannt vorausgesetzt wurde. Hier dürfen in die Rechnung nur die gegebenen Größen eingehen.

Es gilt:

$$\tan\alpha = \frac{\frac{r}{2}}{\sqrt{\ell^2 - \left(\frac{r}{2}\right)^2}}$$

$$\alpha = \arctan\left(\frac{\frac{r}{2}}{\sqrt{\ell^2 - \left(\frac{r}{2}\right)^2}}\right) \qquad \alpha = 11{,}537°$$

Die Coulombkraft folgt aus dem Kräfteparallelogramm:

$$\tan\alpha = \frac{F_C}{F_G} = \frac{F_C}{m \cdot g}$$

$$F_C = m \cdot g \cdot \tan\alpha \qquad F_C = 5{,}004 \cdot 10^{-3}\,\text{N}$$

Schließlich wird die Gleichung für die Coulombkraft zwischen beiden Ladungen nach ε_0 umgeformt:

$$F_C = \frac{Q^2}{4\pi \cdot \varepsilon_0 \cdot r^2}$$

$$\varepsilon_0 = \frac{Q^2}{4\pi \cdot F_C \cdot r^2} \qquad \underline{\underline{\varepsilon_0 = 8{,}85 \cdot 10^{-12}\,\frac{A \cdot s}{V \cdot m}}}$$

Leistungskurs Physik (Thüringen): Abiturprüfung 2007
Aufgabe A2: Kinetische Gastheorie, Mechanik des starren Körpers

1. Nachdem sich im 17. Jahrhundert die Franzosen G. Amontons und E. Mariotte sowie der Engländer R. Boyle um die phänomenologische Betrachtung der Zustandsänderungen idealer Gase verdient gemacht hatten, war im 18. Jahrhundert der Schweizer Mathematiker und Naturforscher D. Bernoulli der erste, der den Gasdruck und die Bewegung der Moleküle in Zusammenhang brachte.

1.1 Der Gasdruck kann als physikalische Größe sowohl phänomenologisch als auch kinetisch-statistisch betrachtet werden.

1.1.1 Nennen Sie die physikalischen Größen, von denen unter phänomenologischen Gesichtspunkten der Betrag des Gasdrucks abhängt, und geben Sie eine Gleichung dafür an! (2 BE)

1.1.2 Beschreiben Sie qualitativ den Zusammenhang zwischen dem Druck, den ein Gas auf eine Gefäßwand ausübt, und der Molekülbewegung! Nennen Sie die physikalischen Größen, die im Rahmen dieser Betrachtung den Gasdruck bestimmen! (3 BE)

1.2 Die mittlere quadratische Geschwindigkeit der Teilchen idealer Gase lässt sich mit der Gleichung

$$\sqrt{\overline{v^2}} = \sqrt{\frac{3N_A \cdot k \cdot T}{M}}$$

berechnen.

1.2.1 Leiten Sie diese Gleichung her! (3 BE)

1.2.2 Ermitteln Sie, um welches Gas es sich handeln könnte, wenn bei der Temperatur $\vartheta = 27\ °C$ die mittlere quadratische Geschwindigkeit der Gasmoleküle

$$\sqrt{\overline{v^2}} = 517\ m \cdot s^{-1}$$

beträgt! (3 BE)

1.2.3 Skizzieren Sie die Maxwell'sche Geschwindigkeitsverteilung für eine bestimmte Gasmenge bei zwei verschiedenen Temperaturen T_1 und T_2 mit $T_1 < T_2$!
Kennzeichnen Sie für eine der Temperaturen die wahrscheinlichste Geschwindigkeit $\hat{v}$ und die mittlere Geschwindigkeit $\overline{v}$! (4 BE)

1.3 Eine Gasflasche enthält Stickstoff bei der Temperatur $\vartheta = 0\ °C$.
Ermitteln Sie den Betrag des Impulses p sowie die Energie E, die ein Stickstoffmolekül auf die Gefäßwand überträgt, wenn es mit der mittleren Geschwindigkeit $\overline{v}$ senkrecht und ideal elastisch auf die Gefäßwand prallt!

Hinweis: Für die mittlere Geschwindigkeit der Teilchen gilt

$$\overline{v} = 0{,}92 \cdot \sqrt{\overline{v^2}}.$$ (5 BE)

2 Eine Aluminiumkugel mit dem Radius r rollt auf einer Führungsschiene und soll dabei einen vollständigen Looping durchlaufen. Anschließend verlässt sie die Schiene im Punkt A.

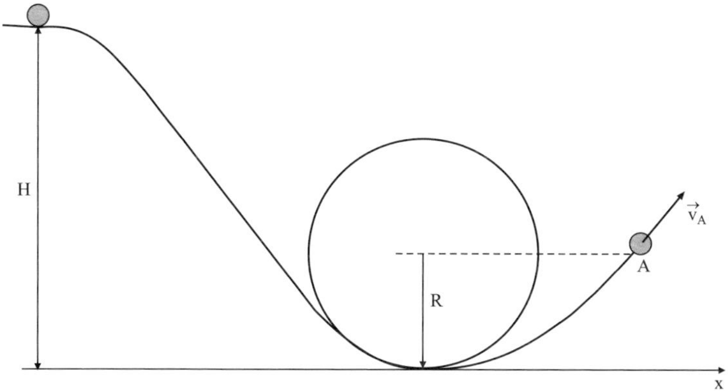

Der Loopingradius R ist sehr groß gegenüber dem Kugelradius r. Die Kugel startet aus der Höhe $H = 3R$.
Umwandlungen mechanischer Energie in thermische Energie bleiben unberücksichtigt.

2.1 Geben Sie die physikalische Bedeutung des Trägheitsmomentes an! (2 BE)

2.2 Weisen Sie nach, dass die Kugel einen vollständigen Looping durchlaufen kann! (5 BE)

2.3 Die Geschwindigkeit der Kugel im Punkt A kann nach folgender Gleichung berechnet werden:

$$v_A = \sqrt{\frac{20}{7} \cdot g \cdot R}$$

Leiten Sie diese Gleichung her! (4 BE)

2.4 Berechnen Sie den Eigendrehimpuls L der Aluminiumkugel unmittelbar nach dem Verlassen der Führungsschiene, wenn der Loopingradius $R = 1{,}0$ m und der Kugelradius $r = 1{,}0$ cm betragen! (4 BE)

Tipps und Hinweise zu Aufgabe A2

Tipp zu Teilaufgabe 1.1.1

- Arbeiten Sie mit der allgemeinen Zustandsgleichung des idealen Gases.

Tipp zu Teilaufgabe 1.1.2

- Beachten Sie, dass jedes an die Gefäßwand stoßende Gasteilchen eine Impulsänderung erfährt.

Tipp zu Teilaufgabe 1.2.1

- Verwenden Sie für die Herleitung die allgemeine Zustandsgleichung (phänomenologische Betrachtung) und die Grundgleichung der kinetischen Gastheorie (kinetisch-statistische Betrachtung).

Tipp zu Teilaufgabe 1.2.2

- Aus der molaren Masse können Sie auf die möglichen Gase schlussfolgern.

Tipp zu Teilaufgabe 1.2.3

- Beachten Sie, dass die Flächeninhalte der beiden Kurven W(v) gleich groß sein müssen.

Tipp zu Teilaufgabe 1.3

- Es gelten die Gesetze des vollständig elastischen Stoßes. Beachten Sie, dass die Masse der Gefäßwand sehr viel größer als die Teilchenmasse ist.

Tipp zu Teilaufgabe 2.1

- Vergleichen Sie die Bedeutung des Trägheitsmoments für die Rotation mit der Bedeutung der Masse für die Translation. Von welchen Größen hängt das Trägheitsmoment ab?

Tipps zu Teilaufgabe 2.2

- Ermitteln Sie zunächst über eine Kraftanalyse die Mindestgeschwindigkeit der Kugel im höchsten Punkt des Loopings.
- Vergleichen Sie die Mindestgeschwindigkeit mit der Geschwindigkeit, die Sie über einen Energieansatz ermitteln.
- Analysieren Sie die Energien im Startpunkt und im obersten Punkt des Loopings.
- Beachten Sie, dass die Summe aller Energien in einem abgeschlossenen System stets konstant ist.

Tipp zu Teilaufgabe 2.3

- Es finden dieselben Energieumwandlungen wie in 2.2 statt.

Lösung zu Aufgabe A2

1.1.1 Die allgemeine Zustandsgleichung des idealen Gases lautet $p \cdot V = n \cdot R \cdot T$. Nach dem Druck p umgestellt ergibt sich

$$p = \frac{n \cdot R \cdot T}{V}.$$

R ist die allgemeine Gaskonstante und ist für jedes ideale Gas gleich. Der Gasdruck hängt somit bei konstanter Stoffmenge n von der Temperatur T und von seinem Volumen V ab.

1.1.2 Der Druck entsteht durch die Wechselwirkung zwischen den sich bewegenden Teilchen und der Gefäßwand. Trifft ein Teilchen auf die Gefäßwand, so wird es vollständig elastisch reflektiert und es erfährt eine Impulsänderung Δp. Der dabei auftretende Kraftstoß

$$\Delta p = S = \int_{t_1}^{t_2} F \, dt$$

ruft eine kurzeitige Kraftwirkung auf die Wand hervor. Die Summe der Kraftstöße aller stoßenden Teilchen in der Zeit Δt bezogen auf eine Fläche A stellt den Gasdruck dar.

1.2.1 Die allgemeine Zustandsgleichung lautet

$$p \cdot V = n \cdot R \cdot T,$$

die Grundgleichung der kinetischen Gastheorie

$$p \cdot V = \frac{1}{3} N \cdot m_M \cdot \overline{v^2}.$$

Beide Gleichungen werden gleichgesetzt:

$$n \cdot R \cdot T = \frac{1}{3} N \cdot m_M \cdot \overline{v^2}$$

Mit der molaren Masse $M = \frac{N \cdot m_M}{n}$ und der Boltzmann-Konstanten $k = \frac{R}{N_A}$ ergibt sich nach Einsetzen und anschließendem Kürzen von n auf beiden Seiten:

$$n \cdot k \cdot N_A \cdot T = \frac{1}{3} n \cdot M \cdot \overline{v^2}$$

$$\overline{v^2} = \frac{3N_A \cdot k \cdot T}{M}$$

$$\underline{\underline{\sqrt{\overline{v^2}} = \sqrt{\frac{3N_A \cdot k \cdot T}{M}}}}$$

1.2.2 Die in 1.2.1 hergeleitete Gleichung wird nach der molaren Masse umgeformt. Mit

$$\sqrt{\overline{v^2}} = 517\,\frac{m}{s}, \quad k = 1{,}38 \cdot 10^{-23}\,\frac{J}{K}, \quad T = 300\,K \text{ und } N_A = 6{,}022 \cdot 10^{23}\,\frac{1}{mol}$$

erhält man:

$$M = \frac{3N_A \cdot k \cdot T}{\overline{v^2}} \qquad \underline{\underline{M = 28\,\frac{g}{mol}}}$$

Ein Vergleich mit den Werten verschiedener Gase im Tafelwerk führt zu dem Schluss, dass z. B. molekularer Stickstoff N_2 oder Kohlenmonoxid CO vorliegen könnte.

1.2.3 Maxwell'sche Geschwindigkeitsverteilung W(v) für $T_1 < T_2$

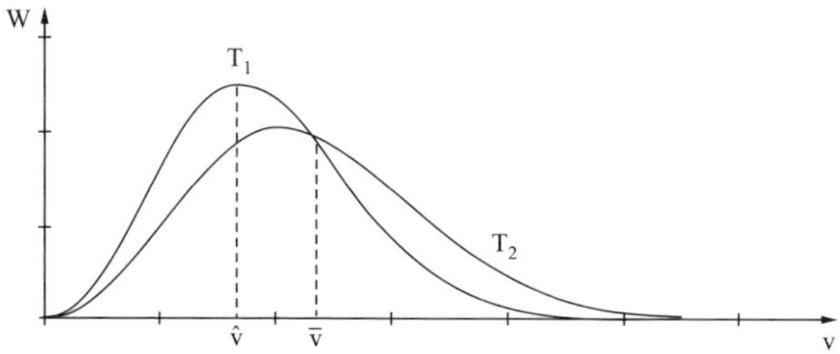

1.3 Beim Stoß des Teilchens mit der Gefäßwand gelten die Gesetzmäßigkeiten des vollständig elastischen Stoßes. Da die Masse der Gefäßwand im Vergleich zur Teilchenmasse sehr groß ist, gilt für die Geschwindigkeit des Teilchen nach dem Stoß $u_N = -v_N$, d. h. es wird mit demselben Geschwindigkeitsbetrag, aber in entgegengesetzte Richtung reflektiert. Der Impulserhaltungssatz für diesen Vorgang lautet:

$$m_N \cdot \bar{v}_N = -m_N \cdot \bar{v}_N + p_{Wand}$$

Nach p_{Wand} umgeformt ergibt sich:

$$p_{Wand} = 2 \cdot m_N \cdot \bar{v}_N \qquad (*)$$

Die Masse eines Stickstoffmoleküls beträgt mit $u = 1{,}66 \cdot 10^{-27}$ kg:

$$m_N = 28 \cdot u \qquad \underline{\underline{m_N = 4{,}65 \cdot 10^{-26}\,\text{kg}}}$$

Für die mittlere Geschwindigkeit eines Stickstoffmoleküls erhält man mit der angegebenen Formel und $M = 0{,}0028\,\frac{\text{kg}}{\text{mol}}$, $T = 273{,}15$ K:

$$\bar{v} = 0{,}92 \cdot \sqrt{\frac{3N_A \cdot k \cdot T}{M}} \qquad \underline{\underline{\bar{v} = 554\,\frac{\text{m}}{\text{s}}}}$$

Mit den berechneten Werten ergibt sich für den auf die Gefäßwand übertragenen Impuls nach (*):

$$\underline{\underline{p_{Wand} = 4{,}22 \cdot 10^{-23}\,\text{N} \cdot \text{s}}}$$

Da sich beim elastischen Stoß des Stickstoffteilchens mit der Gefäßwand wegen $m_N \ll m_W$ der Betrag der Teilchengeschwindigkeit kaum ändert, kann die Energieübertragung auf die Gefäßwand vernachlässigt werden. Die übertragene Energie ist also

$$\underline{\underline{E \approx 0\,\text{J}}}$$

2.1 Das Trägheitsmoment eines starren Körpers beschreibt dessen Widerstand gegenüber einer Änderung der Drehbewegung. Es ist abhängig von der Masse und Massenverteilung der Körpers und wird immer bezüglich einer festen Drehachse angegeben.

2.2 Damit die Kugel einen vollständigen Looping durchlaufen kann, muss im obersten Punkt der Kreisbahn die Fliehkraft mindestens so groß sein wie die Gewichtskraft der Kugel. Also muss gelten:

$$F_G = F_{Flieh}$$

$$m \cdot g = m \cdot \frac{v_{min}^2}{R}$$

Nach v umgestellt ergibt sich die Mindestgeschwindigkeit der Kugel im oberen Punkt:

$$v_{min} = \sqrt{g \cdot R}$$

Über den Energieerhaltungssatz muss man nunmehr nachweisen, dass die Kugel, wenn sie aus der Höhe $H = 3R$ startet, eine höhere Geschwindigkeit erreicht. Am Startpunkt besitzt die Kugel nur die potenzielle Energie $E_{pot,1}$. Am höchsten Punkt der Kreisbahn besitzt der Körper die potenzielle Energie $E_{pot,2}$, die kinetische Energie des Schwerpunktes der Kugel E_{kin} und die Rotationsenergie E_{rot}. Die Energiebilanz lautet somit:

$$E_{pot,1} = E_{kin} + E_{pot,2} + E_{rot}$$

$$m_K \cdot g \cdot 3R = \frac{m_K \cdot v^2}{2} + m_K \cdot g \cdot 2R + \frac{1}{2} J \cdot \omega^2$$

Setzt man das für die Kugel gültige Trägheitsmoment $J = \frac{2}{5} m_K \cdot r^2$ ein und ersetzt die Kreisfrequenz gemäß $v = \omega \cdot r$, so folgt:

$$m_K \cdot g \cdot R = \frac{m_K \cdot v^2}{2} + \frac{1}{5} m_K \cdot v^2$$

$$g \cdot R = \frac{7}{10} v^2$$

$$\underline{\underline{v = \sqrt{\frac{10}{7} g \cdot R}}} > v_{min}$$

Der Vergleich zeigt, dass die Kugel eine höhere Geschwindigkeit als die Mindestgeschwindigkeit erreicht. Der Looping wird also durchlaufen.

2.3 Es gilt wiederum der Energieerhaltungssatz, wobei jetzt der Startpunkt und der Punkt A betrachtet werden. Die Höhe für den Punkt A, die für $E_{pot,3}$ wichtig ist, beträgt R.

$$E_{pot,1} = E_{kin} + E_{pot,3} + E_{rot}$$

$$m_K \cdot g \cdot 3R = \frac{m \cdot v^2}{2} + m_K \cdot g \cdot R + \frac{1}{2} J \cdot \omega^2$$

$$m_K \cdot g \cdot 2R = \frac{m_K \cdot v^2}{2} + \frac{1}{5} m_K \cdot v^2$$

$$g \cdot R = \frac{7}{20} v^2$$

$$\underline{\underline{v = \sqrt{\frac{20}{7} g \cdot R}}}$$

2.4 Der Drehimpuls berechnet sich durch den Ausdruck $L = J \cdot \omega$. Gegeben sind folgende Größen:

$$r = 1{,}0\,\text{cm}; \quad R = 1\,\text{m}; \quad \rho_{Al} = 2{,}7 \cdot 10^3\,\frac{\text{kg}}{\text{m}^3}$$

Die Dichte für Aluminium wird dabei dem Tafelwerk entnommen. Es müssen das Trägheitsmoment der Kugel J und die Winkelgeschwindigkeit ω berechnet werden.

Berechnung von J:

$$J = \frac{2}{5} \cdot m_K \cdot r^2 \qquad m_K = \rho_{Al} \cdot V$$

$$m_K = \rho_{Al} \cdot \frac{4}{3}\pi \cdot r^3$$

$$m_K = 11{,}31 \cdot 10^{-3}\,\text{kg}$$

$$J = 4{,}524 \cdot 10^{-7}\,\text{kg m}^2$$

Berechnung von ω:

$$\omega = \frac{v}{r}$$

$$\omega = \frac{1}{r} \cdot \sqrt{\frac{20}{7} g \cdot R} \qquad \omega = 529{,}4\,\frac{1}{\text{s}}$$

Für den Drehimpuls errechnet man:

$$L = J \cdot \omega \qquad \underline{\underline{L = 2{,}395 \cdot 10^{-4}\,\frac{\text{kg m}^2}{\text{s}}}}$$

Leistungskurs Physik (Thüringen): Abiturprüfung 2007
Aufgabe B1: Bewegung geladener Teilchen in Feldern

Die Massenspektrometrie ist ein vielfältig verwendbares elektrodynamisches Analyseverfahren. In der analytischen Chemie dient sie beispielsweise zur Aufklärung der Struktur und Zusammensetzung von Molekülen und Stoffgemischen. Der qualitative und quantitative Nachweis sehr kleiner Substanzmengen bis ca. 10^{-15} g ist prinzipiell möglich. In der Physik werden Massenspektrometer verwendet, um die Isotopenzusammensetzung chemischer Elemente zu messen.

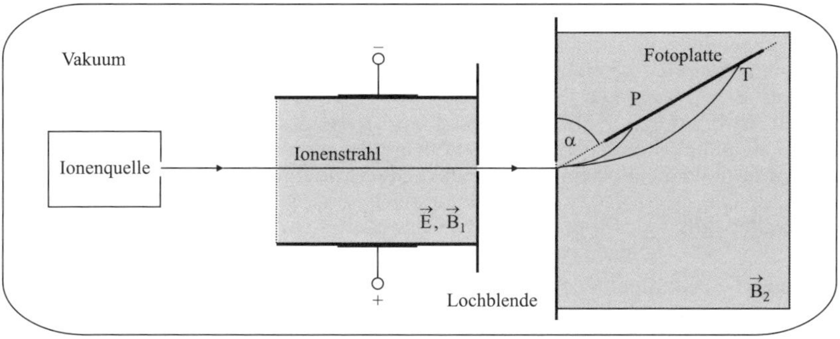

1 Erklären Sie die Wirkungsweise des abgebildeten Massenspektrografen! Geben Sie dabei auch die Richtung der Feldlinien aller angegebenen Felder an.
Gravitationseffekte bleiben unberücksichtigt. (5 BE)

2 In einem Experiment besteht der Ionenstrahl aus $^{35}_{17}Cl^+$-Ionen der Teilchenmasse $m_1 = 35u$ und aus $^{37}_{17}Cl^+$-Ionen der Teilchenmasse $m_2 = 37u$.
Berechnen Sie den Abstand der Auftreffpunkte $\overline{PT}$!
Geben Sie an, welche Ionensorte im Punkt P auftrifft und begründen Sie!
Für die Anordnung gilt:

$$E = 2{,}28 \cdot 10^5\ V \cdot m^{-1}; \quad B_1 = 400\ mT; \quad B_2 = 500\ mT; \quad \alpha = 60°$$ (5 BE)

Tipps und Hinweise zu Aufgabe B1

Tipps zu Teilaufgabe 1

- Betrachten Sie die einzelnen Bewegungsabschnitte.
- Führen Sie jeweils Kraftanalysen durch. Verwenden Sie bei der Bestimmung der Richtungen der Lorentzkräfte die Dreifingerregel für positive Ladungen (rechte Hand).

Tipps zu Teilaufgabe 2

- Analysieren Sie in einer Skizze die Bahnen im Feld B_2.
- Überlegen Sie sich genau die Lage der Mittelpunkte der beiden Kreisbahnen.

Lösung zu Aufgabe B1

1 Die im Allgemeinen einfach positiv geladenen Ionen, die eine Geschwindigkeitsverteilung besitzen, verlassen die Ionenquelle. Die erste Anordnung, bestehend aus einem elektrischen und einem magnetischem Feld, wird als **Geschwindigkeitsfilter** verwendet. Die elektrischen Feldlinien sind von Plus nach Minus gerichtet, die magnetischen Feldlinien zeigen senkrecht aus der Blattebene heraus (Skizze). Somit wirkt auf das Ion eine elektrische Feldkraft F_E nach oben und eine Lorentzkraft F_L nach unten. Für die elektrische Feldkraft gilt: $F_E = E \cdot Q_{Ion}$ und für die Lorentzkraft $F_L = Q_{Ion} \cdot v \cdot B$. Die Lorentzkraft ist also geschwindigkeitsabhängig. Bei großen Geschwindigkeiten ist die Lorentzkraft größer als die elektrische Feldkraft und das Ion wird nach unten abgelenkt. Bei kleinen Geschwindigkeiten überwiegt die elektrische Feldkraft und es erfolgt eine Ablenkung nach oben. Nur für eine ganz bestimmte Geschwindigkeit gilt $F_E = F_L$ und die Ionen bewegen sich geradlinig zur Lochblende. Alle Ionen, die die Lochblende passieren, haben folglich dieselbe Geschwindigkeit.

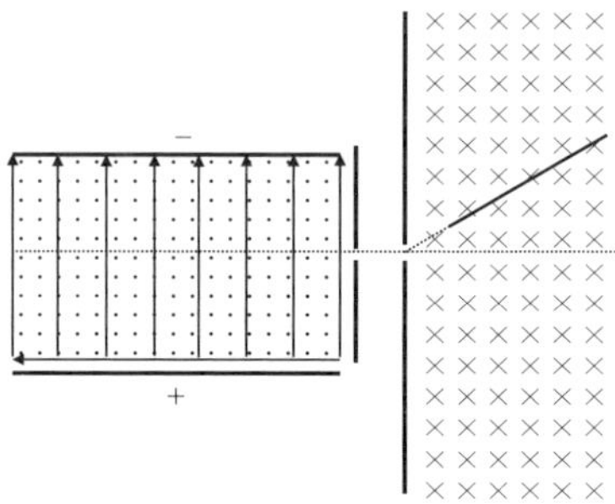

In der zweiten Feldanordnung befindet sich nur ein magnetisches Feld, dessen Feldlinien in die Blattebene hinein zeigen. Es wirkt eine Lorentzkraft, die immer rechtwinklig zum Geschwindigkeitsvektor gerichtet ist. Da sich der Betrag der Kraft nicht ändert und die Lorentzkraft immer zu einem Punkt, nämlich einem Kreismittelpunkt, zeigt, beschreibt das Ion den Teil einer **Kreisbahn**. Den Radius der Kreisbahn ermittelt man wie folgt:

$$F_L = F_{Rad}$$

$$Q_{Ion} \cdot v \cdot B_2 = \frac{m \cdot v^2}{r}$$

$$r = \frac{m \cdot v}{B_2 \cdot Q_{Ion}} \qquad (*)$$

Der Radius ist von der Masse abhängig. Folglich legen Ionen unterschiedlicher Masse unterschiedlich große Kreisbögen auf Kreisen mit unterschiedlichen Radien zurück und kommen auf der Fotoplatte an unterschiedlichen Punkten an.

2 **Berechnung des Abstands $\overline{PT}$**

Die Bahnen der beiden Ionen, die Teil verschiedener Kreisbahnen sind, sind in der Skizze dargestellt. M_1 und M_2 sind die Mittelpunkte der beiden Bahnen. Der Winkel α ist 60° groß. Wie aus der Skizze ersichtlich ist, sind bei diesem Winkel die Dreiecke M_1LP bzw. M_2LT gleichseitig. Die Abstände von der Lochblende L bis zum Punkt P bzw. zum Punkt T entsprechen den Radien r_1 und r_2.

Der Radius einer Bahn wurde bereits in Teilaufgabe 1 in Formel (*) hergeleitet.

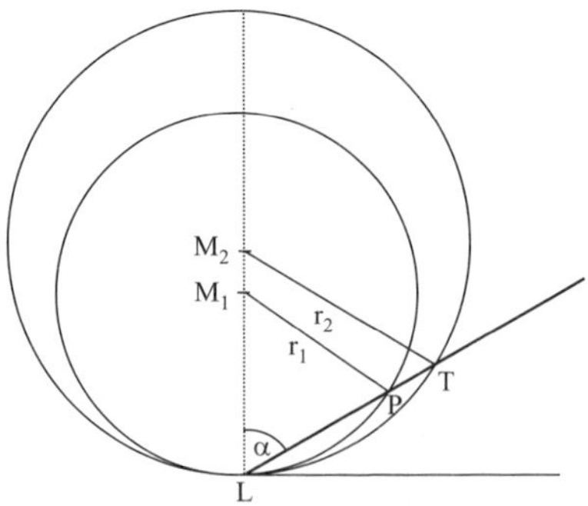

Die Geschwindigkeit der Ionen erhält man durch das Gleichsetzen der Kräfte im Geschwindigkeitsfilter:

$$F_L = F_E$$

$$Q_{Ion} \cdot v \cdot B_1 = E \cdot Q_{Ion}$$

$$v = \frac{E}{B_1}$$

Dies eingesetzt in die Formel (∗) führt auf den Radius:

$$r = \frac{m \cdot E}{B_1 \cdot B_2 \cdot Q_{Ion}}$$

Die Strecke $\overline{PT}$ entspricht der Differenz der beiden Radien:

$$\Delta r = r_2 - r_1$$

$$\Delta r = \frac{m_2 \cdot E}{B_1 \cdot B_2 \cdot Q_{Ion}} - \frac{m_1 \cdot E}{B_1 \cdot B_2 \cdot Q_{Ion}}$$

$$\underline{\underline{\Delta r = \frac{(m_2 - m_1) \cdot E}{B_1 \cdot B_2 \cdot Q_{Ion}}}}$$

Mit den gegebenen Werten

$$u = 1{,}66 \cdot 10^{-27}\,\text{kg}, \quad e = 1{,}60 \cdot 10^{-19}\,\text{C}, \quad Q_{Ion} = e, \quad m_1 = 35u, \quad m_2 = 37u,$$

$$E = 2{,}28 \cdot 10^5\,\frac{\text{V}}{\text{m}}, \quad B_1 = 0{,}4\,\text{T}, \quad B_2 = 0{,}5\,\text{T}$$

ergibt sich für den gesuchten Abstand:

$$\underline{\underline{\overline{PT} = \Delta r = 23{,}6\,\text{mm}}}$$

Ionensorte im Punkt P

In P treffen $^{35}_{17}Cl^+$-Ionen auf. Diese besitzen eine geringere Masse als die $^{35}_{17}Cl^+$-Ionen.

Begründung: Die Ladung beider Ionen ist gleich und es gilt $r \sim m$.

Leistungskurs Physik (Thüringen): Abiturprüfung 2007
Aufgabe B2: Spezielle Relativitätstheorie

Am Ende des 19. Jahrhunderts waren die Grundlagen der klassischen Physik weitgehend systematisch erforscht. Gleichzeitig gab es eine Reihe theoretischer Überlegungen sowie experimenteller Befunde, die mit diesen allgemein anerkannten Grundlagen nicht vereinbar waren. Der entscheidende Durchbruch gelang in dieser Hinsicht A. Einstein im Jahr 1905. Mit seiner Veröffentlichung „Zur Elektrodynamik bewegter Körper" begründete er eine neue physikalische Theorie, die spezielle Relativitätstheorie.

1 Einer der experimentellen Befunde, die im Widerspruch zu den Gesetzen der klassischen Physik standen, ist im nachstehenden Diagramm qualitativ dargestellt.
Interpretieren Sie die grafische Darstellung! Gehen Sie dabei insbesondere auf den Unterschied zwischen der experimentell ermittelten und der damals theoretisch erwarteten Abhängigkeit der kinetischen Energie von der Geschwindigkeit ein!

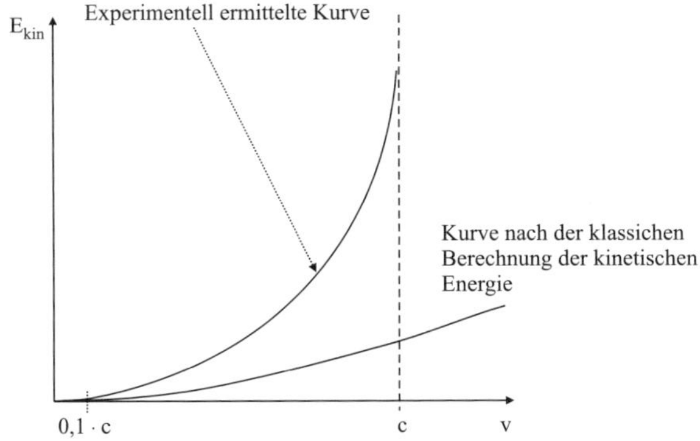

(4 BE)

2 Die Freisetzung von Energie bei der Spaltung schwerer Atomkerne kann durch unterschiedliche physikalische Modelle erklärt werden.

Eine Modellvorstellung beruht auf Erkenntnissen der speziellen Relativitätstheorie.

Ein anderes physikalisches Modell basiert auf Gesetzen der klassischen Elektrodynamik. Ursache der Energiefreisetzung ist im Rahmen dieser Vorstellung die elektrostatische Wechselwirkung zwischen Punktladungen. Die Bruchstücke, die im Ergebnis der Spaltung vorliegen, sind als solche Punktladungen aufzufassen.

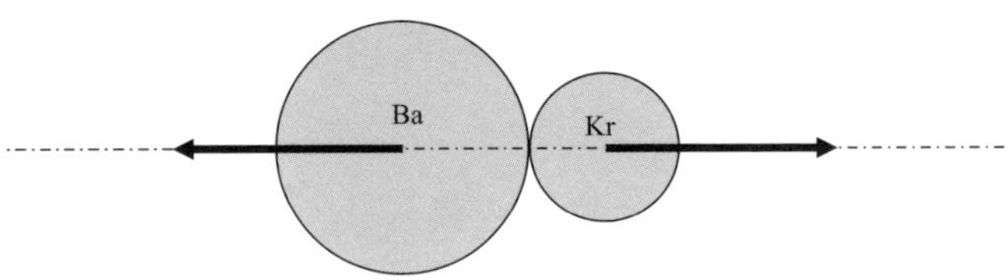

Berechnen Sie nach beiden Modellvorstellungen die frei werdende Energie für die Spaltungsreaktion

$$^{235}_{92}U + {}^{1}_{0}n \rightarrow {}^{143}_{56}Ba + {}^{90}_{36}Kr + 3 \cdot {}^{1}_{0}n\ !$$

Vergleichen und diskutieren Sie die Ergebnisse!

Für die Massen der Nuklide und die Neutronen gilt:

$m_U = 234{,}9935 \cdot u$

$m_{Ba} = 142{,}8778 \cdot u$

$m_{Kr} = 89{,}8846 \cdot u$

$m_n = 1{,}0087 \cdot u$

Für die Kernradien gilt:

$r_{Ba} = 7{,}321 \cdot 10^{-15}\ m$

$r_{Kr} = 6{,}247 \cdot 10^{-15}\ m$ (6 BE)

Tipps und Hinweise zu Aufgabe B2

Tipp zu Teilaufgabe 1

Begründen Sie den Verlauf der Kurven mit den unterschiedlichen Ausdrücken für die kinetische Energie nach der klassischen Physik und der speziellen Relativitätstheorie. Welche Aussage lässt sich für kleine Geschwindigkeiten $v < 0{,}1\ c$ machen? Was passiert im Fall $v \rightarrow c$?

Tipp zu Teilaufgabe 2

Führen Sie die Berechnungen mit dem Massendefekt (Modell nach Erkenntnissen der speziellen Relativitätstheorie) und der klassische Elektrodynamik (Verschiebearbeit) durch.

Lösung zu Aufgabe B2

1 Im Diagramm ist die Abhängigkeit der kinetischen Energie eines Körpers von dessen Geschwindigkeit dargestellt. Die untere Kurve zeigt den klassischen Verlauf, die obere Kurve den experimentellen Verlauf, der später mit Einsteins spezieller Relativitätstheorie erklärt werden konnte.
Es zeigt sich, dass für geringe Geschwindigkeiten $v < 0{,}1\ c$ beide Kurven nahezu den selben Verlauf haben. Bei hohen Geschwindigkeiten weichen beide Verläufe wesentlich voneinander ab.

Zum klassischen Verlauf

Aus

$$E_{kin} = \frac{1}{2} m \cdot v^2$$

folgt mit $m = \text{konstant}$ $E_{kin} \sim v^2$. Die kinetische Energie wächst somit quadratisch mit der Geschwindigkeit und kann insbesondere unbegrenzt mit der Geschwindigkeit zunehmen.

Zum relativistischen Verlauf

Einstein zeigte, dass für die relativistische kinetische Energie der Ausdruck

$$E_{kin} = m \cdot c^2 - m_0 \cdot c^2$$

gilt. m ist die dynamische Masse; sie ist im Vergleich zur klassischen Auffassung nicht mehr konstant, sondern geschwindigkeitsabhängig. m_0 ist die Ruhemasse.
Setzt man die Gleichung für die dynamische Masse

$$m = \frac{m_0}{\sqrt{1 - \left(\frac{v}{c}\right)^2}}$$

in den Ausdruck für E_{kin} ein, folgt:

$$E_{kin} = m_0 \cdot c^2 \cdot \left[\frac{1}{\sqrt{1 - \frac{v^2}{c^2}}} - 1 \right]$$

Bei großen Geschwindigkeiten ($v > 0{,}1\ c$) wird dieser Ausdruck – entsprechend der Zunahme der dynamischen Masse – immer größer und strebt für $v \to c$ gegen unendlich. Da c nicht überschritten werden kann, stellt c also eine Grenzgeschwindigkeit dar.

2. **Modell 1**
Nach der speziellen Relativitätstheorie ist die Masse der Reaktionsprodukte geringer als die der Ausgangsprodukte. Es tritt ein **Massendefekt** auf.

Mit den gegebenen Werten

$$m_U = 234{,}9935u, \quad m_{Ba} = 142{,}8778u, \quad m_{Kr} = 89{,}8846u, \quad m_N = 1{,}0087u$$

$$u = 1{,}66 \cdot 10^{-27}\ \text{kg}, \quad c = 3 \cdot 10^8\ \text{m} \cdot \text{s}^{-1}$$

erhält man für den Massendefekt:

$$\Delta m = (m_U + m_N) - (m_{Ba} + m_{Kr} + 3 \cdot m_N)$$

$$\Delta m = 3{,}549 \cdot 10^{-28}\ \text{kg}$$

Über die Masse-Energie-Beziehung kann die freiwerdende Energie berechnet werden.

$$E = \Delta m \cdot c^2$$

$$E = 3{,}194 \cdot 10^{-11}\ \text{J} = \underline{\underline{199{,}4\ \text{MeV}}}$$

Modell 2
Nach der Theorie der klassischen Elektrodynamik wird an der Ladung, an der eine abstoßende Kraft angreift, durch das elektrische Feld **Verschiebungsarbeit** verrichtet. Diese Arbeit entspricht im vorliegenden Fall der freigesetzten Energie.

$$E = \int_{r_{Ba}+r_{Kr}}^{\infty} F_C(r)\,dr \qquad F_C(r) = \frac{Q_1 \cdot Q_2}{4\pi \cdot \varepsilon_0 \cdot r^2}$$

$$E = \int_{r_{Ba}+r_{Kr}}^{\infty} \frac{Q_1 \cdot Q_2}{4\pi \cdot \varepsilon_0 \cdot r^2}\,dr$$

Ausführen der Integration liefert:

$$E = \frac{56\,e \cdot 36\,e}{4\pi \cdot \varepsilon_0 \cdot (r_{Ba} + r_{Kr})}$$

Mit den gegebenen Werten

$$e = 1{,}60 \cdot 10^{-19}\,C, \quad r_{Ba} = 7{,}321 \cdot 10^{-15}\,m,$$

$$r_{Kr} = 6{,}247 \cdot 10^{15}\,m, \quad \varepsilon_0 = 8{,}85 \cdot 10^{-12}\,\frac{A \cdot s}{V \cdot m}$$

errechnet man für die freigesetzte Energie:

$$E = 3{,}427 \cdot 10^{-11}\,J = \underline{\underline{213{,}9\,MeV}}$$

Vergleich der Ergebnisse
Im zweiten Modell ist die frei werdende Energie größer als im ersten.

Diskussion
Eine Ursache für die Unterschiede zwischen beiden Ergebnissen besteht darin, dass im Rahmen des elektrodynamischen Modells die bei der Spaltung zusätzlich entstehenden Neutronen aufgrund der fehlenden Ladung unberücksichtigt bleiben, während sie im anderen Modell in die Bilanz mit einbezogen werden, da sie aufgrund ihrer Masse Energie besitzen.

Leistungskurs Physik (Thüringen): Abiturprüfung 2007
Experiment E1: Wechselstromkreis

Ermitteln Sie experimentell die Phasenverschiebung der Spannung gegenüber der Stromstärke in einer Spule für zwei verschiedene Induktivitäten! Dabei sollen die kleinstmögliche und die maximal mögliche Induktivität mit den zur Verfügung stehenden Geräten und Hilfsmitteln realisiert werden.

Folgende Geräte und Hilfsmittel stehen zur Verfügung:
- 2 Vielfachmessgeräte
- 1 Schülerstromversorgungsgerät (Gleich- und Wechselspannungsausgänge)
- 1 Spule mit 500 Windungen
- 1 geblätterter U-Kern
- 1 geblätterter I-Kern
- Potentiometer
- Verbindungsleiter

Hinweis: Es ist nicht erforderlich, alle vorgegebenen Geräte und Hilfsmittel zu verwenden.

Das Protokoll soll enthalten:
- Vorbetrachtungen und Beschreibung der Versuchsdurchführung (5 BE)
- Messprotokoll (3 BE)
- Auswertung (4 BE)
- Fehlerbetrachtung (3 BE)

Tipps und Hinweise zur Aufgabe E1

- Die Phasenverschiebung zwischen Strom und Spannung lässt sich aus einem Widerstandszeigerdiagramm ermitteln.
- Verwenden Sie, da der Widerstand der Spule relativ gering ist, die spannungsrichtige Schaltung.
- Unterscheiden Sie zwischen zufälligen und systematischen Fehlern.

Lösung zu Aufgabe E1

1 **Aufgabe**

Ermitteln Sie experimentell die Phasenverschiebung der Spannung gegenüber der Stromstärke in einer Spule für zwei verschiedene Induktivitäten! Dabei sollen die kleinstmögliche und die maximal mögliche Induktivität mit den zur Verfügung stehenden Geräten und Hilfsmitteln realisiert werden.

2 **Vorbetrachtungen**

Eine reale Spule ist als eine Reihenschaltung von einem ohmschen Widerstand R und einem induktiven Widerstand X_L zu betrachten. Am ohmschen Widerstand liegt die Spannung U_R, am induktiven Widerstand die Spannung U_L an und über beiden zusammen die Spannung U_{Ges}.

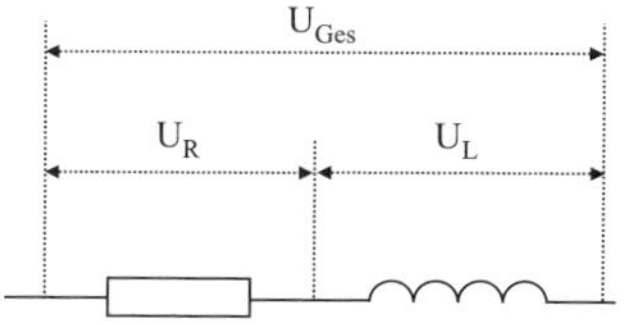

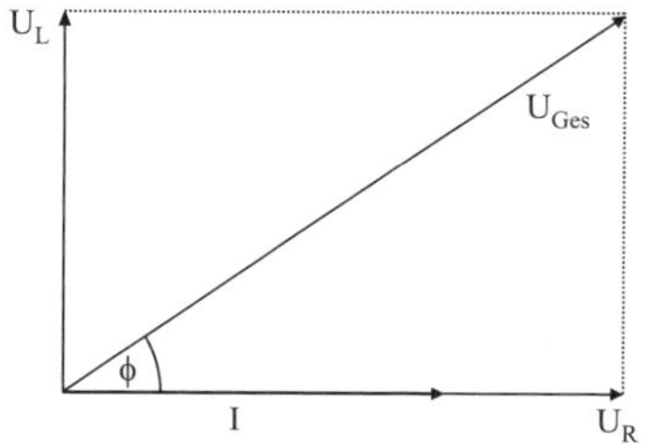

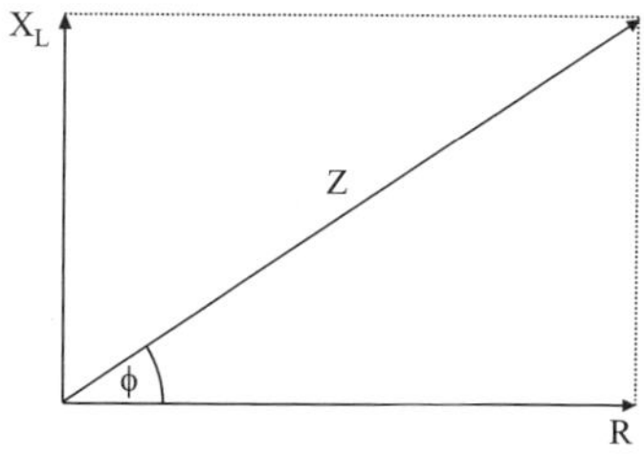

Wie das Spannungszeigerdiagramm zeigt, sind die Spannungen U_R und U_L gegeneinander um 90 Grad phasenverschoben. Der Stromzeiger zeigt in Richtung von U_R. Der Winkel ϕ kennzeichnet die Phasenverschiebung zwischen U_{Ges} und I. Da durch X_L und R derselbe Strom fließt, braucht man die Spannungen nur durch den Strom I zu teilen und man erhält das Widerstandszeigerdiagramm. Z bezeichnet den Scheinwiderstand.

Um die Phasenverschiebung zwischen U_{Ges} und I zu ermitteln, müssen also R und Z bestimmt werden. Über die Beziehung

$$\cos\phi = \frac{R}{Z}$$

erhält man die Phasenverschiebung ϕ.

Schaltung zur Bestimmung von R bzw. Z

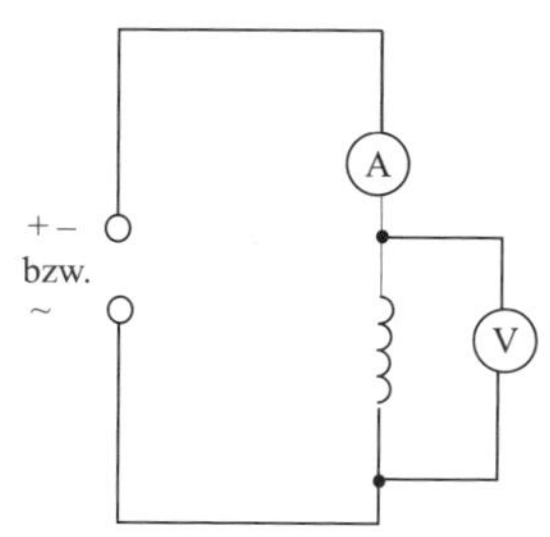

Bestimmung von R
U und I werden im Gleichstromkreis gemessen. Es gilt $R = \frac{U}{I}$.

Bestimmung von Z
U und I werden im Wechselstromkreis gemessen. Es gilt $Z = \frac{U}{I}$.

Die größte Induktivität erhält man bei der Verwendung eines geschlossenen Eisenkernes, während sie ohne einen Eisenkern am kleinsten ist.

3 Messwerte

ohne Eisenkern

Gleichspannung:	$U = 1{,}5\ V$	$I = 480\ mA$
Wechselspannung:	$U = 1{,}5\ V$	$I = 475\ mA$

mit geschlossenem Eisenkern

Wechselspannung:	$U = 1{,}5\ V$	$I = 22\ mA$

4 Auswertung

Bestimmung des ohmschen Widerstandes

$$R = \frac{U}{I} \qquad R = 3{,}125\ \Omega$$

Bestimmung von Z und ϕ

Spule ohne Kern:

$$Z = \frac{U}{I} \qquad Z = 3{,}158\ \Omega$$

$$\cos\phi = \frac{R}{Z}$$

$$\phi = \arccos\left(\frac{R}{Z}\right) \qquad \underline{\underline{\phi = 8{,}28^\circ}}$$

Spule mit geschlossenem Eisenkern:

$$Z = \frac{U}{I} \qquad Z = 68{,}182\ \Omega$$

$$\cos\phi = \frac{R}{Z}$$

$$\phi = \arccos\left(\frac{R}{Z}\right) \qquad \underline{\underline{\phi = 87{,}4^\circ}}$$

5 Fehlerbetrachtung

Zufällige Fehler:

- Es wurden Messgeräte der Güteklasse 2,5 für die Gleichstrommessung bzw. 5 für die Wechselstrommessung verwendet, d. h., die prozentualen Größtfehler betragen schon bei Vollausschlag 2,5 % bzw. 5 %. Bei einem Teilausschlag sind die Fehler entsprechend größer.

Systematische Fehler:

- Es wurde die spannungsrichtige Schaltung verwendet, weshalb man einen systematischen Fehler bei der Strommessung hat. Zusätzlich zum zu messenden Strom durch die Spule misst man den Strom durch das Voltmeter. Dieser Strom ist allerdings vergleichsweise gering.
- Widerstände der Verbindungsleiter wurden nicht beachtet.

Leistungskurs Physik (Thüringen): Abiturprüfung 2007
Experiment E2: Mechanik

Für ein System aus zwei hintereinander angeordneten Schraubenfedern gilt für die resultierende Federkonstante die Gleichung

$$\frac{1}{k_{ges}} = \frac{1}{k_1} + \frac{1}{k_2}.$$

Leiten Sie die Gleichung her und bestätigen Sie diese experimentell durch zwei unterschiedliche Verfahren!

Anordnung der Schraubenfedern:

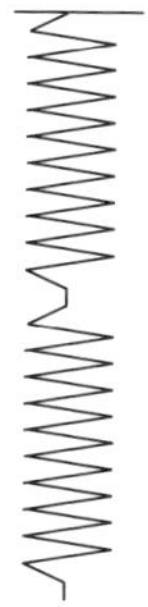

Folgende Geräte und Hilfsmittel stehen zur Verfügung:
- 2 Schraubenfedern mit gegebenen Federkonstanten
- Stativmaterial
- Lineal
- Stoppuhr
- Wägesatz

Hinweis: Es ist nicht erforderlich, alle vorgegebenen Geräte und Hilfsmittel zu verwenden.

Das Protokoll soll enthalten:
- Vorbetrachtungen und Beschreibung der Versuchsdurchführung (6 BE)
- Messprotokoll (3 BE)
- Auswertung (3 BE)
- Fehlerbetrachtung (3 BE)

Tipp und Hinweis zur Aufgabe E2

- Wie lautet das Hooke'sche Gesetz? Wie berechnet sich die Schwingungsdauer eines vertikalen Federschwingers?
- Messen Sie zur Bestimmung von T die Zeit für mindestens 10 Messungen. Sie verringern dadurch den Fehler für T erheblich.
- Unterscheiden Sie zwischen zufälligen und systematischen Fehlern.

Lösung zu Aufgabe E2

1 Aufgabe

Für ein System aus zwei hintereinander angeordneten Schraubenfedern gilt für die resultierende Federkonstante die Gleichung

$$\frac{1}{k_{ges}} = \frac{1}{k_1} + \frac{1}{k_2}.$$

Leiten Sie die Gleichung her und bestätigen Sie diese experimentell durch zwei unterschiedliche Verfahren!

2 Vorbetrachtungen

Herleitung

An Feder 1 und Feder 2 sowie am Gesamtsystem greift dieselbe Kraft F an. Für die Gesamtausdehnung des Systems gilt:

$$x_{ges} = x_1 + x_2$$

Einsetzen der einzelnen Ausdehnungen nach dem Hooke'schen Gesetz $x = \frac{F}{k}$:

$$\frac{F}{k_{ges}} = \frac{F}{k_1} + \frac{F}{k_2}$$

$$\frac{1}{k_{ges}} = \frac{1}{k_1} + \frac{1}{k_2}$$

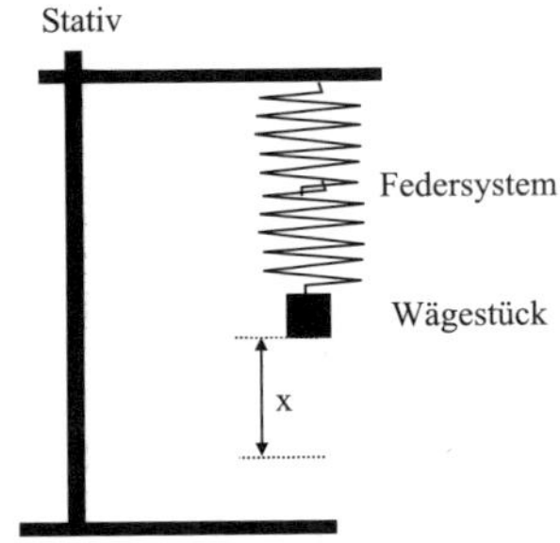

Die beiden Federkonstanten sind gegeben und betragen beispielsweise $k_1 = 5\,\frac{N}{m}$ und $k_2 = 7{,}5\,\frac{N}{m}$. Die theoretische Federkonstante ist somit

$$k_{ges} = \frac{k_1 \cdot k_2}{k_1 + k_2} = 3\,\frac{N}{m}.$$

Die beiden nachfolgend verwendeten Verfahren werden jeweils mit dem Federsystem durchgeführt. Der ermittelte Wert wird mit dem theoretischen verglichen.

Verfahren 1

Die Ausdehnung einer Feder (Federsystem) gehorcht dem Hook'schen Gesetz $F_R = -k \cdot x$. F_R ist die rücktreibende Kraft und x ist die Ausdehnung der Feder. Wird an die am Stativ befestigte Feder ein Wägestück bekannter Masse gehängt, dehnt sich die Feder aus. Im Gleichgewichtsfall ist die rücktreibende Kraft gleich der Gewichtskraft des Wägestückes. Einzige Messgröße ist also nur die Ausdehnung der Feder x. Die Federkonstante k ermittelt sich durch

$$k = \frac{m \cdot g}{x}.$$

Es werden 3 verschiedene Messwertpaare aufgenommen.

Verfahren 2

Das System wird in vertikale Schwingungen versetzt. Die Schwingungsdauer eine vertikalen Federschwingers ergibt sich durch den Ausdruck

$$T = 2\pi \cdot \sqrt{\frac{m}{k}}.$$

Für die Federkonstante gilt also:

$$k = \frac{4\pi^2 \cdot m}{T^2}$$

Einzige Messgröße ist, weil die Masse der angehängten Masse bekannt ist, die Schwingungsdauer T. Zur Messung der Schwingungsdauer T wird die Zeit für 10 Schwingungen gemessen und dann durch 10 dividiert. Die Messung wird ebenfalls für 3 Messwertpaare durchgeführt.

3. Messwerte

1. Verfahren

m in g	F_G in N	x in cm	k_{ges} in $\frac{N}{m}$
50	0,5	16,1	3,07
70	0,7	23,0	2,98
100	1,0	32,0	3,06

2. Verfahren

m in g	t in s (10 Schwingungen)	T ins s	k_{ges} in $\frac{N}{m}$
50	8,18	0,818	2,94
70	9,72	0,972	2,93
100	11,15	1,115	2,97

4 Auswertung

Verfahren 1

Mittelwert:

$$k_{ges} = \frac{3{,}07\,\frac{N}{m} + 2{,}98\,\frac{N}{m} + 3{,}06\,\frac{N}{m}}{3} \qquad \underline{\underline{k_{ges} = 3{,}04\,\frac{N}{m}}}$$

Verfahren 2

Mittelwert:

$$k_{ges} = \frac{2{,}94\,\frac{N}{m} + 2{,}93\,\frac{N}{m} + 2{,}97\,\frac{N}{m}}{3} \qquad \underline{\underline{k_{ges} = 2{,}95\,\frac{N}{m}}}$$

Das Messergebnis beider Verfahren stimmt sehr gut mit dem theoretischen Wert überein. Die Gleichung für die Reihenschaltung zweier Federn ist somit experimentell bestätigt.

5 Fehlerbetrachtung

Zufällige Fehler:

- Messfehler der Stoppuhr $\Delta t = \pm 0{,}1\ s \rightarrow \Delta T = \pm 0{,}01\ s$
- Die Massen der Federstücke sind ebenfalls fehlerbehaftet, $\Delta m = \pm 1\ g$.

Systematische Fehler:

- Eigengewicht der Feder
- Luftwiderstand

Leerseiten verbilligen in diesem Fall die Herstellung des Buches!

Leerseiten verbilligen in diesem Fall die Herstellung des Buches!

Grundkurs Physik (Thüringen): Abiturprüfung 2003
Aufgabe A 1

1 Um das Ausdehnungsverhalten eines Gases zu untersuchen, wird folgendes Experiment bei konstantem Umgebungsdruck von 101,3 kPa durchgeführt. In einem Kolben befindet sich Luft, die durch einen leichtbeweglichen Flüssigkeitstropfen abgeschlossen ist (siehe Abbildung). Die eingeschlossene Luft hat bei der Temperatur 0 °C das Volumen 200 cm^3.

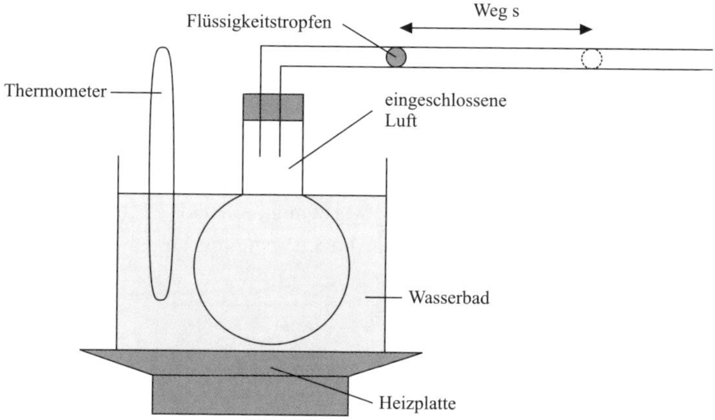

Wird die Luft erwärmt, bewegt sich der Flüssigkeitstropfen im waagerechten Glasrohr. Der Innendurchmesser des Glasrohres beträgt 0,50 cm.
Der zurückgelegte Weg des Flüssigkeitstropfens wurde in Abhängigkeit von der Temperatur der Luft im Kolben gemessen. Dabei ergaben sich folgende Messwerte.

ϑ in °C	20	21	22	23	24	25	26	27
s in cm	0	3,7	7,4	11,2	14,9	18,6	22,4	26,1

1.1 Stellen Sie den zurückgelegten Weg des Flüssigkeitstropfens in Abhängigkeit von der Temperatur in einem Diagramm dar!
Interpretieren Sie dieses Diagramm!
Schließen Sie daraus auf den Zusammenhang zwischen Volumenänderung und Temperaturänderung! Begründen Sie Ihre Aussage!

(7 BE)

1.2 Die eingeschlossene Luft kann als zweiatomiges ideales Gas betrachtet werden.

1.2.1 Geben Sie an, welche Zustandsänderung die Luft durchläuft!
Begründen Sie Ihre Aussage!

(3 BE)

1.2.2 Berechnen Sie die Volumenarbeit, welche die eingeschlossene Luft verrichtet, die zugeführte Wärme sowie die Änderung der inneren Energie dieser Luft für die durch die Messwerttabelle erfasste Zustandsänderung!

(9 BE)

2 Moderne Lautsprecherboxen bestehen aus mindestens zwei unterschiedlichen Einzellautsprechern. Ein Lautsprecher ist für die Wiedergabe der tiefen Töne verantwortlich und der andere für die Wiedergabe der hohen Töne.
Zur Ansteuerung dieser Lautsprecher nutzt man Schaltungen aus Wechselstrombauelementen.

2.1 Vergleichen Sie das elektrische Verhalten eines ohmschen und eines kapazitiven Bauelementes im Wechselstromkreis hinsichtlich des Widerstandes bei unterschiedlichen Frequenzen!
Betrachten Sie dabei auch das zeitliche Verhalten von Stromstärke und Spannung für jedes der beiden Bauelemente!

(4 BE)

2.2 Erklären Sie das elektrische Verhalten des kapazitiven Bauelementes im Wechselstromkreis!

(4 BE)

2.3 In einem Versuch wird eine Reihenschaltung aus einem ohmschen Bauelement mit dem Widerstand 150 Ω und einem Kondensator mit der Kapazität 1,0 μF untersucht. Diese Schaltung wird an einen Frequenzgenerator mit der konstanten Ausgangsspannung 12 V angeschlossen und nacheinander bei 100 Hz und bei 10 kHz betrieben.

2.3.1 Berechnen Sie für beide Frequenzen jeweils die Teilspannung an jedem Bauelement!

(10 BE)

2.3.2 Entscheiden und begründen Sie unter Nutzung der Ergebnisse von 2.3.1, ob die abgebildete Teilschaltung in der Lautsprecherbox zur Ansteuerung des Lautsprechers für hohe oder für tiefe Töne dienen kann!

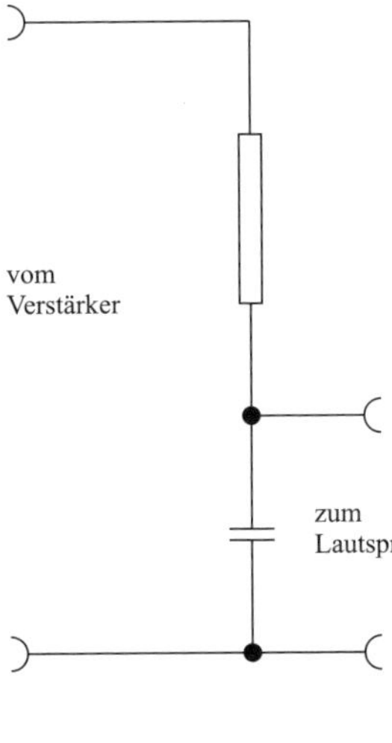

(3 BE)

Lösung

1.1 $\rho_0 = 101{,}3\ \text{kPa}$
$\vartheta_0 = 0{,}0\,°\text{C}$
$V_0 = 200\ \text{cm}^3$

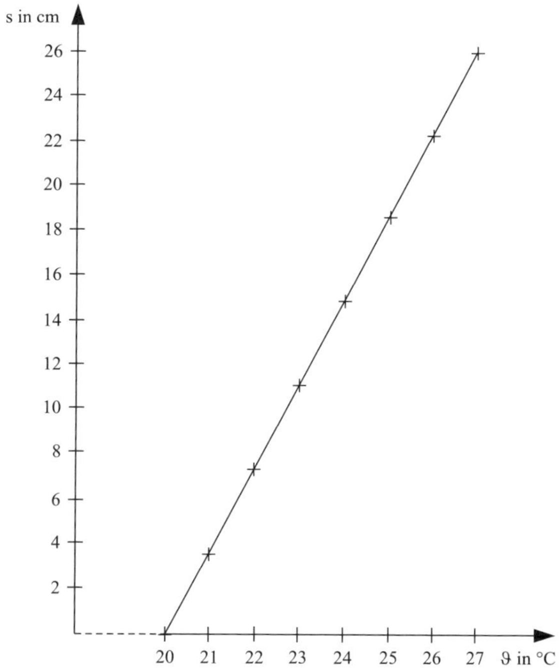

Interpretation:
Im Diagramm ist der Zusammenhang zwischen der Temperatur und dem zurückgelegten Weg des Flüssigkeitstropfens dargestellt.
Der Graph ist eine Gerade, d. h. es besteht ein linearer Zusammenhang zwischen s und ϑ aber keine Proportionalität.

Es gilt: $\Delta V = \pi r^2 \cdot \Delta s$

$\Rightarrow$ Wenn die Wegstrecke des Tropfens bei Temperaturänderung zunimmt, so nimmt auch V zu

$\Rightarrow \Delta\vartheta \sim \Delta V$

1.2.1 Für die im Gefäß eingeschlossene Luft gilt:
p = konstant, es handelt sich um eine isobare Zustandsänderung

$\Rightarrow$ Aus $\frac{p \cdot V}{T} = \text{konst.}$ und p = konst. folgt $\frac{V}{T} = \text{konst.}$ bzw. $V \sim T$ bei $p = \text{konst.}$

1.2.2 geg.: $p_0 = 101{,}3\ \text{kPa}$
$\vartheta_0 = 0{,}0\,°\text{C}$
$r = 0{,}25\ \text{cm}$
$V_0 = 200\ \text{cm}^3 = 0{,}2 \cdot 10^{-3}\ \text{m}^3$

Berechnung der Volumenarbeit

$W_v = -p \cdot \Delta V$

$\Delta V = \pi\, r^2 \cdot \Delta s$

$\Delta V = \pi\, (0{,}25 \cdot 10^{-2}\ \text{m})^2 \cdot 26{,}1 \cdot 10^{-2}\ \text{m}$

$\Delta V = 5{,}12 \cdot 10^{-6}\ \text{m}^3$

$$W_v = -101{,}3 \cdot 10^3\ \frac{\text{N}}{\text{m}^2} \cdot 5{,}12 \cdot 10^{-6}\ \text{m}^3$$

$$W_v = -0{,}52\ \text{Nm}$$

$$W_v = -0{,}52\ \text{J}$$

Berechnung der zugeführten Wärme Q (p = konst.)

Für die isobare Erwärmung gilt:

$$(1)\ Q_P = c_P \cdot m \cdot \Delta \vartheta \qquad \text{mit } c_P = 1{,}01 \frac{\text{kJ}}{\text{kg K}}$$

Berechnung der Masse m

$R_{s/Luft} = 287\ \text{Jkg}^{-1}\text{K}^{-1}$ (Tafelwerk) oder $R_s = c_P - c_V$

$p_0 \cdot V_0 = m \cdot R_s \cdot T$

$$m = \frac{p_0 \cdot V_0}{R_s \cdot T}$$

$$m = \frac{101{,}3 \cdot 10^3\ \text{Nm}^{-2} \cdot 0{,}2 \cdot 10^{-3}\ \text{m}^3}{287\ \text{NmK}^{-1}\text{kg}^{-1} \cdot 273{,}15\ \text{K}}$$

$$m = 2{,}58 \cdot 10^{-4}\ \text{kg}$$

oder mit

$\rho_{0/Luft} = 1{,}293 \frac{\text{kg}}{\text{m}^3}$ (Tafelwerk) oder $m = \rho_0\, V_0$

$$m = 1{,}293 \frac{\text{kg}}{\text{m}^3} \cdot 0{,}2 \cdot 10^{-3}\ \text{m}^3$$

$$m = 2{,}586 \cdot 10^{-4}\ \text{kg}$$

Masse m und Wert für C einsetzen in Gleichung von Q (1)

$$Q = 1{,}01 \cdot 10^3 \frac{\text{J}}{\text{kg K}} \cdot 2{,}58 \cdot 10^4\ \text{kg} \cdot 7\ \text{K}$$

$$Q = 1{,}82\ \text{J}$$

Berechnung der inneren Energie:

$$\Delta U = Q + W_v$$

$$\Delta U = 1{,}82\ \text{J} - 0{,}52\ \text{J}$$

$$\Delta U = 1{,}31\ \text{J}$$

2.1 kapazitives Bauelement:
Mit zunehmender Frequenz nimmt der kapazitive Widerstand ab.

$$\left(X_C = \frac{1}{\omega C} \right).$$

Die Stromstärke eilt der Spannung um $\frac{\pi}{2}$ voraus.

Ohmsches Bauelement:
Der Widerstand ist unabhängig von f.
Stromstärke und Spannung sind in Phase.

2.2 Im Kondensator finden im Wechselstromkreis ständig Lade- und Entladungsvorgänge statt. Mit zunehmender Frequenz f nimmt die Geschwindigkeit der Umladungsvorgänge zu.

$\frac{U}{I} \sim \frac{1}{\omega C}$; mit U = konst. gilt $\frac{1}{I} \sim \frac{1}{2\pi f C}$; mit C = konst. gilt $I \sim f$.

Die Stromstärke nimmt mit Vergrößerung der Frequenz zu. Aus $X_C \sim \frac{1}{I}$ bei U = konst. folgt: X_C nimmt ab, wenn f zunimmt.

2.3.1 geg.: $R = 150\,\Omega$
$C = 1{,}0\,\mu F$
$U_0 = 12\,V$
$f_1 = 100\,Hz$
$f_2 = 10\,kHz$

ges.: $U_C(f_1)$; $U_C(f_2)$
$U_R(f_1)$; $U_R(f_2)$

Lösung: Frequenz f_1

$$Z_1 = \sqrt{R^2 + X_C^2}$$

$$X_{C_1} = \frac{1}{2\pi f_1 \cdot C}$$

$$X_{C_1} = \frac{1}{2 \cdot \pi \cdot 100\,s^{-1} \cdot 1{,}0 \cdot 10^{-6}\,AsV^{-1}}$$

$$X_{C_1} = \frac{1}{6{,}28 \cdot 10^{-4}\,AV^{-1}}$$

$$X_{C_1} = 1592\,\Omega$$

$$X_{C_1} = 1{,}6\,k\Omega$$

$$Z_1 = \sqrt{(150\,\Omega)^2 + (1592\,\Omega)^2}$$

$$Z_1 = 1599\,\Omega$$

$$Z_1 = 1{,}6\,k\Omega$$

$$I_1 = \frac{U}{Z_1}$$

$$I_1 = \frac{12\,V}{1599\,\Omega} \qquad I_1 = 7{,}5 \cdot 10^{-3}\,A$$

$$U_R = I \cdot R \qquad U_R = 7{,}5 \cdot 10^{-3}\ A \cdot 150\ \Omega$$
$$U_R = 1{,}1\ V$$

$$U_C = I \cdot X_C \qquad U_C = 7{,}5 \cdot 10^{-3}\ A \cdot 1592\ \Omega$$
$$U_C = 11{,}9\ V$$
$$U_C = 12\ V$$

Frequenz f_2

$$Z_2 = \sqrt{R^2 + X_C^2}$$

$$X_{C_2} = \frac{1}{2\pi f_2 \cdot C}$$
$$X_{C_2} = \frac{1}{2 \cdot \pi \cdot 10 \cdot 10^3 s^{-1} \cdot 1{,}0 \cdot 10^{-6} AsV^{-1}}$$
$$X_{C_2} = 15{,}9\ \Omega$$
$$X_{C_2} = 16\ \Omega$$

$$Z_2 = \sqrt{(150\ \Omega)^2 + (15{,}9\ \Omega)^2}$$
$$Z_2 = 150{,}8\ \Omega$$
$$Z_2 = 151\ k\Omega$$

$$I_2 = \frac{U}{Z_2}$$
$$I_2 = \frac{12\ V}{151\ \Omega} \qquad I_2 = 0{,}0795\ A$$

$$U_R = I \cdot R \qquad U_R = 0{,}0795\ A \cdot 150\ \Omega$$
$$U_R = 11{,}9\ V$$

$$U_C = I \cdot X_C \qquad U_C = 0{,}0795\ A \cdot 15{,}9\ \Omega$$
$$U_C = 1{,}26\ V$$

2.3.2 Die Abnahme der Spannung muss am kapazitiven Bauelement erfolgen.
Für hohe Frequenzen gilt: $U_C = 1{,}26$ V
Für niedrige Frequenzen gilt: $U_C = 12$ V
Da die Spannung am kapazitiven Bauelement bei niedrigen Frequenzen größer ist, ist die Ansteuerung in der Lautsprecherbox für niedrige Töne (Frequenzen) geeignet.

oder

Bei niedrigen Frequenzen gilt für diese Schaltung: U_C groß gegenüber U_R.
⇒ Die Ansteuerung in der Lautsprecherbox ist für niedrige Töne geeignet.

Grundkurs Physik (Thüringen): Abiturprüfung 2003
Aufgabe A 2

1 Die Abbildung zeigt eine Experimentieranordnung des Franck-Hertz-Versuches. In der Röhre befindet sich Quecksilber unter niedrigem Druck. Bei der Betriebstemperatur von 180 °C ist das Quecksilber gasförmig.

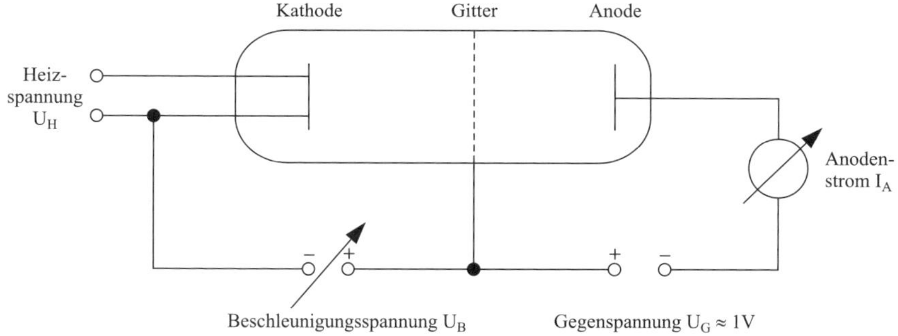

1.1 Beschreiben Sie die Durchführung des Versuchs!

(3 BE)

1.2 Stellen Sie den Zusammenhang zwischen dem Anodenstrom und der Beschleunigungsspannung qualitativ grafisch dar!
Erklären Sie anhand des Verlaufs des Graphen die Vorgänge in der Röhre!

(11 BE)

1.3 Der Quecksilberdampf in der Röhre sendet Licht mit der Wellenlänge 254 nm aus.

1.3.1 Erklären Sie die Entstehung dieser Lichtemission!

(4 BE)

1.3.2 Berechnen Sie die Energie des emittierten Lichtes in eV!

(3 BE)

1.4 Erläutern Sie die historische Bedeutung dieses Versuchs!

(2 BE)

2 Die Länge der Schraubenfeder ändert sich durch das Anhängen eines Körpers der Masse 0,35 kg von 11,0 cm auf 18,3 cm.

2.1 Bestimmen Sie die Federkonstante dieser Schraubenfeder!

(2 BE)

2.2 Das System wird zum Schwingen angeregt. Berechnen Sie die Frequenz der Federschwingung!

(2 BE)

2.3 Ein weiterer Oszillator wird mit einer Frequenz von 2,0 Hz zu einer erzwungenen Schwingung angeregt.

2.3.1 Erläutern Sie den Begriff Resonanz!

(3 BE)

2.3.2 Die Feder dieses Oszillators hat die Federkonstante $110 \text{ N} \cdot \text{m}^{-1}$.
Berechnen Sie die Masse des Körpers, der an diese Feder angehängt werden muss, damit Resonanz eintritt!

(3 BE)

3 Im Jahr 2002 fand man in einem Pharaonengrab als Grabbeigabe Gerste. Durch Untersuchungen stellte man fest, dass sich in einem Gramm Kohlenstoff der Gerste $1{,}86 \cdot 10^{10}$ Kerne des Kohlenstoffisotops C-14 befinden. Im atmosphärischen Kohlendioxid sind in einem Gramm Kohlenstoff $3{,}00 \cdot 10^{10}$ C-14 Kerne vorhanden. Das Isotop C-14 zerfällt mit einer Halbwertszeit von 5 760 Jahren direkt in Stickstoff.

3.1 Stellen Sie die Zerfallsgleichung auf!

(3 BE)

3.2 Berechnen Sie das Alter der Gerste!
Ordnen Sie den Fund in die betreffende zeitliche Epoche ein!

Amenemhet I	1991–1962 v. Chr.	12. Dynastie
Hatschepsut	1503–1490 v. Chr.	18. Dynastie
Psammetich I	663–609 v. Chr.	26. Dynastie

(4 BE)

Lösung

1.1 Entsprechend der Experimentieranordnung wird die Röhre an drei Spannungsquellen angeschlossen. An die Glühkatode wird eine Heizspannung von ca. 6 V angelegt. Zwischen Katode und Gitter legt man die regelbare Beschleunigungsspannung an. Die Anode wird mit dem Gitter über ein Stromstärkemessgerät und eine Gegenspannungsquelle verbunden.
Die Beschleunigungsspannung wird von 0 V an stufenlos gesteigert und die Anodenstromstärke in Abhängigkeit dazu gemessen.

1.2 Das Diagramm zeigt den Zusammenhang zwischen der Anodenstromstärke und der Beschleunigungsspannung:

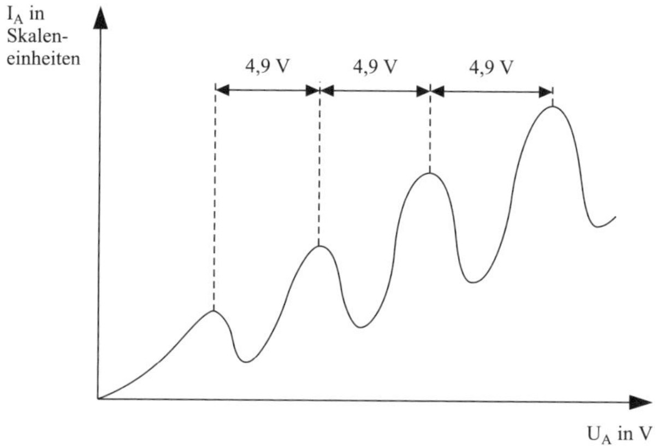

Wird die Glühkatode mit einer Heizspannung versorgt, treten aus ihrer Oberfläche durch den glühelektrischen Effekt Elektronen aus. Diese werden durch die Beschleunigungsspannung in Richtung Gitter beschleunigt. Ist die kinetische Energie der Elektronen groß genug um das Gegenfeld zu überwinden erreichen sie die Anode. Die Anodenstromstärke ist ein Maß für die Anzahl der Elektronen, welche die Anode erreichen.
Der erste Abschnitt des Graphen zeigt einen Anstieg der Stromstärke bei zunehmender Beschleunigungsspannung. Je größer die Beschleunigungsspannung ist, desto mehr Elektronen werden von der Katode „abgesaugt" und in Richtung Gitter bzw. Anode beschleunigt. Eventuelle Wechselwirkungen zwischen den Elektronen und den Quecksilberatomen sind vollkommen elastische Stöße. Die Elektronen werden von den massereicheren und wesentlich langsameren Atomen reflektiert und verlieren dabei keinerlei Energie.
Haben die Elektronen jedoch durch die Beschleunigung im elektrischen Feld eine kinetische Energie von etwa 4,9 eV oder etwas mehr gewonnen, so können sie einen Energiebetrag von 4,9 eV an jeweils ein Quecksilberatom abgeben. Die Stöße erfolgen dann unelastisch. Das Quecksilberatom gelangt dadurch in den ersten angeregten Zustand. Die restliche beim Elektron verbleibende Energie reicht nicht mehr aus, um das elektrische Gegenfeld zu überwinden. Deshalb sinkt die Anodenstromstärke ab, wenn die Beschleunigungsspannung 4,9 V erreicht.
Bei größeren Beschleunigungsspannungen können die Elektronen die Anode wieder erreichen, da die Elektronen nach dem unelastischen Stoß weiter beschleunigt werden können. Die Stromstärke steigt wieder an.

Das Absinken der Stromstärke nach weiteren 4,9 V wird dadurch bedingt, dass einige Elektronen auf dem Weg zum Gitter zweimal einen unelastischen Stoß mit Quecksilberatomen ausführen und dabei jeweils einen Energiebetrag von 4,9 eV abgeben. Die weiteren Stromstärkeminima, deren gegenseitiger Abstand immer konstant 4,9 V beträgt, können ebenso erklärt werden.

1.3.1 Oberhalb einer Beschleunigungsspannung von 4,9 V sendet der Quecksilberdampf UV-Licht der Wellenlänge 254 nm aus. Unterhalb dieser Beschleunigungsspannung sendet der Quecksilberdampf keinerlei Licht aus.
Durch die Aufnahme des Energiebetrages von 4,9 eV gelangen die Quecksilberatome vom Grundzustand in den ersten angeregten Zustand. Da dieser Zustand nicht stabil ist, gehen sie wieder in den Grundzustand zurück. Die vom Quecksilberatom aufgenommene Energie wird in Form eines Lichtquantes wieder abgegeben.

1.3.2 Die Energie des emittierten Lichtes berechnet sich nach:

$$E = h \cdot f$$

$$E = \frac{h \cdot c}{\lambda}$$

$$E = \frac{6{,}626 \cdot 10^{-34}\ \text{Js} \cdot 3{,}0 \cdot 10^{8}\ \frac{\text{m}}{\text{s}}}{254 \cdot 10^{-9}\ \text{m}}$$

$$E = 7{,}83 \cdot 10^{-19}\ \text{J}$$

$$\underline{\underline{E = 4{,}9\ \text{eV}}} \qquad \text{Einheitenrechnung}: [E] = \frac{\text{Js} \cdot \frac{\text{m}}{\text{s}}}{\text{m}} = \text{J}$$

1.4 Der **Franck-Hertz-Versuch** gehört zu den bedeutendsten Experimenten der moderneren Physikgeschichte. Er ist eine wichtige experimentelle Bestätigung der quantenhaften Energieaufnahme durch Atome und lässt auf charakteristische Energiestufen in Atomen schließen

2.1 Der angehängte Körper zieht mit seiner Gewichtskraft an der Feder und verformt sie. Die **Federkonstante** D der Schraubenfeder ergibt sich nach dem hookeschen Gesetz aus der Kraft F, welche die Feder verformt, und der daraus resultierenden Längenänderung Δs der Feder.

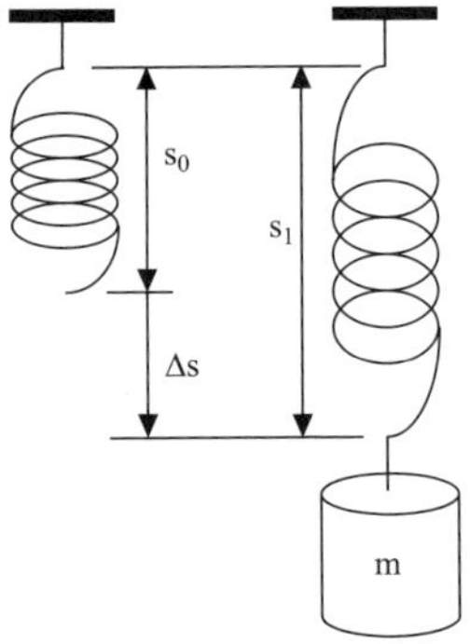

$$F = D \cdot \Delta s$$

$$D = \frac{F}{\Delta s} = \frac{m \cdot g}{s_1 - s_0}$$

$$D = \frac{0{,}35\ \text{kg} \cdot 9{,}81\ \frac{\text{m}}{\text{s}^2}}{18{,}3\ \text{cm} - 11{,}0\ \text{cm}} = \frac{0{,}35\ \text{kg} \cdot 9{,}81\ \frac{\text{m}}{\text{s}^2}}{0{,}073\ \text{m}}$$

$$\underline{\underline{D = 47\ \frac{\text{N}}{\text{m}}}}$$

2.2 Es handelt sich bei diesem System um einen harmonischen Federschwinger. Periodendauer und **Frequenz** sind von der Masse des angehängten Körpers und von der Federkonstante der Schraubenfeder abhängig.

$$f = \frac{1}{T}$$

$$f = \frac{1}{2\pi\sqrt{\frac{m}{D}}}$$

$$f = \frac{1}{2\pi}\sqrt{\frac{D}{m}} \qquad \text{Einheitenrechnung}: [f] = \sqrt{\frac{\frac{N}{m}}{kg}} = \sqrt{\frac{\frac{kg \cdot m}{s^2 \cdot m}}{kg}} = \sqrt{\frac{1}{s^2}} = \frac{1}{s} = Hz$$

$$f = \frac{1}{2\pi}\sqrt{\frac{47\,\frac{N}{m}}{0{,}35\,kg}}$$

$$f = \underline{\underline{1{,}8\,Hz}}$$

2.3.1 Nach einer einmaligen Energiezufuhr in geeigneter Weise führt ein schwingungsfähiges System Schwingungen mit der ihm typischen Eigenfrequenz aus. Wird ein schwingungsfähiges System ständig mit einer bestimmten Erregerfrequenz angeregt, führt es erzwungene Schwingungen mit dieser Frequenz aus.
Erfolgt die Anregung mit der Eigenfrequenz des schwingungsfähigen Systems (Erregerfrequenz gleich Eigenfrequenz), erreichen seine Amplituden besonders hohe Werte. Erreger und Resonator (schwingungsfähiges System) schwingen in **Resonanz**.

2.3.2 Die Eigenfrequenz eines Federschwingers ergibt sich durch folgende Beziehung (siehe 2.2):

$$f = \frac{1}{2\pi}\sqrt{\frac{D}{m}}$$

Durch Quadrieren und Umstellen der Gleichung ergibt sich für die gesuchte Masse:

$$m = \frac{D}{4 \cdot \pi^2 \cdot f^2}$$

Damit Resonanz eintritt, muss die Eigenfrequenz des Federschwingers gleich der gegebenen Erregerfrequenz sein.

$$m = \frac{110\,\frac{N}{m}}{4 \cdot \pi^2 \cdot (2{,}0\,Hz)^2} \qquad \text{Einheitenrechnung}: m = \frac{\frac{N}{m}}{Hz^2} = \frac{\frac{kg \cdot m}{s^2 \cdot m}}{\frac{1}{s^2}} = kg$$

$$m = \underline{\underline{0{,}7\,kg}}$$

3.1 Das Kohlenstoffisotop $^{14}_{6}C$ ist ein so genannter β^--Strahler. Ein Kern zerfällt unter Aussendung eines β^--Teilchens (Elektron) und eines Antineutrinos.
Die **Zerfallsgleichung** lautet:

$$^{14}_{6}C \rightarrow {}^{14}_{7}N + {}^{0}_{-1}e + \overline{\nu}$$

Beim Aufstellen der Zerfallsgleichung muss die Erhaltung der Massenzahl und der Ladungszahl berücksichtigt werden.

3.2 Eine Pflanze bezieht ihren Kohlenstoff aus dem atmosphärischen Kohlendioxid und hat deshalb, solange sie lebt, dasselbe Isotopenverhältnis wie das atmosphärische Kohlendioxid. In toten Pflanzen nimmt der Anteil des Kohlenstoffisotops C-14 entsprechend seiner Halbwertszeit ab. Daraus ist mit Hilfe des **Zerfallsgesetzes** das Alter der Gerste bestimmbar.

$$N(t) = N_0 \cdot e^{-\lambda \cdot t}$$

$$\frac{N(t)}{N_0} = e^{-\lambda \cdot t} \quad \text{mit} \quad \lambda = \frac{\ln 2}{T_{\frac{1}{2}}}$$

$$\frac{N(t)}{N_0} = e^{-\frac{\ln 2}{T_{\frac{1}{2}}} \cdot t}$$

$$\ln \frac{N(t)}{N_0} = -\frac{\ln 2}{T_{\frac{1}{2}}} \cdot t$$

$$t = -\frac{\ln \frac{N(t)}{N_0} \cdot T_{\frac{1}{2}}}{\ln 2}$$

$$t = -\frac{\ln \frac{1{,}86 \cdot 10^{10}}{3{,}00 \cdot 10^{10}} \cdot 5760a}{\ln 2}$$

$$t = \underline{\underline{3972a}}$$

Subtrahiert man vom Fundjahr 2002 den berechneten Zeitwert, ergibt sich die Jahreszahl 1970 v. Chr. und die gesuchte Epoche bzw. der gesuchte Pharao ist Amenemhet I (1991-1962 v. Chr. 12. Dynastie).

Grundkurs Physik (Thüringen): Abiturprüfung 2003
Aufgabe B 1

Die Bewegung von geladenen Teilchen kann durch elektrische und magnetische Felder beeinflusst werden.
Vergleichen Sie die Bewegung eines positiv geladenen Ions in einem elektrischen Feld mit der in einem magnetischen Feld hinsichtlich der wirkenden Kräfte, der Bewegungsart und der Bahnform!
Beide Felder sind jeweils zeitlich konstant und homogen. Der Einfluss der Gravitation ist zu vernachlässigen.

Diskutieren Sie die folgenden Fälle:
Das Ion
- ruht anfangs im Feld,
- tritt parallel zu den Feldlinien ein,
- tritt senkrecht zu den Feldlinien ein.

(10 BE)

Lösung

Bei dieser Aufgabe kommt es darauf an, alle wesentlichen Fakten zu berücksichtigen. Die Darstellungsform ist zwar nebensächlich, aber die Fülle der Fakten erfordert eine übersichtliche Darstellungsform.
Zu beachten ist, dass man beim parallelen Eintritt des Ions in das elektrische Feld eine Fallunterscheidung vornehmen muss.

		Elektrisches Feld	Magnetisches Feld
ruhendes Ion	Kraft	konstante Kraft parallel zu den Feldlinien in Feldrichtung	Kraft gleich Null
	Bewegungsart und Bahnform	geradlinig gleichmäßig beschleunigte Bewegung in Feldrichtung	Teilchen in Ruhe
Eintritt parallel in Feldrichtung	Kraft	konstante Kraft parallel zu den Feldlinien in Feldrichtung	Kraft gleich Null
	Bewegungsart und Bahnform	geradlinig gleichmäßig beschleunigte Bewegung in Feldrichtung	geradlinig gleichförmige Bewegung in Feldrichtung
Eintritt entgegengesetzt zur Feldrichtung	Kraft	konstante Kraft parallel zu den Feldlinien in Feldrichtung	Kraft gleich Null
	Bewegungsart und Bahnform	geradlinig gleichmäßig verzögerte Bewegung entgegen der Feldrichtung (eventuell Umkehr der Bewegungsrichtung)	geradlinig gleichförmige Bewegung entgegengesetzt zur Feldrichtung
Eintritt senkrecht zur Feldrichtung	Kraft	konstante Kraft in Feldrichtung	konstante Kraft senkrecht zur Bewegungsrichtung des Teilchens (Radialkraft)
	Bewegungsart und Bahnform	beschleunigte Bewegung auf einer Parabelbahn als Folge der Überlagerung einer geradlinig gleichförmigen Bewegung mit der Eintrittsgeschwindigkeit und einer gleichmäßig beschleunigten Bewegung in Feldrichtung	Bewegung auf einem Kreisbogen mit konstantem Geschwindigkeitsbetrag

Grundkurs Physik (Thüringen): Abiturprüfung 2003
Aufgabe B 2

Traumberuf Auto-Rennfahrer

In einem Streitgespräch zweier Rennfahrer um die optimale Bahn beim Durchfahren einer Kurve mit dem Rennwagen wurde die Frage erörtert, ob dies eher auf der inneren oder der äußeren Bahn in kürzester Zeit möglich ist.
Entscheiden und begründen Sie, ob der Weg mit dem kleinen oder der Weg mit dem größeren Radius die optimale Bahn ist!
Es ist davon auszugehen, dass die Haftreibung überall gleich ist und die Fahrt auf einer ebenen Kreisbahn ohne Kurvenüberhöhung erfolgt (siehe Abbildung).

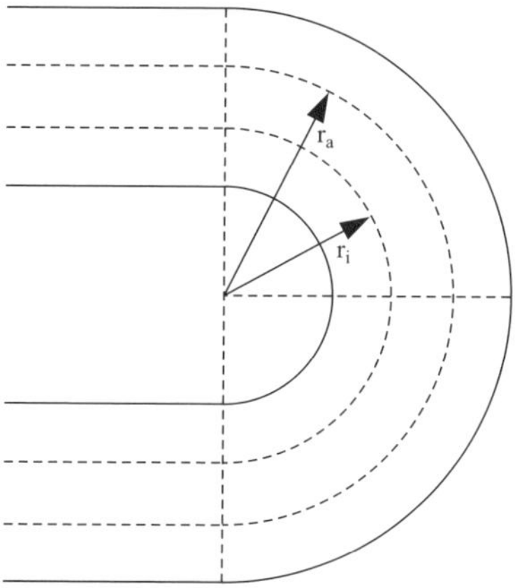

(10 BE)

Lösung

Zu beantworten ist die Frage nach der optimalen Bahn:

1 Analyse:
Unter vereinfachten Annahmen kann die Bewegung des Rennwagens in der Kurve als gleichförmige Kreisbewegung betrachtet werden.
Bei der gleichförmigen Kreisbewegung
- ist der Betrag der Geschwindigkeit konstant
- die Richtung der Geschwindigkeit ändert sich ständig und stimmt in jedem Punkt mit der Richtung der Tangente an einem Kreis überein.

Für den Betrag der Bahngeschwindigkeit gilt:

$$v = \frac{2\pi\, r}{T}$$

mit

r - Radius der Kreisbahn und

T - Umlaufzeit.

Für die Kreisbewegung eines Körpers ist eine Kraft erforderlich, die zum Mittelpunkt des Kreises gerichtet ist.
Diese Kraft wird als Radialkraft bezeichnet.
Für den Betrag der Radialkraft gilt die Gleichung

$$F_{Rad} = m \cdot \frac{v^2}{r} \text{ oder } F_{Rad} = m \cdot \frac{4\pi^2 r}{T^2}.$$

2 Annahme:
- Haftreibung ist überall gleich
- keine Kurvenüberhöhung.

Aus der Annahme folgt:
$F_{R_i} = F_{R_a}$ (Haftreibung) damit gilt auch für die Radialkräfte $F_{Rad_i} = F_{Rad_a}$.

Aus $\frac{m_i \cdot v_i^2}{r_i} = \frac{m_a \cdot v_a^2}{r_a}$ und $m_i = m_a$

folgt $\frac{v_i^2}{r_i} = \frac{v_a^2}{r_a}$ (1)

3 Nachweis:

1) mit $s = v \cdot t$ und $s = \pi \cdot r$ (Weg für einen Halbkreis) ist $\pi \cdot r = v \cdot t$ und

$$v = \frac{\pi \cdot r}{t} \text{ bzw. } v_i = \frac{\pi \cdot r_i}{t_i} \text{ und } v_a = \frac{\pi \cdot r_a}{t_a}$$

eingesetzt in Gleichung (1) ergibt sich:

$$\frac{v_i^2}{r_i} = \frac{(\pi \cdot r_i)^2}{t_i^2 \cdot r_i} = \frac{\pi^2 \cdot r_i^2}{t_i^2 \cdot r_i} = \frac{\pi^2 \cdot r_i}{t_i^2} = \frac{\pi^2 \cdot r_a}{t_a^2} = \frac{v_a^2}{r_i}$$

$$\frac{\pi^2 \cdot r_i}{t_i^2} = \frac{\pi^2 \cdot r_a}{t_a^2} \qquad \Big| : \pi^2$$

$$\frac{r_i}{t_i^2} = \frac{r_a}{t_a^2} \quad \rightarrow \quad r \sim t^2$$

$\Rightarrow$ Es gilt: Wenn $r_i < r_a$, dann ist auch $t_i < t_a$. Die optimale Bahn ist die Innenbahn!

oder

2) Da es sich bei der durchfahrenen Bahn um einen Halbkreis handelt, gilt auch für die Zeit

$$t = \frac{T}{2} \text{ (Annahme Kurve Halbkreis).}$$

$$s = \pi \cdot r \text{ und } t = \frac{T}{2} \Rightarrow v = \frac{\pi \cdot r}{t} \qquad (2)$$

mit

$$\frac{v_i^2}{r_i} = \frac{(\pi\, r_i)^2}{t_i^2 r_i} = \frac{\pi^2 r_i}{t_i^2} \qquad \frac{v_a^2}{r_a} = \frac{\pi^2 r_a}{t_a^2}$$

einsetzen in (1)

$$\frac{\pi^2 r_i}{t_i^2} = \frac{\pi^2 r_a}{t_a^2} \qquad \Big| : \pi^2 \qquad \frac{r_i}{t_i^2} = \frac{r_a}{t_a^2}$$

$\Rightarrow$ Es gilt: Wenn $r_i < r_a$, dann ist auch $t_i < t_a$. Die optimale Bahn ist die Innenbahn!

Experiment E 1

Bestimmung der Brennweite einer Sammellinse
Bestimmen Sie experimentell die Brennweite der vorgegebenen Sammellinse mit Hilfe der Abbildung eines Gegenstandes!

Hinweise:
- Fertigen Sie ein vollständiges Protokoll an!
- Fordern Sie notwendige Geräte und Hilfsmittel beim Lehrer an!

Das Protokoll soll enthalten:
- Vorbetrachtungen (Beschreibung des Versuchsaufbaus und der Versuchsdurchführung)
- Messwerte
- Auswertung (einschließlich einer Einschätzung des Ergebnisses)

(10 BE)

Lösung

Vorbetrachtungen:
Die Berechnung der Brennweite einer Sammellinse kann mit Hilfe der Abbildungsgleichung erfolgen:

$$\frac{1}{f} = \frac{1}{s} + \frac{1}{s'}$$

Dabei bedeutet s die Gegenstandsweite und s' die Bildweite.
Gegenstandsweite s: Abstand Gegenstand – Sammellinse
Bildweite s': Abstand Sammellinse – Bild

Versuchsaufbau:

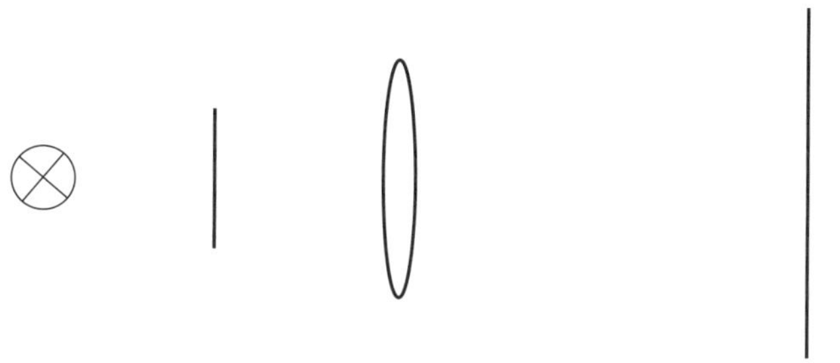

Geräte und Hilfsmittel:
1 Optikleuchte
2 Dia (Gegenstand)
3 Sammellinse
4 Schirm
5 optische Bank

Versuchsbeschreibung:
Die Geräte werden in der angegebenen Reihenfolge aufgebaut.
Reelle Bilder entstehen für $2f > s > f$; (vergrößert) $s = 2f$; $s > 2f$. (verkleinert)

Für einen bestimmten Abstand Dia-Sammellinse wird der Schirm so auf der optischen Bank verschoben, dass ein scharfes reelles Bild entsteht. Der Abstand Sammellinse – Schirm (s') sowie der Abstand Gegenstand – Sammellinse (s) werden gemessen.
Dieses Vorgehen wird für verschiedene Gegenstandsweiten wiederholt.

Durchführung:

Nr.	s in cm	s' in cm
1	12,4	58
2	28,4	15,5

Auswertung:
Mit Hilfe der Messwerte werden die zugehörigen Brennweiten berechnet.

$$\frac{1}{f} = \frac{1}{12{,}4\text{ cm}} + \frac{1}{58\text{ cm}} \qquad f = 10{,}2\text{ cm}$$

$$\frac{1}{f} = \frac{1}{28{,}4\text{ cm}} + \frac{1}{15{,}5\text{ cm}} \qquad f = 10{,}0\text{ cm}$$

Zur Bestimmung der Brennweite wird der Mittelwert gebildet.

$$\overline{f} = \frac{f_1 + f_2}{2} \qquad \overline{f} = 10{,}1\ \text{cm}.$$

Die Brennweite von 10 cm ist ein realistisches Ergebnis.
Wenn man eine weitere Einstellung z. B. für $s = 12$ cm durchführt, die Bildweite vergrößert, so erhält man ein verkleinertes, scharfes Bild mit $s' = 60$ cm.

Grundkurs Physik (Thüringen): Abiturprüfung 2003
Experiment E 2

Ihnen werden vom Lehrer mit dem folgenden Versuchsaufbau zwei Experimente vorgeführt.

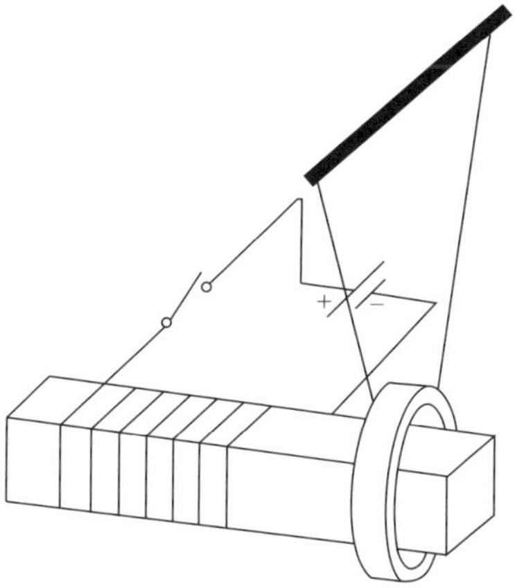

1 Beschreiben und erklären Sie das Verhalten des geschlossenen Ringes beim Einschalten und beim Ausschalten!

2 Beschreiben und erklären Sie das Verhalten des offenen Ringes beim Einschalten und beim Ausschalten!

3 Gedankenexperiment
Es wird der geschlossene Ring betrachtet. An der Spannungsquelle wird die Polarität vertauscht.
Beschreiben Sie das Verhalten des Ringes!
Begründen Sie Ihre Aussagen!

(10 BE)

Lösung

1 Beschreibung:
Beim Einschalten bewegt sich der Ring kurzzeitig nach rechts. Beim Ausschalten bewegt sich der Ring kurzzeitig nach links.

Erklärung:
Beim Schließen des Stromkreises baut sich in der Spule ein Magnetfeld auf, dessen Feldlinien nach rechts gerichtet sind und den Aluminiumring durchdringen. Da sich das Magnetfeld aufbaut, den Ring also ein veränderliches Magnetfeld durchsetzt, wird im Ring laut Induktionsgesetz eine Spannung induziert. Es kann ein Induktionsstrom fließen, da der Ring geschlossen ist (geschlossener Stromkreis). Der Strom im Ring hat ein Magnetfeld zur Folge, welches dem Erregerfeld der Spule entgegengesetzt gerichtet ist. Dadurch kommt es zur Abstoßung (siehe Abb. 1). Die Richtung des Stromes und somit des Magnetfeldes im Ring ist durch das **lenzsche Gesetz** begründbar: „Der Induktionsstrom ist stets so gerichtet, dass er seiner Ursache entgegenwirkt". In diesem Fall soll der Aufbau des Magnetfeldes, d. h. die Zunahme des magnetischen Flusses behindert werden.

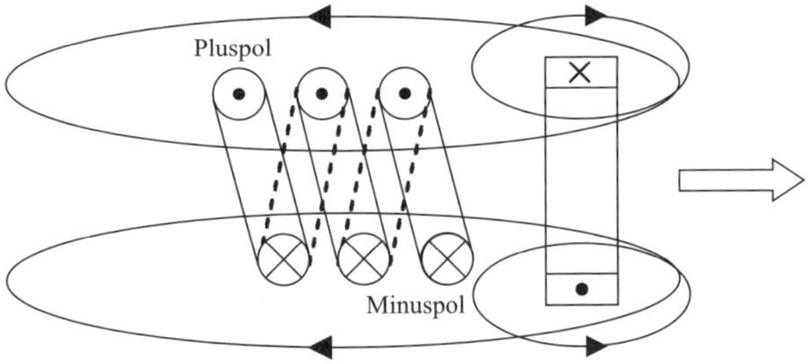

Abb. 1

Beim Öffnen des Stromkreises bricht das Magnetfeld der Spule zusammen. Im Ring wird wieder eine Spannung induziert, so dass ein Induktionsstrom fließt, welcher der Abnahme des magnetischen Flusses entgegenwirkt. Induktionsstrom und Magnetfeld im Ring zeigen nun in die andere Richtung. Da das Erregerfeld der Spule und das Magnetfeld im Ring jetzt in die gleiche Richtung zeigen, kommt es zur Anziehung.

2 Beschreibung:
Sowohl beim Einschalten als auch beim Ausschalten bewegt sich der Ring nicht.

Erklärung:
Beim Schließen und beim Öffnen des Stromkreises ändert sich das den Ring durchsetzende Magnetfeld, so dass auch im offenen Ring jeweils eine Spannung induziert wird. Da der Ring aber nicht geschlossen ist, kann nun kein Strom fließen. Es baut sich somit kein Magnetfeld im Ring auf, welches mit dem Erregerfeld der Spule wechselwirken kann.

3 Das Verhalten des Ringes ist für den Ein- und Ausschaltvorgang unabhängig von der Polarität der Spannungsquelle. Entscheidend für die Begründung ist das lenzsche Gesetz. Beim Schließen des Stromkreises baut sich in der Spule ein Magnetfeld auf, dessen Feldlinien bei umgekehrter Polarität der Spannungsquelle nach links gerichtet sind. Der Induktionsstrom fließt wiederum so (jetzt natürlich entgegengesetzt zur Richtung in Aufgabe 1), dass er der Zunahme des magnetischen Flusses entgegenwirkt. Beide Magnetfelder sind entgegengesetzt gerichtet. Der Ring wird abgestoßen (siehe Abb. 2).
Beim Öffnen des Stromkreises fließt der Induktionsstrom so, dass das Erregerfeld der Spule und das Magnetfeld im Ring wiederum in die gleiche Richtung zeigen. Es kommt zur Anziehung.

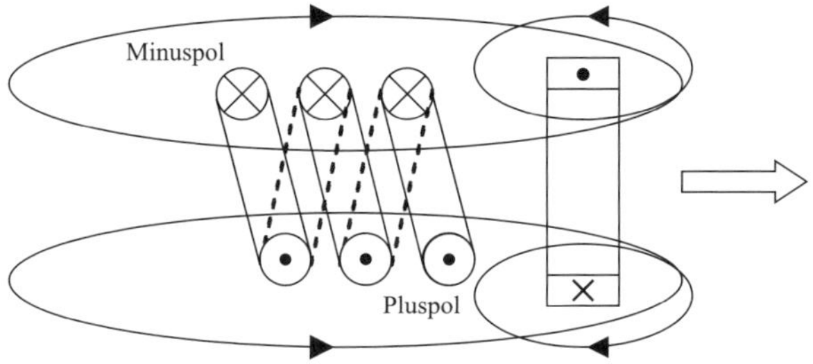

Abb. 2

Grundkurs Physik (Thüringen): Abiturprüfung 2004
Aufgabe A1

1 Zur Untersuchung des Lichtes einer mit Wasserstoff gefüllten Spektrallampe wird die Versuchsanordnung entsprechend der Abbildung eingesetzt. Auf dem Schirm sieht man ein Interferenzbild mit den Maxima 0. und 1. Ordnung.
Die Maxima 1. Ordnung bestehen jeweils aus einer roten Linie, einer blauen Linie und zwei violetten Linien.

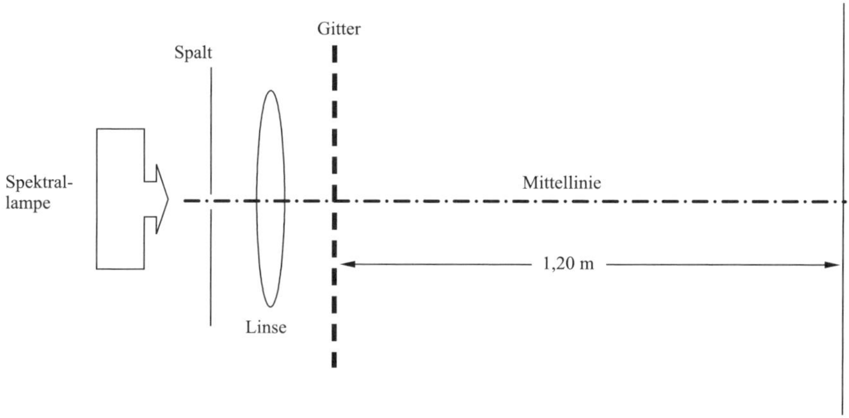

1.1 Erklären Sie, weshalb das Licht durch eine solche Versuchsanordnung in einzelne Farben zerlegt wird! (4 BE)

1.2 Skizzieren Sie dieses Interferenzbild!
Begründen Sie die Lage der farbigen Linien!
Beschreiben und erklären Sie das Aussehen des Maximums 0. Ordnung! (6 BE)

1.3 Die Gitterkonstante des Gitters beträgt 20 µm.
Berechnen Sie die Wellenlänge des Lichtes der blauen Linie, wenn diese auf dem Schirm 2,9 cm vom Maximum 0. Ordnung entfernt ist! (3 BE)

1.4 Erklären Sie, weshalb beim Licht einer mit Wasserstoff gefüllten Spektrallampe Serien einzelner Linien auf dem Schirm entstehen! (3 BE)

1.5 Zur Bestätigung der Wellenlänge des blauen Lichtes wird ein zweites Experiment durchgeführt. Dazu ersetzt man an der Stelle der blauen Linie den Schirm durch eine Fotozelle, deren Katodenmaterial aus Cäsium besteht.

1.5.1 Erklären Sie das Herauslösen von Elektronen aus der Katode bei Bestrahlung mit blauem Licht! (4 BE)

1.5.2 Mit Hilfe der in der Abbildung dargestellten Versuchsanordnung ist es möglich, die Wellenlänge des blauen Lichtes zu bestimmen.

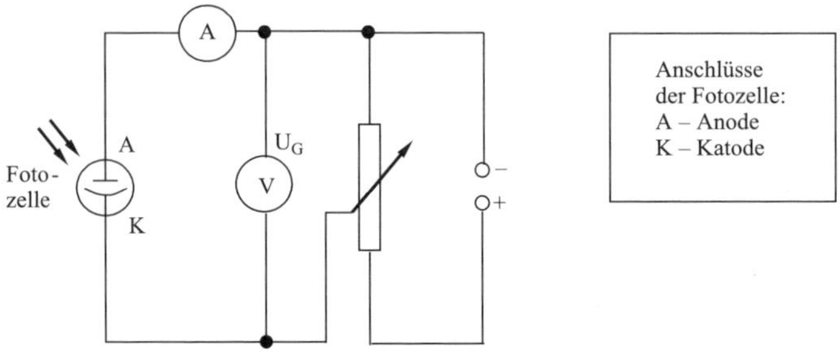

Beschreiben und begründen Sie die Vorgehensweise! (6 BE)

1.5.3 Berechnen Sie die Spannung, die für blaues Licht mit der Wellenlänge 486 nm bei diesem Experiment eingestellt werden muss! (4 BE)

2 Ein Prisma aus schwerem Kronglas mit der Brechzahl von 1,61 befindet sich in Luft und hat ein rechtwinklig – gleichschenkliges Dreieck als Grundfläche. Die Auflagefläche des Prismas ist verspiegelt. Ein Lichtstrahl fällt parallel zur Auflagefläche auf das Prisma (siehe Abbildung). Der das Prisma verlassende Strahl ist zum einfallenden Strahl um 90° abgelenkt (Gesamtablenkungswinkel).

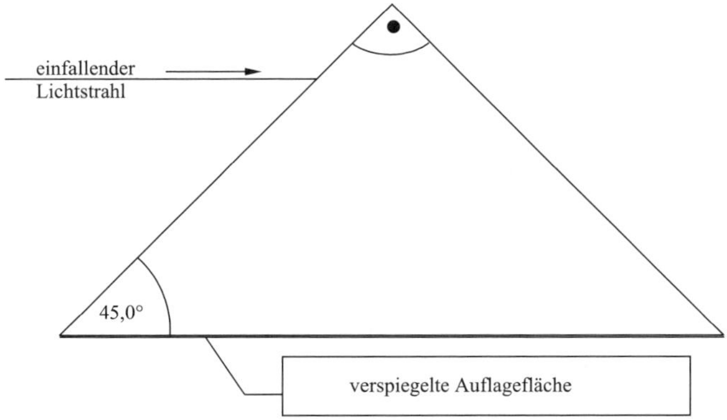

2.1 Beschreiben Sie den Strahlenverlauf durch das Prisma und begründen Sie jede Richtungsänderung im Strahlenverlauf!
Berechnen Sie die dazu erforderlichen Winkel! (7 BE)

2.2 Zeichnen Sie auf dem beiliegenden Arbeitsblatt den Weg des Lichtstrahls einschließlich des Austritts aus dem Prisma und kennzeichnen Sie den Gesamtablenkungswinkel! (3 BE)

Lösung

1.1 Das Licht der mit Wasserstoff gefüllten Spektrallampe besteht aus Farbanteilen mit unterschiedlichen Wellenlängen. Trifft dieses Licht auf das Gitter, kommt es zu einer wellenlängenabhängigen Beugung. Es kommt zur Interferenz.
Gilt für den Gangunterschied $\Delta s = k \cdot \lambda$ mit $k \in \mathbb{N}$, so kommt es zur Ausbildung von Maxima des Lichtes bei der entsprechenden Wellenlänge. Mit $\sin \alpha \sim \lambda$ wird dabei jeder Farbanteil in einem bestimmten Abstand vom 0. Maximum abgebildet.

1.2 *Skizze:*

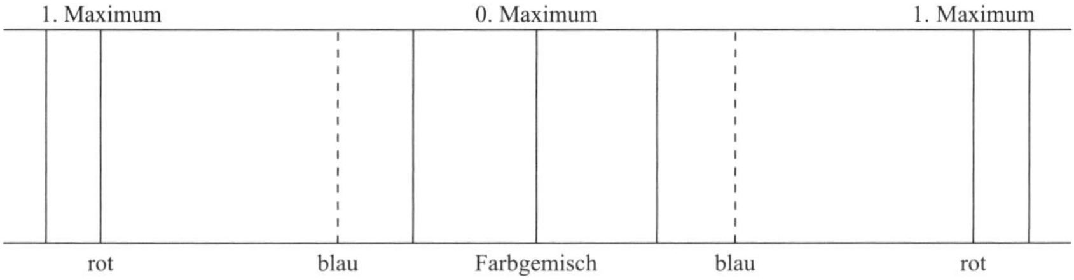

Beschreibung:
Die 1. Maxima sind symmetrisch zum 0. Maximum angeordnet. Die Nebenmaxima setzen sich aus den einzelnen Farbanteilen violett, blau und rot (Spektrallinien im sichtbaren Bereich) zusammen. Dabei hat die rote Linie einen größeren Abstand vom 0. Maximum als die blaue Linie.

Begründung:
Wegen $\sin \alpha \sim \lambda$ ergibt sich die farbabhängige Lage der Linien ($\lambda_{blau} < \lambda_{rot}$).

Beschreibung:
Das 0. Maximum erscheint als Farbgemisch aus allen Farben.

Begründung:
Der Gangunterschied für alle Wellenlängen ist gleich null.

1.3 Gegeben: $b = 20\,\mu m$ Gesucht: λ
$s = 2{,}9\ cm = 2{,}9 \cdot 10^{-2}\ m$
$e = 1{,}20\ m$

Mit den Größen
s_K Abstand zwischen dem k-ten Maximum und dem Maximum 0-ter Ordnung
e_K Abstand zwischen dem k-ten Interferenzstreifen und dem Gitter
b Gitterkonstante
gilt:

$$\frac{\lambda}{b} = \frac{s_k}{k \cdot e_k}$$

$$\lambda = \frac{s_k \cdot b}{k \cdot e_k} \qquad k = 1$$

Somit erhält man:

$$\lambda = \frac{2{,}9 \cdot 10^{-2}\ \text{m} \cdot 20 \cdot 10^{-6}\ \text{m}}{1{,}20\ \text{m}}$$

$$\lambda = 4{,}83 \cdot 10^{-7}\ \text{m}$$

$$\underline{\underline{\lambda = 483\ \text{nm}}}$$

1.4 Licht (Sonnenlicht, Glühlicht) enthält Licht aller Wellenlängen. Bei der spektralen Zerlegung erhält man ein kontinuierliches Spektrum.

Spektrallampe gefüllt mit Wasserstoff (H_2):
Es existieren, bedingt durch den Atomaufbau, nur bestimmte Übergänge in der Atomhülle. Wird das Wasserstoffgas zum Leuchten angeregt, so existieren nur vier Spektrallinien im sichtbaren Bereich (Balmerserie).

Erklärung des Zustandekommens der Spektrallinien:
Das umlaufende Elektron des Wasserstoffatoms kann durch Anregung (Aufnahme einer diskreten Energiemenge) auf ein höheres Energieniveau angehoben werden.
Beim Übergang auf ein niedrigeres Energieniveau wird die Energiedifferenz als Photon der Energie $\Delta E = h \cdot f$ ausgesendet. Dabei kommen vier Übergänge für die Entstehung des sichtbaren Anteils vor.

1.5.1 Licht geeigneter Frequenz kann aus der Metalloberfläche Elektronen herauslösen. Diese Erscheinung wird äußerer lichtelektrischer Effekt oder Fotoeffekt genannt.
Blaues Licht trifft auf die Fotozelle, dabei werden aus der Katodenoberfläche Elektronen herausgelöst. Das Lichtquant des blauen Lichtes hat die Energie $E = h \cdot f$. Diese Energie wird auf ein Elektron übertragen. Dabei wird am Elektron die Austrittsarbeit $W_A = h \cdot f_G$ verrichtet. Dieses tritt nur auf bei $f \geq f_G$.
Ist die Frequenz f des auftreffenden Lichtquants größer als die Grenzfrequenz f_G, so hat das herausgelöste Elektron zusätzlich noch kinetische Energie.

1.5.2 *Gegenfeldmethode:*
Das blaue Licht trifft auf die Katode der Fotozelle und bewirkt, dass Elektronen aus dieser herausgelöst werden.
Liegt an der Katode der Pluspol und an der Anode der Minuspol einer regelbaren Spannungsquelle an, so erhält man in der Fotozelle ein Gegenfeld, in dem die emittierten Elektronen abgebremst werden, sodass sie die Anode nicht erreichen.
Es wird jeweils die Spannung gemessen, für die die Stromstärke den Wert $I_A = 0$ annimmt. Es gilt:

$$E_{kin} = e \cdot U \qquad E_{kin} = h \cdot f$$

1.5.3 Gegeben: $\lambda = 486\ \text{nm}$ Gesucht: U
$W_A = 1{,}94\ \text{eV}$ (Tafelwerk)
$h = 6{,}626 \cdot 10^{-34}\ \text{Js}$

Es gilt:

$$h \cdot f = E_{kin} + W_A$$

$$h \cdot f = e \cdot U + W_A$$

$$e \cdot U = h \cdot f - W_A$$

Daraus folgt für die Spannung:

$$U = \frac{h \cdot f - W_A}{e}$$

$$U = \frac{h \cdot \frac{c}{\lambda} - W_A}{e}$$

$$U = \frac{6{,}626 \cdot 10^{-34}\ \text{Js} \cdot \frac{3 \cdot 10^{8}\ \text{ms}^{-1}}{486 \cdot 10^{-9}\ \text{m}} - 1{,}94 \cdot 1{,}6 \cdot 10^{-19}\ \text{AsV}}{1{,}6 \cdot 10^{-19}\ \text{As}}$$

$$\underline{\underline{U = 0{,}61\ \text{V}}}$$

Die eingestellte Spannung beträgt 0,61 V.

2.1 Gegeben: $n_1 = 1{,}61$ schweres Kronglas

Beschreibung und Begründung des Strahlenverlaufes:

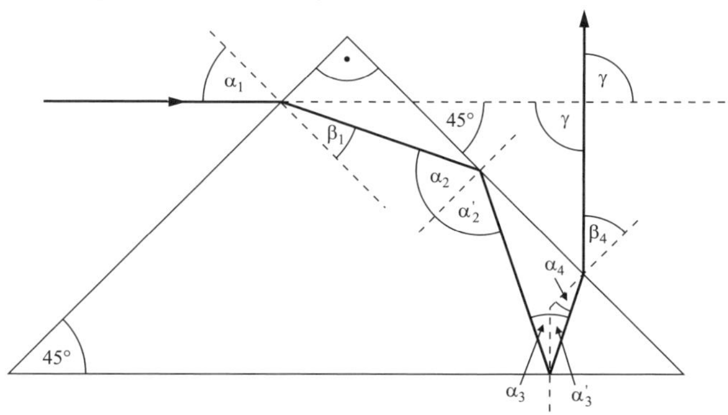

Der einfallende Lichtstrahl wird an der Grenzfläche Luft → Glas gebrochen (Vorgang A). Der gebrochene Lichtstrahl trifft auf die zweite Grenzfläche, dort kann es entweder zu einer weiteren Brechung kommen und der Lichtstrahl verlässt das Prisma oder es kommt zu einer Totalreflexion (Vorgang B). Dann trifft der Lichtstrahl auf die verspiegelte Auflagefläche, dort wird er reflektiert (Vorgang C). Der reflektierte Lichtstrahl trifft auf die zweite Grenzfläche (Glas → Luft). Beim Austritt aus dem Prisma erfolgt noch einmal Brechung (Vorgang D).

Vorgang A:

Übergang: Luft → Glas

$$\frac{\sin \alpha_1}{\sin \beta_1} = n \quad \Rightarrow \quad \sin \beta_1 = \frac{\sin 45^\circ}{1{,}61} \qquad \underline{\underline{\beta_1 = 26{,}1^\circ}}$$

Vorgang B:

Übergang: Glas → Luft

Grenzwinkel $\sin \alpha_G = \frac{1}{n} \quad \Rightarrow \quad \sin \alpha_G = \frac{1}{1{,}61} \qquad \underline{\underline{\alpha_G = 38{,}4^\circ}}$

Für α_2 gilt: $\alpha_2 = 90^\circ - \beta_1 \quad \Rightarrow \quad \alpha_2 = 90^\circ - 26{,}1^\circ \qquad \underline{\underline{\alpha_2 = 63{,}9^\circ}}$

$\alpha_2 > \alpha_G \quad \Rightarrow \quad$ Totalreflexion

Vorgang C:

Der Lichtstrahl trifft auf die verspiegelte Auflagefläche. Es tritt Reflexion auf. Der Lichtstrahl trifft aufgrund der Geometrie (siehe Herleitung unten) unter dem Winkel

$$\alpha_3 = 45,0° - \beta_1$$

$$\alpha_3 = 45,0° - 26,1° \qquad \underline{\underline{\alpha_3 = 18,9°}}$$

auf die verspiegelte Auflagefläche.

Herleitung $\alpha_3' = 18,9°$:

Berechnung von $\Delta DFG = \alpha_3$
Im Dreieck BCE gilt $\Delta EDB = 90°$; $\overline{DE}$ Lot auf $\overline{BC}$
$\Rightarrow \Delta DEB = 45°$ nach Voraussetzung.

Mit $\alpha_2 = 63,9° = \Delta BDE$ und $\Delta DEB = 45°$ folgt:
$\Delta EFD = 180° - 63,9° - 45,0° = 71,1°$

Daraus folgt für α_3:
$\alpha_3 = 90° - 71,1° = 18,9° = \alpha_3'$.

An der verspiegelten Auflagefläche kommt es zur Reflexion. Der Reflexionswinkel beträgt 18,9°.

Vorgang D:
Unter dem Winkel

$$\alpha_4 = 45,0° - 18,9° = 26,1° \quad \text{(siehe Herleitung unten)}$$

trifft der Lichtstrahl auf die Grenzfläche Glas → Luft.
Dieser Winkel ist kleiner als der Grenzwinkel, es kommt also zu einer Brechung.

Herleitung $\alpha_4 = 26,1°$:

Aus $\alpha_3' = 18,9°$ folgt für $\Delta GFB = 90° - 18,9° = 71,1°$ und $\Delta FBG = 45°$ nach Voraussetzung folgt für ΔBGF:
$\Delta BGF = 180° - 71,1° - 45° = 63,9°$.

Somit ergibt sich für den Winkel α_4:
$\alpha_4 = 90° - 63,9° = 26,1°$.

Mit $\alpha_4 < \alpha_G$ erfolgt am Übergang des Lichtstrahles an der Grenzfläche Glas → Luft eine Brechung. Es gilt:

$$\frac{\sin\alpha_4}{\sin\beta_4} = \frac{1}{n}$$

$$\sin\beta_4 = n \cdot \sin\alpha_4 \quad \Rightarrow \quad \sin\beta_4 = 1,61 \cdot \sin 26,1° \qquad \underline{\underline{\beta_4 = 45°}}$$

2.2 Verlängert man die einfallenden Strahlen sowie den austretenden Strahl, so schneiden sie sich unter dem Winkel von 90°. Der Gesamtablenkungswinkel beträgt somit $\varepsilon = 90°$.

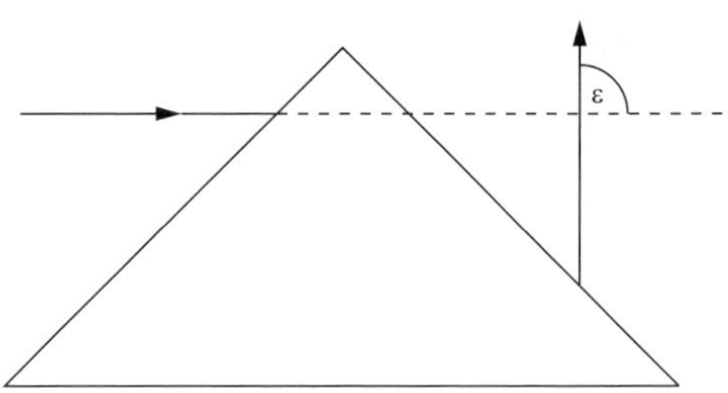

1 Bei der Kernspaltung werden Uran-235-Atome durch thermische Neutronen zur Spaltung angeregt. Bei einer der möglichen Kernspaltungsreaktionen entstehen die Spaltprodukte Krypton-92 und Barium-141.
Stellen Sie die Gleichung für diese Kernreaktion auf! (4 BE)

Für die Energiegewinnung durch Kernspaltung ist es notwendig, das gewonnene Natururan anzureichern. Darunter versteht man eine Erhöhung der Konzentration des Uran-235 im Kernbrennstoff gegenüber dem Uran-238. Zu diesem Zweck nutzt man das gasförmige Uranhexafluorid (UF_6). Die Molekülmassen betragen 349,0343 u ($^{235}UF_6$) und 352,0412 u ($^{238}UF_6$).

2 Mit Hilfe von Massenspektrografen gelingt eine vollständige Trennung der Uranisotope. Hier wird ein Gemisch aus einfach positiv geladenen UF_6-Ionen der verschiedenen Isotope verwendet.

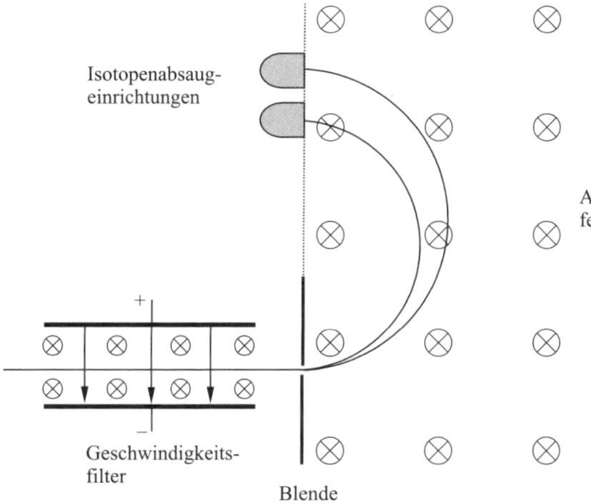

2.1 Die UF_6-Ionen gelangen in den Geschwindigkeitsfilter (siehe Skizze). Dieser wird geradlinig nur von Teilchen mit gleicher Geschwindigkeit durchlaufen.

2.1.1 Erklären Sie die Wirkungsweise dieses Geschwindigkeitsfilters! (8 BE)

2.1.2 Für die Geschwindigkeit aller Teilchen, welche die Blende durchfliegen, gilt die Gleichung $v = \frac{E}{B}$. Leiten Sie diese Gleichung her! (4 BE)

2.1.3 Das Magnetfeld des Geschwindigkeitsfilters besitzt eine magnetische Flussdichte von 0,40 T.
Berechnen Sie die Feldstärke des elektrischen Feldes für die Teilchen, die den Geschwindigkeitsfilter mit der Geschwindigkeit $2{,}35 \cdot 10^5 \text{ m} \cdot \text{s}^{-1}$ verlassen! (3 BE)

2.2 Die UF_6-Ionen treten mit der Geschwindigkeit $2{,}35 \cdot 10^5 \text{ m} \cdot \text{s}^{-1}$ in das Ablenkfeld ein. Die magnetische Flussdichte beträgt 0,500 T. Nach dem Durchlaufen eines Halbkreises werden die verschiedenen UF_6-Ionen getrennt aufgefangen.

2.2.1 Erklären Sie das Zustandekommen der in der Abbildung dargestellten halbkreisförmigen Bahnen!
Begründen Sie die unterschiedlichen Bahnradien! (8 BE)

2.2.2 Berechnen Sie für jedes der beiden einfach positiv geladenen Uranisotope den Abstand der Isotopenabsaugeinrichtung von der Blendenöffnung! (4 BE)

3 Eine industriell genutzte Methode ist die Urananreicherung mittels Zentrifuge.
Im vakuumdichten Gehäuse läuft ein Rotor mit sehr großer Drehzahl. In diesen wird das zu trennende UF_6-Gasgemisch durch ein feststehendes Rohr eingebracht. Der Rotor reißt die Gasmoleküle mit. Um die Rotorachse kommt es so zu einer geringen Anreicherung von UF_6 des Isotops ^{235}U. Zur Rotorwand hin verstärkt sich die Konzentration von UF_6 des Isotops ^{238}U.

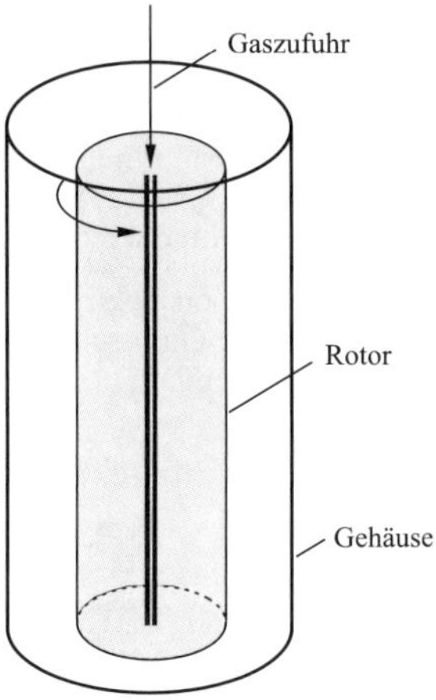

3.1 Erklären Sie das Prinzip der Isotopentrennung in dieser Zentrifuge! (3 BE)

3.2 Das zylinderförmige Rotorgefäß besitzt einen Radius von 10 cm und rotiert mit einer Drehzahl von $10^5\ \text{min}^{-1}$.
Berechnen Sie die Radialbeschleunigung a_r eines UF_6-Moleküls in der Nähe der Rotorwand und stellen Sie das Ergebnis als Vielfaches der Fallbeschleunigung dar! (4 BE)

3.3 In der Praxis lässt man das UF_6-Gas mehrere gleichartige Zentrifugen nacheinander durchlaufen.
Begründen Sie diese Verfahrensweise! (2 BE)

Lösung

1 Die vollständige Reaktionsgleichung lautet:

$$ {}^{1}_{0}\mathrm{n} + {}^{235}_{92}\mathrm{U} \rightarrow {}^{236}_{92}\mathrm{U} \rightarrow {}^{92}_{36}\mathrm{Kr} + {}^{141}_{56}\mathrm{Ba} + 3 \cdot {}^{1}_{0}\mathrm{n} $$

Beim Aufstellen der Gleichung muss die Erhaltung der Massenzahl und der Ladungszahl berücksichtigt werden. Die Berücksichtigung des Zwischenkerns muss nicht Bestandteil der Schülerantwort sein.

2.1.1 Die einfach positiv geladenen UF_6-Ionen treten senkrecht zu den Feldlinien in das homogene Kondensatorfeld des Geschwindigkeitsfilters ein. Auf die Ionen wirkt eine konstante elektrische Feldkraft, die senkrecht zu der Eintrittsrichtung der Ionen zur negativ geladenen Kondensatorplatte gerichtet ist. Das homogene elektrische Feld ist von einem homogenen magnetischen Feld derart überlagert, dass die Feldlinien senkrecht zueinander, aber auch senkrecht zu der Geschwindigkeitsrichtung der Ionen stehen. Im magnetischen Feld wirkt auf die Ionen die konstante Lorentzkraft in Richtung der positiv geladenen Kondensatorplatte (Drei-Finger-Regel der rechten Hand), d. h., entgegengesetzt zur elektrischen Feldkraft. Die Ionen durchfliegen diese gekreuzten Felder geradlinig gleichförmig und gelangen durch den Spalt der Blende, wenn sich die beiden Kräfte kompensieren (d. h. Betragsgleichheit).
Alle Ionen, welche die Blende durchfliegen und somit in das magnetische Ablenkfeld eintreten, haben die gleiche Geschwindigkeit v. Teilchen, die nicht diese Geschwindigkeit besitzen, werden im Geschwindigkeitsfilter abgelenkt und prallen gegen die Blende. Ist ihre Geschwindigkeit größer, überwiegt die geschwindigkeitsabhängige Lorentzkraft und die Teilchen werden in Richtung der positiv geladenen Kondensatorplatte abgelenkt. Wenn ihre Geschwindigkeit geringer ist, überwiegt die elektrische Feldkraft und die Teilchen werden in Richtung der negativ geladenen Kondensatorplatte abgelenkt.

2.1.2 Diejenigen UF_6-Ionen gelangen durch den Geschwindigkeitsfilter, für die das Gleichgewicht zwischen der elektrischen Feldkraft und der Lorentzkraft erfüllt ist.

$$ F_{el} = F_L $$
$$ Q \cdot E = Q \cdot v \cdot B $$
$$ v = \frac{E}{B} $$

2.1.3 Die gesuchte elektrische Feldstärke wird mithilfe der in 2.1.2 hergeleiteten Gleichung berechnet.

$$ E = v \cdot B $$
$$ E = 2{,}35 \cdot 10^5 \,\frac{\mathrm{m}}{\mathrm{s}} \cdot 0{,}40\,\mathrm{T} $$
$$ \underline{\underline{E = 9{,}4 \cdot 10^4 \,\frac{\mathrm{V}}{\mathrm{m}}}} $$

Einheitenrechnung:

$$ [E] = \frac{\mathrm{m}}{\mathrm{s}} \cdot \mathrm{T} = \frac{\mathrm{m}}{\mathrm{s}} \cdot \frac{\mathrm{Vs}}{\mathrm{m}^2} = \frac{\mathrm{V}}{\mathrm{m}} $$

2.2.1 Die UF_6-Ionen treten mit einheitlicher Geschwindigkeit senkrecht zu den Feldlinien in das homogene magnetische Ablenkfeld ein und erfahren hier wiederum die Lorentzkraft. Diese wirkt als Radialkraft und zwingt die Ionen auf eine Kreisbahn. Die Ionen durchlaufen einen Halbkreis, bis sie auf die Isotopenabsaugeinrichtung treffen.
Unterschiede im Kreisbahnradius sind nicht mehr von Geschwindigkeitsdifferenzen abhängig (vorgeschalteter Geschwindigkeitsfilter), sondern haben ihre Ursache in den unterschiedlichen spezifischen Ladungen der Ionen:

$$F_L = F_{rad}$$

$$Q \cdot v \cdot B = \frac{m \cdot v^2}{r}$$

$$r = \frac{m \cdot v}{Q \cdot B}$$

Da es sich jeweils um einfach positiv geladene UF_6-Ionen handelt, ergeben sich die unterschiedlichen Bahnradien nur noch aus den etwas voneinander abweichenden Molekülmassen.
Der Kreisbahnradius ist der Masse der Ionen direkt proportional.

2.2.2 Der Abstand der Isotopenabsaugvorrichtung von der Blendenöffnung entspricht dem Durchmesser der jeweiligen halbkreisförmigen Bahn.

$$d = 2 \cdot \frac{m \cdot v}{Q \cdot B}$$

$$d_{U\text{-}235} = 2 \cdot \frac{349{,}0343\ u \cdot 2{,}35 \cdot 10^5\ \frac{m}{s}}{1{,}602 \cdot 10^{-19}\ C \cdot 0{,}500\ T}$$

$$d_{U\text{-}235} = 2 \cdot \frac{349{,}0343 \cdot 1{,}66 \cdot 10^{-27}\ kg \cdot 2{,}35 \cdot 10^5\ \frac{m}{s}}{1{,}602 \cdot 10^{-19}\ C \cdot 0{,}500\ T}$$

$$d_{U\text{-}235} = \underline{\underline{3{,}40\ m}}$$

$$d_{U\text{-}238} = 2 \cdot \frac{352{,}0412\ u \cdot 2{,}35 \cdot 10^5\ \frac{m}{s}}{1{,}602 \cdot 10^{-19}\ C \cdot 0{,}500\ T}$$

$$d_{U\text{-}238} = 2 \cdot \frac{352{,}0412 \cdot 1{,}66 \cdot 10^{-27}\ kg \cdot 2{,}35 \cdot 10^5\ \frac{m}{s}}{1{,}602 \cdot 10^{-19}\ C \cdot 0{,}500\ T}$$

$$d_{U\text{-}238} = \underline{\underline{3{,}43\ m}}$$

Einheitenrechnung:

$$[d] = \frac{kg \cdot \frac{m}{s}}{C \cdot T} = \frac{kg \cdot \frac{m}{s}}{As \cdot \frac{Vs}{m^2}} = \frac{kg \cdot \frac{m^2}{s^2}}{As \cdot V} \cdot m = \frac{Nm}{Ws} \cdot m = m$$

3.1 Wenn der Rotor die eingebrachten Gasmoleküle aufgrund seiner hohen Drehzahl mitreißt, bewegen sich diese auf einer Kreisbahn um die Rotorachse. Bei gleicher Winkelgeschwindigkeit erfahren die etwas schwereren UF_6-Moleküle des Isotops ^{238}U eine größere Zentrifugalkraft als die leichteren UF_6-Moleküle des Isotops ^{235}U. So kommt es zu einer unterschiedlich schnellen Drift der UF_6-Moleküle nach außen und damit zu einer Anreicherung von UF_6 des Isotops ^{238}U an der Außenwand bzw. von UF_6 des Isotops ^{235}U um die Rotorachse.

3.2 Die Radialbeschleunigung eines UF_6-Moleküls ergibt sich aus der Radialkraft, die auf das Molekül wirken muss, um es auf der entsprechenden Kreisbahn zu halten.
Aus der Sichtweise eines mitbewegten Beobachters ergibt sich die Radialbeschleunigung aus der Zentrifugalkraft, die das Molekül radial nach außen treibt.

Es gilt nach dem Newton'schen Grundgesetz:

$$a_{rad} = \frac{F_{rad}}{m}$$

$$a_{rad} = \frac{m \cdot \omega^2 \cdot r}{m} \quad \text{mit} \quad \omega = 2\pi \cdot n$$

$$a_{rad} = (2\pi \cdot n)^2 \cdot r$$

$$a_{rad} = \left(2\pi \cdot 10^5 \frac{1}{min}\right)^2 \cdot 10\ cm$$

$$a_{rad} = 11 \cdot 10^6 \frac{m}{s^2}$$

$$a_{rad} = \underline{\underline{1{,}12 \cdot 10^6 g}} \quad \text{mit} \quad g = 9{,}81 \frac{m}{s^2}$$

3.3 Der prozentuale Massenunterschied zwischen den UF_6-Molekülen der beiden Uranisotope beträgt nur etwa 0,85 %. Diese geringe Differenz muss in der tatsächlichen Anwendung ausreichen, um eine lohnenswerte Trennung durchführen zu können. Die Anreicherung erfolgt in mehreren Stufen, da pro Zentrifuge aufgrund der geringen Massendifferenz nur eine sehr geringe Trennung erfolgt.

Drei baugleiche Spulen sind senkrecht übereinander in gleichen Abständen angeordnet (siehe Abbildung). Die in Reihe geschalteten Spulen sind an einem Oszillografen angeschlossen.
In einem Führungsrohr durchfällt ein Dauermagnet reibungsarm diese Spulenanordnung. Wird als Führung ein Kunststoffrohr verwendet, zeigt der Oszillograf die Kurve 1. Wiederholt man den Versuch mit einem Führungsrohr aus Aluminium, zeigt der Oszillograf die Kurve 2.

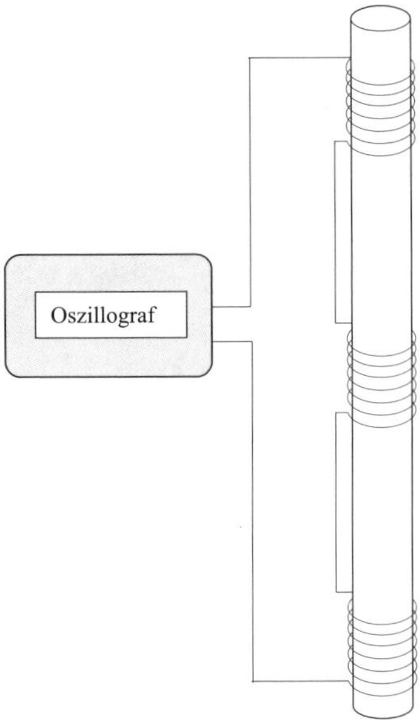

1 Interpretieren Sie den Verlauf der Kurve 1 und erklären Sie ihr Zustandekommen! (6 BE)

2 Vergleichen Sie beide Kurven miteinander und begründen Sie die Unterschiede! (4 BE)

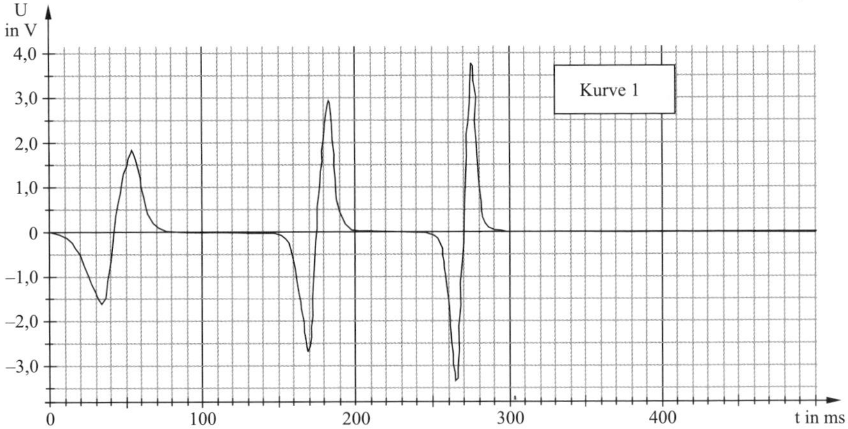

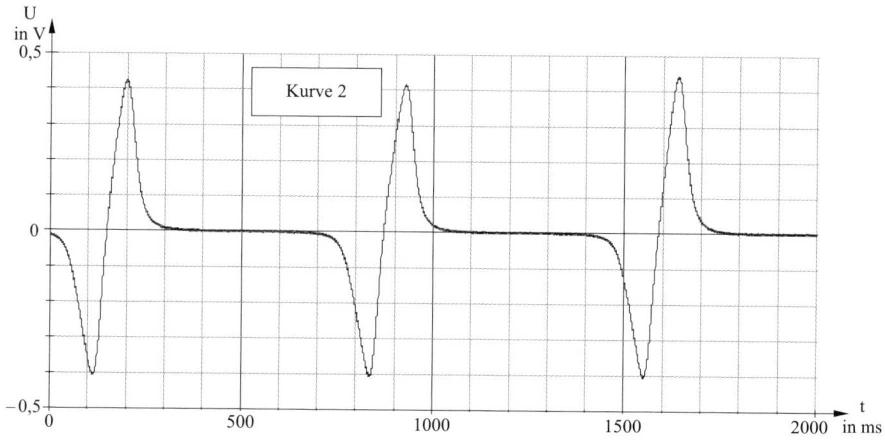
U
in V
0,5
Kurve 2
0
−0,5
0
500
1000
1500
2000
t
in ms

Lösung

1 *Interpretation:*
Die Kurve 1 stellt den Verlauf der in den Spulen erzeugten Induktionsspannungen in Abhängigkeit von der Zeit dar.
Der Verlauf zeigt abwechselnd negative und positive Spannungsspitzen, deren Beträge mit zunehmender Zeit größer werden und deren Abstände mit zunehmender Zeit kleiner werden.
Eine genauere Betrachtung zeigt, dass die Flächen zwischen der Kurve und der Zeitachse (U = 0) für alle Spannungsspitzen gleich groß sind.

Erklärung:
Die Spannungsspitzen entstehen durch Induktion beim Eintritt des Magneten in die Spule und beim Austritt aus der Spule.
Ihre unterschiedliche Polarität ist durch das Lenz'sches Gesetz begründbar. Es besagt, dass der Induktionsstrom immer so gerichtet ist, dass sein Magnetfeld der Induktionsursache entgegenwirkt. In diesem Fall sind das die Vergrößerung des Magnetflusses beim Annähern des Magneten bzw. die Verringerung des Magnetflusses beim Entfernen des Magneten.
Die Zunahme der Höhe der Spannungsspitzen und die Verringerung ihrer zeitlichen Abstände resultieren aus der beschleunigten Fallbewegung des Magneten. Die Zeitspanne dt, in der sich der Magnetfluss ändert, wird kleiner und dadurch die Beträge der entstehenden Spannungsspitzen größer.

(Anwendung des Induktionsgesetzes $U = -\frac{d\Phi}{dt}$)

2 *Vergleich:*
Der Verlauf der Kurve 2 zeigt ebenfalls abwechselnd negative und positive Spannungsspitzen. Die Beträge der Spannungsspitzen und deren Abstände verändern sich, im Gegensatz zur Kurve 1, mit zunehmender Zeit nicht.

Erklärung:
Fällt der Magnet durch das Aluminiumrohr, finden in ihm ständig Induktionsvorgänge statt. Im Aluminiumrohr fließen Wirbelströme, die nach dem Lenz'schen Gesetz die Fallbewegung des Magneten behindern.
Ab einer bestimmten Geschwindigkeit besteht ein Gleichgewicht zwischen der Gewichtskraft des Magneten und der Abstoßungskraft durch die Magnetfelder der Wirbelströme. Der Magnet bewegt sich kräftefrei, d. h. geradlinig gleichförmig. Die Zeitspanne dt, in der sich der Magnetfluss ändert, und die Beträge der entstehenden Spannungsspitzen bleiben gleich.

Hinweis: Die zu erwartende Schülerantwort wird wahrscheinlich weniger ausführlich und detailliert ausfallen.
Der in dieser Aufgabe beschriebene Versuch ist sehr gut mit einem Speicheroszillografen, noch besser aber mit CASSY o. ä. praktisch realisierbar.

Grundkurs Physik (Thüringen): Abiturprüfung 2004
Aufgabe B2

Schall mit einer Frequenz über 20 kHz wird als Ultraschall bezeichnet. Ein Versuch, der aus einer Ultraschallquelle, einem Ultraschallempfänger (Mikrofon) und einer ebenen Platte besteht, soll zur Erkundung der Eigenschaften von Ultraschall dienen. Das Experiment wird entsprechend der Skizze aufgebaut.

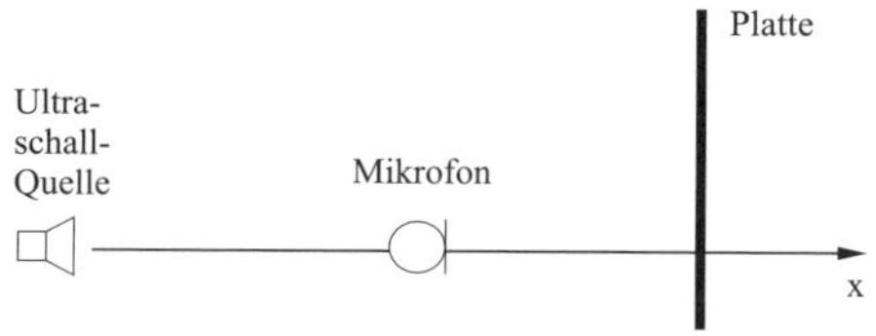

In dem Versuch wurde das Mikrofon vom Ort der Schallquelle entlang der Geraden x zu der Platte hin verschoben, wobei die vom Mikrofon registrierte Signalstärke periodisch zwischen einem Maximalwert und dem Wert 0 variierte.
Der Abstand zweier Orte, bei denen zum ersten und zum elften Mal nacheinander ein Maximalwert auftrat, beträgt 5,0 cm.

1 Erklären Sie das Zustandekommen der hier beobachteten Wellenerscheinung!
Bestimmen Sie die Wellenlänge und die Frequenz der Ultraschallwellen aus den Angaben zu diesem Versuch.
Die Ausbreitungsgeschwindigkeit der Welle beträgt $344 \text{ m} \cdot \text{s}^{-1}$! (7 BE)

2 Entscheiden Sie, ob sich der beschriebene Aufbau mit geeigneten Sende- und Empfangsgeräten auch für die Bestimmung der Wellenlänge von Mikrowellen eignet!
Begründen Sie Ihre Entscheidung! (3 BE)

Lösung

1. *Beobachtung:*
Die von der Schallquelle ausgesendeten Ultraschallwellen werden an der Platte reflektiert. Dabei kommt es bei bestimmten Abständen von Mikrofon und Platte zur Ausbildung von stehenden Wellen, wobei sich ausgesandte Wellen und reflektierte Wellen so überlagern, dass es zur Ausbildung von Wellenbäuchen und Knoten kommt. An den Wellenbäuchen kann man mit dem Mikrofon eine Verstärkung der Lautstärke, an den Knoten eine Auslöschung feststellen. Durch Bewegung des Mikrofons entlang der Geraden x lassen sich so die Anzahl der Knoten auf einer bestimmten Strecke bestimmen.

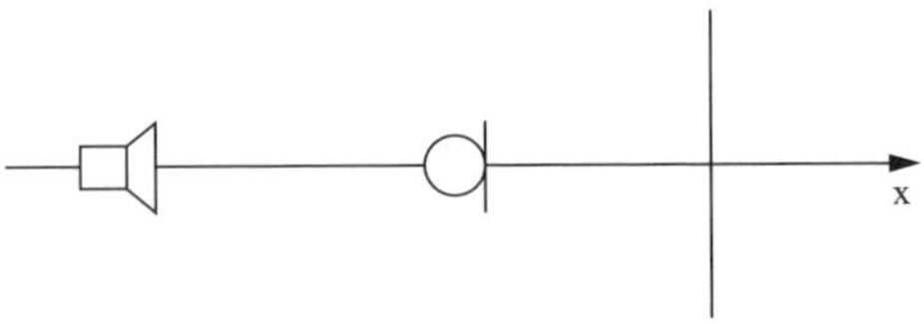

Der Abstand zweier Knoten beträgt $\frac{\lambda}{2}$.
Für den Abstand $\ell = 5{,}0\,\text{cm}$ gilt:

(1) $\ell = (n-1)\cdot\frac{\lambda}{2}$ $\qquad$ $n = 11$ (Anzahl der Knoten)

Für die Frequenz gilt:

(2) $c = \lambda\cdot f \;\Rightarrow\; f = \frac{c}{\lambda}$

Daraus folgt:

(1) $\lambda = \frac{2\cdot\ell}{n}$

$\lambda = \frac{2\cdot 5{,}0\cdot 10^{-2}\,\text{m}}{10}$ $\qquad$ $\underline{\underline{\lambda = 0{,}01\,\text{m}}}$

(2) $f = \frac{344\,\text{ms}^{-1}}{0{,}01\,\text{m}}$ $\qquad$ $f = 34400\,\text{Hz}$

$\underline{\underline{f = 34{,}4\,\text{kHz}}}$

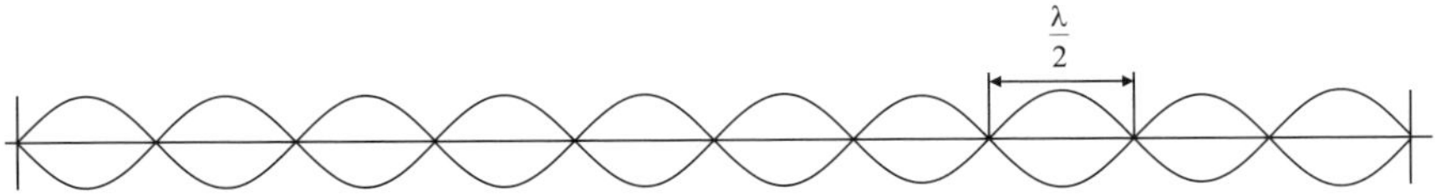

2. Die Experimentieranordnung kann nur dann für die Bestimmung der Wellenlänge von Mikrowellen verwendet werden, wenn es sich bei der Platte um eine Metallplatte handelt.
Begründung:
Mikrowellen sind im Gegensatz zu den (mechanischen) Schallwellen elektromagnetische Wellen. Daher kann es an Platten, deren Material aus nicht aus einem Leitermaterial besteht, zu keiner Reflexion und damit der Ausbildung von reflektierten Wellen kommen.

Grundkurs Physik (Thüringen): Abiturprüfung 2004
Experiment E1

Ermitteln Sie experimentell die Masse eines Steines!

Fertigen Sie ein vollständiges Protokoll an!

Folgende Geräte und Hilfsmittel stehen zur Verfügung:
- ein Stein unbekannter Masse
- eine Schraubenfeder unbekannter Federkonstante
- drei Hakenkörper bekannter Masse
- ein Lineal
- eine Stoppuhr
- Stativmaterial

Das Protokoll soll enthalten:
- Vorbetrachtungen (Beschreibung des Versuchsaufbaus und der Versuchsdurchführung, Aufstellen der Messgleichung) (6 BE)
- Messprotokoll (2 BE)
- Auswertung (einschließlich einer Einschätzung des Ergebnisses) (2 BE)

Lösung

Aufgabe
Experimentelle Bestimmung der Masse eines Steines!

Geräte und Hilfsmittel
Stein unbekannter Masse, Schraubenfeder unbekannter Federkonstante, drei Hakenkörper bekannter Massen, Lineal, Stoppuhr, Stativmaterial

Vorbetrachtungen

Variante 1:
Die Schwingungsdauer eines schwingenden Körpers kann man mit einer Stoppuhr messen. Die Gleichung der Schwingungsdauer ist mit

$$(1)\ T = 2\pi\sqrt{\frac{m_S}{D}}$$

bekannt. Dabei bedeuten m_S die Masse des Steines und D die Federkonstante. Die Federkonstante lässt sich über die Gleichung

$$(2)\ F = D \cdot s$$

bestimmen. Dabei bedeuten

$$(3)\ F = m_K \cdot g$$

die Gewichtskraft des Hakenkörpers mit bekannter Masse und s die Auslenkung der Feder unter Einwirkung einer bestimmten Kraft.
Aus (1) erhält man nach m_S umgestellt die Gleichung

$$m_S = \frac{T^2 \cdot D}{4 \cdot \pi^2}.$$

Für die Federkonstante setzt man

$$D = \frac{m_K \cdot g}{s}$$

und erhält die Gleichung

$$m_S = \frac{T^2 \cdot m_K \cdot g}{4 \cdot \pi^2 \cdot s}.$$

Über die Messung der Schwingungsdauer und der Auslenkung der Feder bei einer bekannten Masse kann die Masse des Steines bestimmt. Diese Messungen sollten mehrfach wiederholt und ein Mittelwert gebildet werden. Für die Bestimmung der Schwingungsdauer ist es sinnvoll für eine Dauer von n = 10 Schwingungen die Zeit zu messen und T über

$$T = \frac{t_n}{n}$$

zu berechnen.

Variante 2:

Mit Hilfe des Hook'schen Gesetzes

$$D = \frac{F}{s}$$

und den Beziehungen $F_K = m_K \cdot g$ und $F_S = m_S \cdot g$ ergibt sich die Beziehung

$$\frac{m_K \cdot g}{s_K} = \frac{m_S \cdot g}{s_S}$$

und umgestellt nach m_S die Gleichung

$$m_S = \frac{m_K \cdot s_S}{s_K}.$$

Durch mehrfache Messungen der Auslenkungen der Feder unter Einwirkung der Hakenkörper mit bekannter Masse und des Steines kann man die Masse des Steines berechnen.

Es bedeuten:

m_s = Masse des Steines	s = Dehnung der Feder
T = Schwingungsdauer	m_K = Masse des Hakenkörpers mit bekannter Masse

Versuchsaufbau

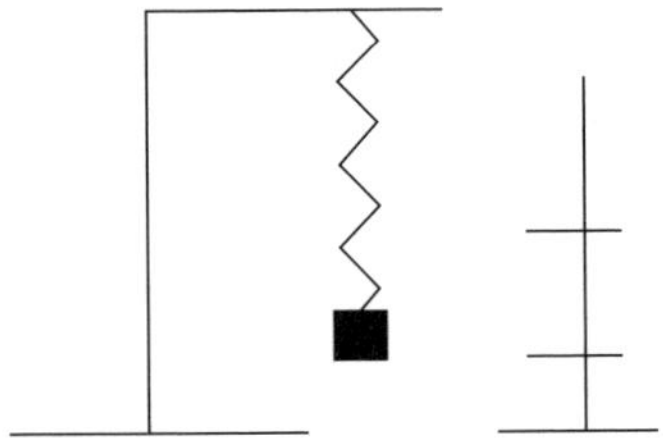

Durchführung

Variante 1:

Beispiel für eine Messreihe mit einer Anzahl der Schwingungen von

$$n = 10 \Rightarrow T = \frac{t_n}{n}$$

Nr.	t_n in s	T in s	m_K in kg	s_K in m	m_S in kg
1	5,8	0,58	0,05	0,05	0,0835
2	6,0	0,60	0,05	0,05	0,0895
3	6,2	0,62	0,05	0,05	0,0955

Auswertung:

Berechnung vom m_S aus Messreihe 1: $m_S = \frac{T^2 \cdot D}{4 \cdot \pi^2} = \frac{T^2 \cdot m_K \cdot g}{4 \cdot \pi^2 \cdot s_K}$

$$m_S = \frac{(0{,}58\ \text{s})^2 \cdot 0{,}05\ \text{kg} \cdot 9{,}81\ \frac{\text{m}}{\text{s}^2}}{4 \cdot \pi^2 \cdot 0{,}05\ \text{m}}$$

$$m_S = 0{,}0835\ \text{kg}$$

Mittelwertbildung: $\overline{m} = (0{,}0835\ \text{kg} + 0{,}0895\ \text{kg} + 0{,}0955\ \text{kg})$ $\quad \underline{\underline{\overline{m} = 0{,}09\ \text{kg}}}$

Einschätzung des Ergebnisses: Die Masse des Steines beträgt rund 0,09 kg. Das Ergebnis kann durch Fehler bei der Zeitmessung t und der Messung der Ausdehnung bei der Längenänderung beeinflusst werden.

Durchführung

Variante 2:

Beispiel für eine Messreihe

Nr.	m_K in kg	S_K in m	S_S in m	m_S in kg
1	0,05	0,05	0,05	0,1
2	0,10	0,10	0,10	0,10

Auswertung:
Für die Federkonstante D gilt

$$D = \frac{F}{s},$$

also auch:

$$\frac{m_K \cdot g}{s_K} = \frac{m_S \cdot g}{s_S} \quad \text{für} \quad m_K = 0{,}1\ \text{kg}$$

$$\frac{m_K}{s_K} = \frac{m_S}{s_S}$$

Mit $s_K = 0{,}1\ \text{m}, s_S = 0{,}1\ \text{m}$ folgt somit: $\underline{\underline{m_S = 0{,}1\ \text{kg}}}$.

Vergleich der beiden Varianten:

Variante 2 ist weniger anfällig für Messfehler, da hier nur die Längenmessung durchzuführen ist. Wiederholte Messungen führen hier bis auf geringfügige Abweichungen immer auf die Masse des unbekannten Körpers. Der Zeitaufwand ist gering.
Variante 1 beinhaltet durch die Zeitmessung für mehrere Schwingungen einen größeren Fehler, der durch die Härte der Feder und die mögliche zu messende Schwingungsdauer beeinflusst wird.

Grundkurs Physik (Thüringen): Abiturprüfung 2004
Experiment E2

Es wird Ihnen vom Lehrer ein Experiment vorgeführt. Der Versuchsaufbau besteht aus einer elektrischen Schaltung, welche einen Schalter, zwei baugleiche Glühlampen L1 und L2, eine Spule, einen ohmschen Widerstand, eine Gleichspannungsquelle und Verbindungsleiter enthält. Es sind nur der Schalter und beide Glühlampen sichtbar.

1 Der Lehrer schließt und öffnet mehrmals den Schalter.
Beobachten und beschreiben Sie das Verhalten der Glühlampen! (2 BE)

2 Zeichnen Sie einen bei diesem Experiment verwendeten Schaltplan und beschriften Sie diesen!
Erklären Sie das Verhalten der Glühlampen beim Einschalten! (8 BE)

Lösung

1 *Beobachtung:*

Wird der Schalter geschlossen, leuchtet die eine Lampe (L1) etwas später auf als die andere (L2). Beim Öffnen des Schalters gehen beide Lampen gleichzeitig aus.

2 *Schaltplan:*

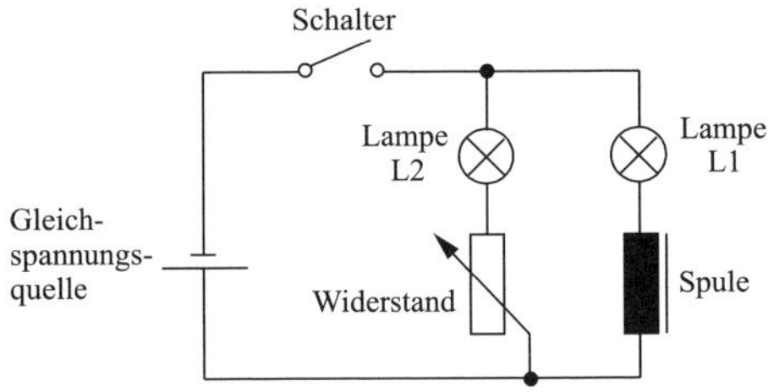

Der veränderliche Widerstand dient dazu, die Helligkeit beider Glühlampen aufeinander abzustimmen. Er muss nicht Bestandteil der Schülerantwort sein.

Erklärung:
Beim Schließen des Schalters baut sich in der Spule ein Magnetfeld auf. Das sich ändernde Magnetfeld durchsetzt auch die Spule und ist die Ursache für eine Selbstinduktionsspannung in der Spule. Die Polung der Selbstinduktionsspannung ist der Polung der anliegenden Spannung entgegengesetzt (Lenz'sches Gesetz). Sie bewirkt ein verzögertes Anwachsen des Spulenstromes und somit ein verzögertes Aufleuchten der Lampe L1 im Spulenzweig.

Grundkurs Physik (Thüringen): Abiturprüfung 2005
Aufgabe A1

1 Definieren Sie den Begriff der mechanischen Welle und nennen Sie die Voraussetzungen für ihr Entstehen! (5 BE)

2 Die Ausbreitung einer mechanischen Welle lässt sich durch folgende Diagramme darstellen.

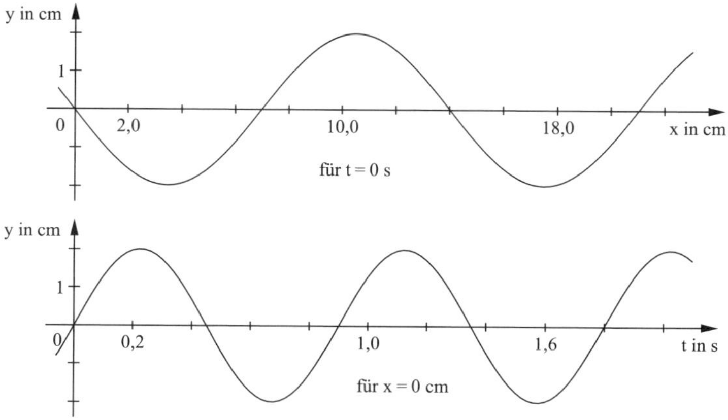

2.1 Bestimmen Sie mithilfe dieser Graphen die Amplitude, die Wellenlänge, die Schwingungsdauer, die Frequenz und die Ausbreitungsgeschwindigkeit der Welle! (5 BE)

2.2 Ermitteln Sie mithilfe der angegebenen Gleichung $y = \hat{y} \cdot \sin[\omega \cdot (t - \frac{x}{c})]$ die Auslenkung des Schwingers, der sich zum Zeitpunkt von 3,0 s am Ort 38 cm befindet! (3 BE)

3 Mechanische Wellen können als Longitudinalwellen und als Transversalwellen auftreten. Erdbebenwellen kann man beiden Wellenarten zuordnen.

3.1 Geben Sie an, worin sich Longitudinalwellen und Transversalwellen unterscheiden! Nennen Sie zu jeder Wellenart ein weiteres Beispiel! (4 BE)

3.2 Bei einem Erdbeben ist die Geschwindigkeit der Longitudinalwellen $10{,}2 \text{ km} \cdot \text{s}^{-1}$ und die der Transversalwellen $6{,}1 \text{ km} \cdot \text{s}^{-1}$. Deshalb treffen die Longitudinalwellen immer früher an einer Messstation ein und werden als Primärwellen (P-Wellen) bezeichnet. Die Transversalwellen nennt man dementsprechend Sekundärwellen (S-Wellen).
Im Jahre 1906 wurde ein Seismogramm aufgezeichnet, bei der die P-Welle zum Zeitpunkt t_P und die S-Welle zum Zeitpunkt t_S am Seismographen eintraf.

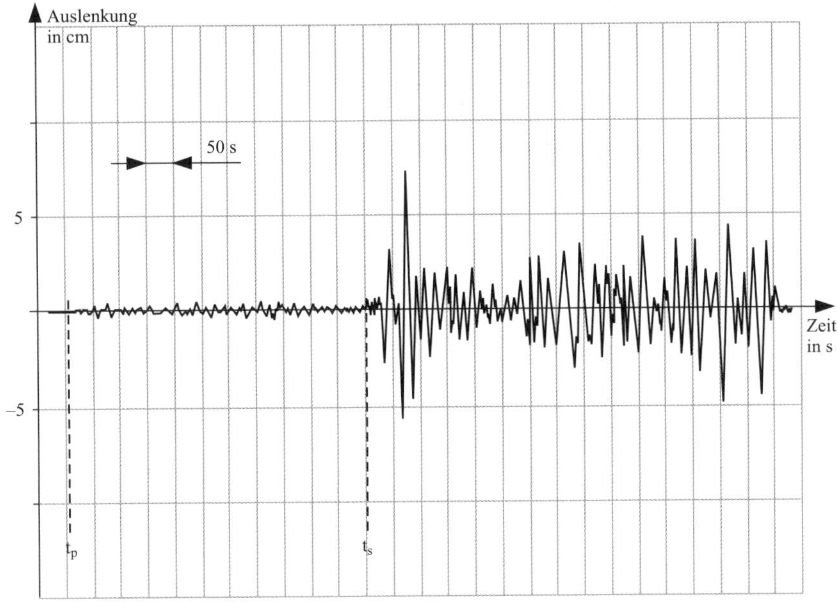

Berechnen Sie aus dem Laufzeitunterschied den Abstand des Seismographen vom Erdbebenzentrum! (4 BE)

3.3 Architekten beurteilen die Erdbebengefährdung von Gebäuden, indem sie die Periodendauer der Eigenschwingung der Gebäude abschätzen. Dabei wird von einer Zunahme der Periodendauer von 0,1 s pro Stockwerk ausgegangen.
Ermitteln Sie die Anzahl der Stockwerke, bei der ein Gebäude besonders gefährdet ist, wenn die Frequenz der Erdbebenwelle 0,8 Hz beträgt!
Begründen Sie Ihre Aussage! (5 BE)

4 Eine abgeschlossene Luftmenge von 1 800 cm^3 hat bei einer Temperatur von 20,0 °C einen Druck von 101,3 kPa. Die Luftmenge wird zunächst isochor bis zum doppelten Anfangsdruck erwärmt. Anschließend wird das Volumen der Luft isobar verdreifacht. Die Luft wird als ideales Gas betrachtet.

4.1 Ermitteln Sie für jeden Zustand die Größen Druck, Volumen und Temperatur!
Stellen Sie für diese Zustandsänderungen den Druck in Abhängigkeit vom Volumen grafisch dar! (6 BE)

4.2 Berechnen Sie die Masse der abgeschlossenen Luftmenge! (2 BE)

4.3 Ermitteln Sie für den gesamten Vorgang die Wärme, die Volumenarbeit und die Änderung der inneren Energie! (6 BE)

Lösung

1 Eine mechanische Welle ist die Ausbreitung einer mechanischen Schwingung im Raum. Sie ist ein zeitlich und räumlich periodischer Vorgang. Bei einer mechanischen Welle wird Energie übertragen, aber kein Stoff transportiert.
Voraussetzungen für das Zustandekommen mechanischer Wellen sind das Vorhandensein schwingungsfähiger Teilchen (Oszillatoren) und Kopplungskräfte zwischen diesen. Des Weiteren muss durch Energiezufuhr eine Auslenkung mindestens eines Oszillators aus seiner Ruhelage erfolgen.

2.1 Die vorgegebenen Diagramme stellen die räumliche Periodizität $y = f(x)$ (Auslenkung vieler Oszillatoren zu einem bestimmten Zeitpunkt) und die zeitliche Periodizität $y = f(t)$ (Auslenkung eines Oszillators zu verschiedenen Zeiten) des Wellenvorganges dar.

Aus beiden Diagrammen ist die Amplitude (maximale Auslenkung) ablesbar:

$$\hat{y} = y_{max} = \underline{\underline{2{,}0\,\text{cm}}}$$

Die Wellenlänge ist aus dem oberen Diagramm ablesbar: $\lambda = 14{,}0\,\text{cm} = \underline{\underline{0{,}14\,\text{m}}}$

Die Schwingungsdauer ergibt sich aus dem unteren Diagramm: $T = \underline{\underline{0{,}9\,\text{s}}}$

Die restlichen Größen lassen sich berechnen:

$$f = \frac{1}{T} = \frac{1}{0{,}9\,\text{s}} = \underline{\underline{1{,}1\,\text{Hz}}}$$

$$c = \frac{\lambda}{T} = \frac{0{,}14\,\text{m}}{0{,}9\,\text{s}} = \underline{\underline{0{,}1\overline{5}\,\frac{\text{m}}{\text{s}}}}$$

2.2 Bei dieser Aufgabe ist zu beachten, dass der Taschenrechner auf Bogenmaß einzustellen ist.

$$y(x,t) = y_{max} \cdot \sin\left[\omega \cdot \left(t - \frac{x}{c}\right)\right] \quad \text{mit } \omega = \frac{2\pi}{T}$$

$$y(x,t) = y_{max} \cdot \sin\left[\frac{2\pi}{T} \cdot \left(t - \frac{x}{c}\right)\right]$$

$$y(0{,}38\,\text{m}, 3{,}0\,\text{s}) = 2{,}0\,\text{cm} \cdot \sin\left[\frac{2\pi}{0{,}9\,\text{s}} \cdot \left(3{,}0\,\text{s} - \frac{0{,}38\,\text{m}}{0{,}1\overline{5}\,\frac{\text{m}}{\text{s}}}\right)\right]$$

$$y(0{,}38\,\text{m}, 3{,}0\,\text{s}) = \underline{\underline{-1{,}36\,\text{cm}}}$$

3.1 Longitudinalwellen (Längswellen) zeichnen sich dadurch aus, dass die Schwingungsrichtung der Oszillatoren in der Ausbreitungsrichtung der Welle liegt (Abbildung 1). Bei Transversalwellen (Querwellen) liegt die Schwingungsrichtung der Oszillatoren senkrecht zu der Ausbreitungsrichtung der Welle (Abbildung 2).

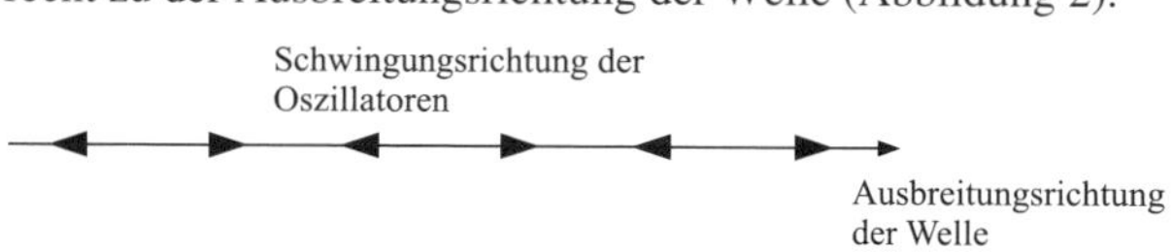

Abb. 1 Longitudinalwelle

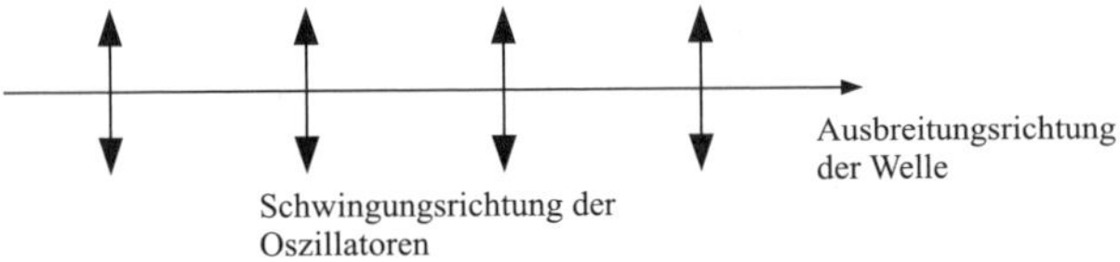

Abb. 2: Transversalwelle

Zu den Longitudinalwellen gehören die Schallwellen. Die Seilwelle ist eine Transversalwelle.

3.2 Unter der Annahme gleichförmiger Wellenausbreitung gilt für die Entfernung s vom Erdbebenzentrum:

$$s = c_P \cdot t_P \qquad (*)$$
$$s = c_S \cdot t_S = c_S \cdot (t_P + \Delta t)$$

Gleichsetzen ergibt:

$$c_P \cdot t_P = c_S \cdot (t_P + \Delta t)$$
$$c_P \cdot t_P = c_S \cdot t_P + c_S \cdot \Delta t$$
$$c_P \cdot t_P - c_S \cdot t_P = c_S \cdot \Delta t$$
$$t_P = \frac{c_S \cdot \Delta t}{c_P - c_S}$$

Einsetzen in Gleichung (*) ergibt:

$$s = c_P \cdot \frac{c_S \cdot \Delta t}{c_P - c_S}$$

Aus dem Diagramm ist abzulesen, dass die S-Welle ca. 550 s nach der P-Welle am Seismographen eintraf.

$$s = 10{,}2\,\frac{\text{km}}{\text{s}} \cdot \frac{6{,}1\,\frac{\text{km}}{\text{s}} \cdot 550\,\text{s}}{10{,}2\,\frac{\text{km}}{\text{s}} - 6{,}1\,\frac{\text{km}}{\text{s}}} = \underline{\underline{8\,350\,\text{km}}}$$

3.3 Bei dieser Aufgabe geht es um das Problem erzwungener Schwingungen. Ein Gebäude wird durch Erdbebenwellen zu erzwungenen Schwingungen angeregt. Die Amplitude der Gebäudeschwingung wird dabei besonders groß, wenn die Erregerfrequenz mit der Frequenz der Eigenschwingung des Gebäudes übereinstimmt (Resonanzfall). Die Resonanzkurve in Abbildung 3 veranschaulicht diesen Sachverhalt.

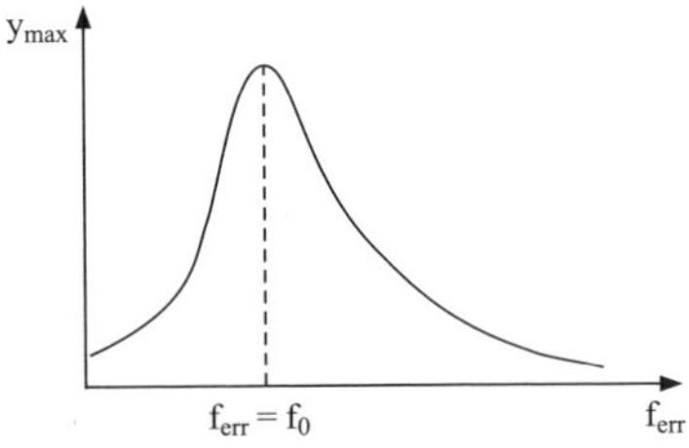

Abb. 3

Aus der gegebenen Erregerfrequenz der Erdbebenwelle ist die Schwingungsdauer der Gebäudeschwingung zu ermitteln:

$$T = \frac{1}{f} = \frac{1}{0{,}8\,\frac{1}{\text{s}}} = \underline{\underline{1{,}25\,\text{s}}}$$

Da die Schwingungsdauer pro Stockwerk um 0,1 s zunimmt, sind Gebäude mit 12 oder 13 Stockwerken am meisten gefährdet.

4.1 *Berechnung der Zustandsgrößen*

Zustand 2 (isochore Erwärmung):

$$V = \text{konstant} \quad \Rightarrow \quad V_2 = V_1 = \underline{\underline{1\,800\ \text{cm}^3}}$$

$$p_2 = 2 \cdot p_1 = 2 \cdot 101{,}3\ \text{kPa} = \underline{\underline{202{,}6\ \text{kPa}}}$$

$$\frac{p_1}{p_2} = \frac{T_1}{T_2} \quad \Rightarrow \quad T_2 = \frac{p_2 \cdot T_1}{p_1} = \frac{202{,}6\ \text{kPa} \cdot 293\ \text{K}}{101{,}3\ \text{kPa}} = \underline{\underline{586\ \text{K}}}$$

Zustand 3 (isobare Expansion):

$$p = \text{konstant} \quad \Rightarrow \quad p_3 = p_2 = \underline{\underline{202{,}6\ \text{kPa}}}$$

$$V_3 = 3 \cdot V_2 = 3 \cdot 1\,800\ \text{cm}^3 = \underline{\underline{5\,400\ \text{cm}^3}}$$

$$\frac{V_2}{V_3} = \frac{T_2}{T_3} \quad \Rightarrow \quad T_3 = \frac{V_3 \cdot T_2}{V_2} = \frac{5\,400\ \text{cm}^3 \cdot 586\ \text{K}}{1\,800\ \text{cm}^3} = \underline{\underline{1\,758\ \text{K}}}$$

p-V-Diagramm

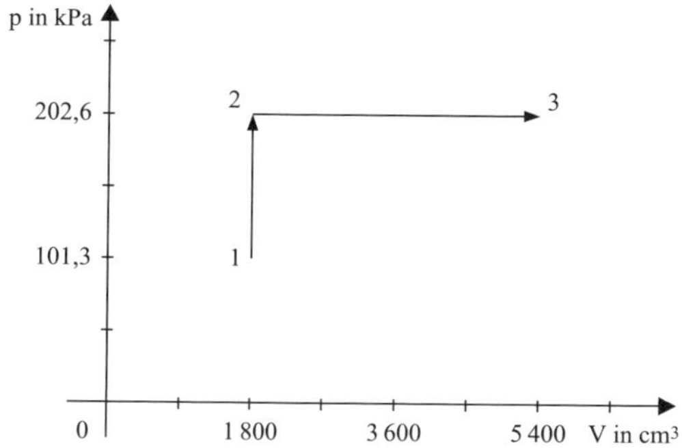

4.2 Die Masse der vorhandenen Luft ist mit der thermischen Zustandsgleichung des idealen Gases zu berechnen. Mit den Zustandsgrößen des Zustandes 1 ergibt sich:

$$p_1 \cdot V_1 = m \cdot R_S \cdot T_1$$

$$m = \frac{p_1 \cdot V_1}{R_S \cdot T_1}$$

$$m = \frac{101{,}3 \cdot 10^3\ \text{Pa} \cdot 1{,}8 \cdot 10^{-3}\ \text{m}^3}{287\ \frac{\text{J}}{\text{kg} \cdot \text{K}} \cdot 293\ \text{K}}$$

$$m = 2{,}17 \cdot 10^{-3}\ \text{kg} \approx \underline{\underline{2{,}2\ \text{g}}}$$

Einheitenrechnung:

$$[m] = \frac{\text{Pa} \cdot \text{m}^3}{\frac{\text{J}}{\text{kg} \cdot \text{K}} \cdot \text{K}} = \frac{\frac{\text{N}}{\text{m}^2} \cdot \text{m}^3}{\frac{\text{N} \cdot \text{m}}{\text{kg} \cdot \text{K}} \cdot \text{K}} = \text{kg}$$

Die spezifische Gaskonstante R_S von Luft ist dem Tafelwerk zu entnehmen.

4.3 Zur Ermittlung von Wärme, Volumenarbeit und Änderung der inneren Energie für den gesamten Vorgang muss sowohl die isochore als auch die isobare Zustandsänderung berücksichtigt werden.

$$Q = Q_{12} + Q_{23}$$

$$Q = m \cdot c_v \cdot (T_2 - T_1) + m \cdot c_p \cdot (T_3 - T_2)$$

$$Q = 2{,}17 \cdot 10^{-3}\ \text{kg} \cdot 720\ \frac{\text{J}}{\text{kg} \cdot \text{K}} \cdot (586\ \text{K} - 293\ \text{K})$$

$$+ 2{,}17 \cdot 10^{-3}\ \text{kg} \cdot 1\,009\ \frac{\text{J}}{\text{kg} \cdot \text{K}} \cdot (1\,758 - 586\ \text{K})$$

$$Q = 458\ \text{J} + 2\,566\ \text{J}$$

$$Q = 3\,024\ \text{J} = \underline{\underline{3{,}0\ \text{kJ}}}$$

Die spezifische Wärmekapazitäten c_p und c_v von Luft sind dem Tafelwerk zu entnehmen.

Bei der isochoren Zustandsänderung wird keine Volumenarbeit verrichtet ($V = \text{konstant}$).

$$W = W_{23} = -p \cdot \Delta V = -p_2 \cdot (V_3 - V_2)$$

$$W = -202{,}6 \cdot 10^3\ \text{Pa} \cdot (5{,}4 \cdot 10^{-3}\ \text{m}^3 - 1{,}8 \cdot 10^{-3}\ \text{m}^3)$$

$$W = -729\ \text{J} = \underline{\underline{-0{,}7\ \text{kJ}}}$$

Einheitenrechnung:

$$[W] = \text{Pa} \cdot \text{m}^3 = \frac{\text{N}}{\text{m}^2} \cdot \text{m}^3 = \text{J}$$

Die Änderung der inneren Energie für den gesamten Vorgang ergibt sich unter Nutzung des ersten Hauptsatzes der Thermodynamik.

$$\Delta u = Q + W$$

$$\Delta u = 3{,}0\ \text{kJ} - 0{,}7\ \text{kJ}$$

$$\Delta u = \underline{\underline{2{,}3\ \text{kJ}}}$$

Grundkurs Physik (Thüringen): Abiturprüfung 2005
Aufgabe A2

1 Eine handelsübliche Compact Disc (CD) hat einen Durchmesser von 120 mm und eine Masse von 16,0 g. Die Informationen sind durch mikroskopisch kleine Vertiefungen in einer spiralförmigen Spur gespeichert. Diese werden vom Lesekopf von innen nach außen ausgelesen. Für ein fehlerfreies Lesen der am weitesten innen liegenden Systemspur wird die CD aus der Ruhe innerhalb von 9,20 s auf eine Drehzahl von 2 000 min^{-1} gleichmäßig beschleunigt.
Für die nachfolgenden Betrachtungen wird die Systemspur näherungsweise als Kreis mit 42,0 mm Durchmesser angenommen.

1.1 Berechnen Sie die notwendige Winkelbeschleunigung der CD! (3 BE)

1.2 Bestimmen Sie das Drehmoment, das der Motor in der Anlaufphase aufbringen muss! Betrachten Sie die Compact Disc als einen homogenen Hohlzylinder mit einem Innendurchmesser von 15,0 mm. (4 BE)

1.3 Das System ist so konstruiert, dass die Vertiefungen den Lesekopf mit einer konstanten Geschwindigkeit passieren.

1.3.1 Berechnen Sie diese Geschwindigkeit beim Einlesen der Systemspur! (3 BE)

1.3.2 Beschreiben Sie, wie sich die Drehzahl der CD beim Bewegen des Lesekopfes nach außen verändern muss!
Begründen Sie ihre Aussage! (4 BE)

1.4 Um den Spurabstand bei einer Compact Disc zu bestimmen, wird ein unbeschichteter CD-Rohling in einem Experiment mit monochromatischem Licht eines Lasers der Wellenlänge 632,8 nm durchstrahlt. Die CD wirkt dabei wie ein optisches Gitter. Sie steht parallel zum Schirm. Auf dem Schirm beobachtet man drei Lichtpunkte (siehe Abbildung).

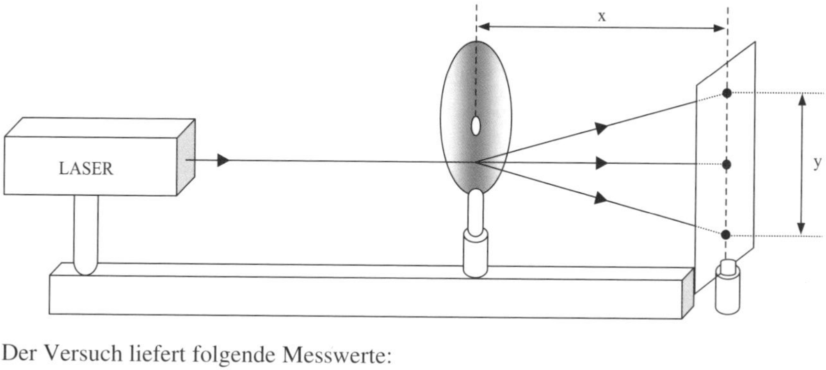

Der Versuch liefert folgende Messwerte:

x in mm	y in mm
100	82

1.4.1 Begründen Sie die Entstehung der Lichtpunkte auf dem Schirm! (4 BE)

1.4.2 Berechnen Sie aus den Messwerten den mittleren Abstand der benachbarten Spuren! (4 BE)

1.4.3 Geben Sie an, wie sich das Schirmbild verändert, wenn man bei dem Versuch die Entfernung des Schirmes von der CD vergrößert!
Begründen Sie Ihre Aussage! (2 BE)

2 Das Diagramm zeigt die zeitliche Abhängigkeit von Stromstärke und Spannung für ein ideales Bauelement.

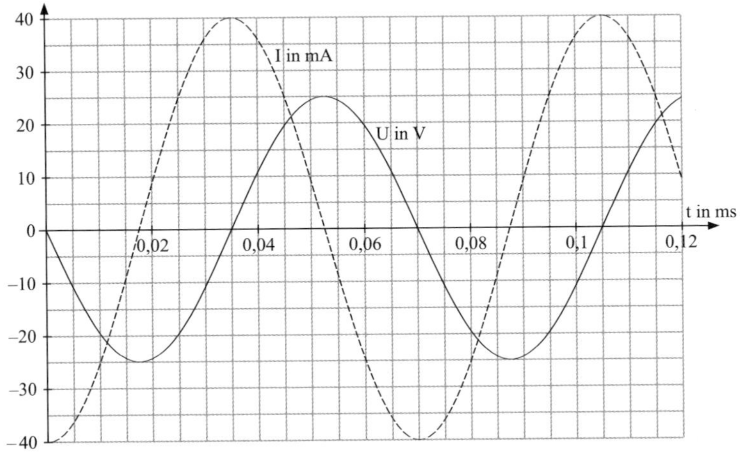

2.1 Entscheiden Sie, ob es sich bei diesem Bauelement um einen Kondensator oder um eine Spule handelt!
Begründen Sie Ihre Aussage!
Geben Sie die Phasenverschiebung zwischen Stromstärke und Spannung an! (3 BE)

2.2 Begründen Sie das Vorhandensein der zeitlichen Verschiebung zwischen Spannung und Stromstärke an diesem Bauelement! (3 BE)

2.3 Berechnen Sie den Blindwiderstand sowie die Kapazität bzw. die Induktivität entsprechend dem erkannten Bauelement! (6 BE)

2.4 Das Bauelement wird mit einem ohmschen Widerstand von 1,0 kΩ in Reihe geschaltet.
Berechnen Sie den Scheinwiderstand und die Phasenverschiebung dieser Reihenschaltung! (4 BE)

Lösung

1.1 Die CD führt eine gleichmäßig beschleunigte Rotation aus der Ruhelage heraus aus. Für die Winkelbeschleunigung gilt:

$$\alpha = \frac{\Delta\omega}{t} = \frac{\omega - \omega_0}{t}$$

Mit $\omega = 2 \cdot \pi \cdot n$ und $\omega_0 = 0$ ergibt sich:

$$\alpha = \frac{2 \cdot \pi \cdot n}{t}$$

$$\alpha = \frac{2 \cdot \pi \cdot \frac{2\,000}{60\,s}}{9{,}20\,s} = \underline{\underline{22{,}8\,\frac{1}{s^2}}}$$

1.2 Das Grundgesetz der Dynamik der Rotation beschreibt den Zusammenhang zwischen der Winkelbeschleunigung α eines rotierenden Körpers und dem dazu notwendigen Drehmoment M:

$$M = J \cdot \alpha$$

Die Trägheit des Körpers (CD) gegenüber der Rotation wird durch das Trägheitsmoment J beschrieben. Es ist von der Masse des Körpers und ihrer Verteilung, von Form und Abmessungen des Körpers sowie von der Lage der Drehachse abhängig. Da die CD als homogener Hohlzylinder aufzufassen ist, gilt für ihr Trägheitsmoment (siehe Abbildung 1 und Formelsammlung):

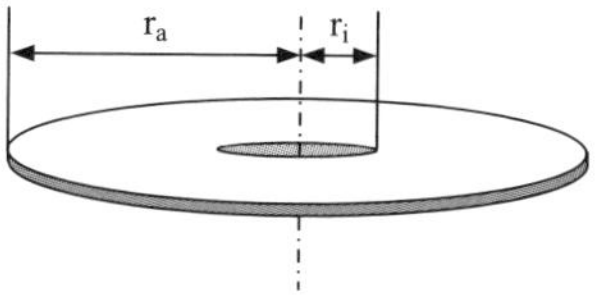

Abb. 1

$$J = \frac{1}{2} \cdot m \cdot (r_a^2 + r_i^2)$$

$$\Rightarrow \quad M = J \cdot \alpha = \frac{1}{2} \cdot m \cdot (r_a^2 + r_i^2) \cdot \alpha$$

$$M = \frac{1}{2} \cdot 16{,}0 \cdot 10^{-3}\,kg \cdot ((0{,}06\,m)^2 + (0{,}0075\,m)^2) \cdot 22{,}8\,\frac{1}{s^2}$$

$$M = \underline{\underline{6{,}67 \cdot 10^{-4}\,Nm}}$$

Einheitenrechnung:

$$[M] = kg \cdot m^2 \cdot \frac{1}{s^2} = Nm$$

1.3.1 Nachdem die CD die Drehzahl 2 000 min^{-1} erreicht hat, wird die Systemspur gelesen. Die gesuchte Geschwindigkeit ist diejenige Bahngeschwindigkeit, mit der sich eine Vertiefung auf der Systemspur am Lesekopf vorbei bewegt.

$$v = \omega \cdot r \quad \text{mit} \quad \omega = 2 \cdot \pi \cdot n$$

$$v = 2 \cdot \pi \cdot n \cdot r$$

$$v = 2 \cdot \pi \cdot \frac{2\,000}{60\,s} \cdot 0{,}021\,m = \underline{\underline{4{,}40\,\frac{m}{s}}}$$

1.3.2 Sollen die Vertiefungen den Lesekopf mit konstanter Geschwindigkeit passieren, dann muss die Drehzahl um so geringer werden, je weiter der Lesekopf nach außen kommt.

Begründung:
Es gilt $v = \omega \cdot r = \text{konstant}$ bzw. $v = 2 \cdot \pi \cdot n \cdot r = \text{konstant}$. Daraus folgt:

$$r \sim \frac{1}{\omega} \quad \text{bzw.} \quad r \sim \frac{1}{n}$$

1.4.1 Wird die unbeschichtete CD mit Licht bestrahlt, wirkt sie wie ein optisches Transmissionsgitter. Die Spuren und die Zwischenräume stellen somit die Hindernisse und Spalte des Gitters da. Trifft das monochromatische Laserlicht auf die CD, so wird es an dem System von Spuren und Zwischenräumen gebeugt. Die auf dem Schirm zu beobachteten Lichtpunkte sind die Maxima des entstehenden Interferenzbildes, dort tritt Verstärkung auf. Es sind die Stellen, an denen Wellenberge bzw. Wellentäler zusammentreffen. Man spricht von konstruktiver Interferenz. Der Gangunterschied Δs zwischen den dort ankommenden Wellenzügen entspricht der Maximabedingung $\Delta s = k \cdot \lambda$ $(k \in N)$. Auf dem Schirm beobachtet man das Hauptmaximum (0. Maximum in der Mitte) und symmetrisch dazu angeordnet die Nebenmaxima 1. Ordnung.

1.4.2 Die Gitterkonstante b gibt den Abstand zweier Spalte eines Beugungsgitters an. Deshalb kann sie auch zur Darstellung des Spurabstandes einer CD verwendet werden. In der Formelsammlung findet man für die Interferenzmaxima folgende Gleichungen:

$$(1) \quad \sin\alpha = \frac{k \cdot \lambda}{b} \quad \text{und}$$

$$(2) \quad \frac{k \cdot \lambda}{b} = \frac{s_k}{e}$$

Vorsicht: Die Gleichung (2) darf nicht benutzt werden, da die Gültigkeitsbedingung nicht erfüllt ist! Die in der Gleichung enthaltene Näherung $\sin\alpha \approx \tan\alpha$ ist bei genauer Analyse der Messwerte x (= e) und y ($= 2 \cdot s_1$) nicht erlaubt.
Wir bestimmen daher den Beugungswinkel α explizit und benutzen dann Gleichung (1):

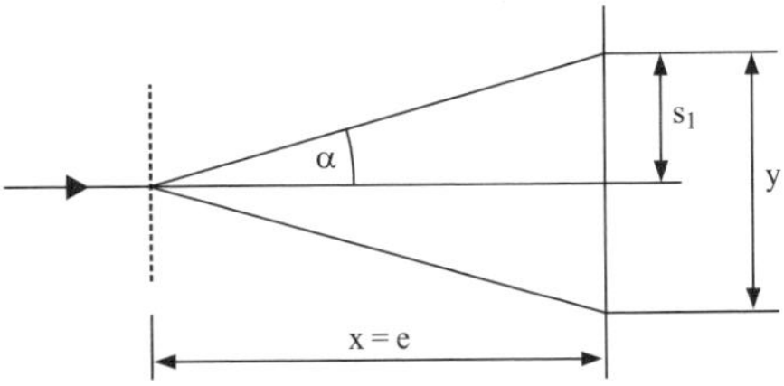

Abb. 2

$$\tan\alpha = \frac{y}{2 \cdot x}$$

$$\tan\alpha = \frac{82\ \text{mm}}{2 \cdot 100\ \text{mm}} = 0{,}41$$

$$\alpha = 22{,}3°$$

$$\sin\alpha = \frac{k \cdot \lambda}{b} \quad \text{mit} \quad k = 1 \quad \Rightarrow \quad b = \frac{\lambda}{\sin\alpha} = \frac{632{,}8 \cdot 10^{-9}\ \text{m}}{\sin 22{,}3°} = \underline{\underline{1{,}67\ \mu\text{m}}}$$

Der mittlere Abstand zwischen zwei benachbarten Spuren beträgt 1,67 µm, bzw. auf der CD kommen auf einen Millimeter ca. 600 Spuren.

1.4.3 Der Abstand der Lichtpunkte voneinander wird sich vergrößern. Unter Umständen wird nur noch das Maximum 0. Ordnung auf dem Schirm zu beobachten sein.

Begründung:
Da sich an der Wellenlänge des verwendeten Laserlichtes und an der Gitterkonstante (Spurabstand) nichts ändert, bleibt auch der Beugungswinkel α konstant. Bei gleichem Beugungswinkel gilt $y \sim x$. Eine Vergrößerung des Schirmabstandes x führt zu einer Vergrößerung des Abstandes der Maxima voneinander (siehe auch Abbildung 2).

2.1 Nur bei Kondensator und Spule gibt es eine zeitliche Verschiebung zwischen der Stromstärke- und der Spannungskurve. In diesem Fall erreicht die Spannungskurve zeitlich nach der Stromstärkekurve ihr Maximum (die Stromstärke läuft der Spannung voraus). Die Phasenverschiebung beträgt $\varphi = -90°$. Es handelt sich also um einen Kondensator.

2.2 Befindet sich ein Kondensator in einem Wechselstromkreis, dann wird der Kondensator ständig aufgeladen, entladen, umgeladen usw. Fließt ein Wechselstrom durch den Kondensator ist der Ladevorgang immer dann beendet, wenn der Strom seine Richtung umkehrt. Während einer Halbperiode, in welcher der Strom in positiver Richtung fließt, wird der Kondensator ständig positiv aufgeladen. Die Spannung nimmt ständig zu und erreicht erst dann ihren Maximalwert, wenn der Strom seine Richtung umkehrt, der Strom also seinen Nulldurchgang hat. Somit läuft die Spannung der Stromstärke eine Viertelperiode hinterher ($\varphi = -90°$). Die Zeigerdarstellung in Abbildung 3 verdeutlicht den Zusammenhang.

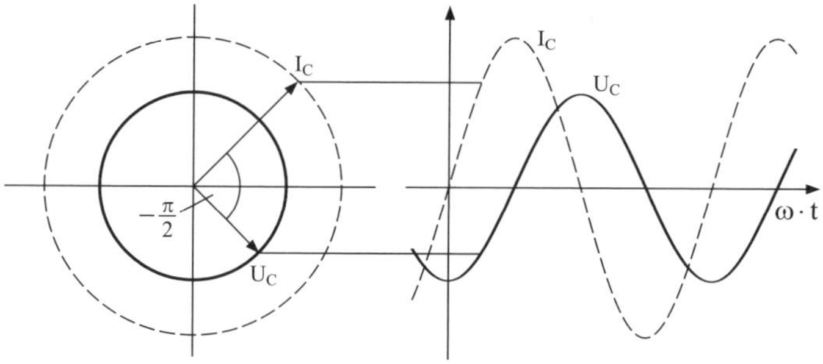

Abb. 3

2.3 Der kapazitive Blindwiderstand des Kondensators kann mit der Gleichung

$$X_C = \frac{U_{max}}{I_{max}}$$

berechnet werden. Die Maximalwerte der Spannung und der Stromstärke müssen dem gegebenen Diagramm entnommen werden.

$$X_C = \frac{U_{max}}{I_{max}}$$

$$X_C = \frac{25\ \text{V}}{40\ \text{mA}} = \underline{\underline{625\ \Omega}}$$

Für die Berechnung der Kapazität des Kondensators ist die Frequenz der Wechselspannung notwendig. Aus dem gegebenen Diagramm kann die Periodendauer abgelesen werden.

$$T = 0{,}07\ \text{ms} \quad \Rightarrow \quad f = \frac{1}{T} = 14\,286\ \text{Hz}$$

$$X_C = \frac{1}{\omega \cdot C} = \frac{1}{2\pi \cdot f \cdot C}$$

$$C = \frac{1}{2\pi \cdot f \cdot X_C}$$

$$C = \frac{1}{2\pi \cdot 14\,286\ \text{Hz} \cdot 625\ \Omega} = \underline{\underline{18\ \text{nF}}}$$

Einheitenrechnung:

$$[C] = \frac{1}{\text{Hz} \cdot \Omega} = \frac{1}{\frac{1}{\text{s}} \cdot \frac{\text{V}}{\text{A}}} = \frac{\text{A} \cdot \text{s}}{\text{V}} = \text{F}$$

2.4 Der Scheinwiderstand (Gesamtwiderstand) einer Reihenschaltung aus Kondensator und ohmschen Bauelement berechnet sich wie folgt:

$$Z = \sqrt{X_C{}^2 + R^2}$$

$$Z = \sqrt{(625\ \Omega)^2 + (1\,000\ \Omega)^2} = \underline{\underline{1{,}18\ \text{k}\Omega}}$$

Anhand der Zeigerdarstellung in Abbildung 4 kann die Gleichung zur Berechnung der Phasenverschiebung dieser Reihenschaltung abgeleitet werden:

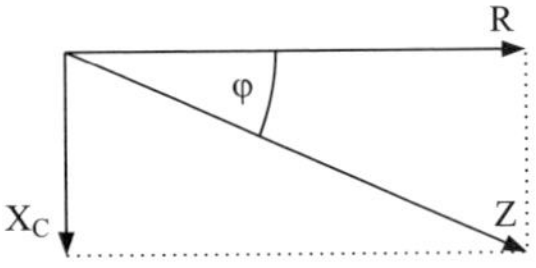

Abb. 4

$$\tan \varphi = -\frac{X_C}{R}$$

$$\varphi = -\frac{625\ \Omega}{1\,000\ \Omega} = \underline{\underline{-32°}}$$

Verschiedene Wissenschaftler beschäftigten sich mit der Bestimmung der Lichtgeschwindigkeit. Die erste Messung auf der Erde gelang dem französischen Physiker Hippolyte Fizeau im Jahre 1849 mit der in der Skizze dargestellten Anordnung.

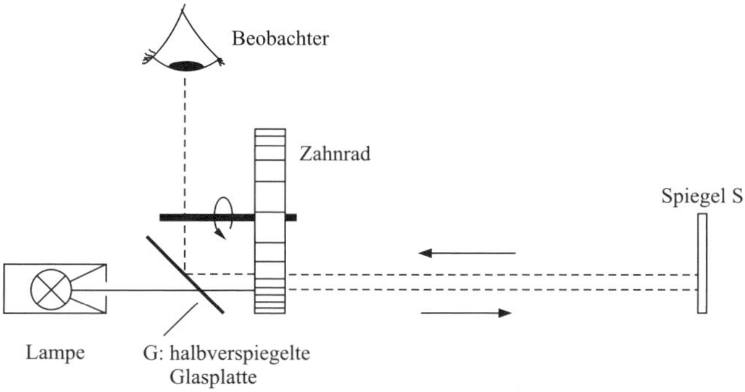

Das Licht der Lampe gelangte durch eine Lücke zwischen zwei Zähnen des Zahnrades hindurch zum Spiegel. Wurde das Zahnrad in Drehbewegung versetzt und die Drehzahl kontinuierlich gesteigert, so konnte der Beobachter bei bestimmten Drehzahlen eine Verdunklung feststellen.

1 Erklären Sie die beobachteten Erscheinungen! (4 BE)

2 Fizeau wählte als Abstand zwischen Zahnrad und Spiegel eine Strecke von 8 633 m. Das Zahnrad besaß 720 Zähne. Lücken und Zähne waren gleich breit. Er beobachtete eine Verdunklung erstmals bei der Drehzahl $12{,}6\ s^{-1}$.
Berechnen Sie die von Fizeau ermittelte Lichtgeschwindigkeit! (6 BE)

Lösung

1 Bei einem ruhenden Zahnrad gelangt das Licht der Lampe durch eine Lücke zwischen zwei Zähnen zum Spiegel, wird dort reflektiert und gelangt durch dieselbe Lücke zurück. Das Licht wird von der halbverspiegelten Glasplatte reflektiert und gelangt zum Beobachter.
Das Zahnrad wird in Drehbewegung versetzt. Ist die Drehzahl noch niedrig, gelangt das vom Spiegel reflektierte Licht ebenfalls durch dieselbe Lücke zurück, die es beim Hinlaufen passierte. Wird die Drehzahl weiter erhöht, trifft das reflektierte Licht zum ersten Mal auf den der Lücke folgenden Zahn. Der Beobachter sieht kein Licht.
Bei weiterer Steigerung der Drehzahl kommt es zur Aufhellung des Bildes der Lichtquelle. Es erreicht volle Helligkeit, wenn das vom Spiegel reflektierte Licht in die nächste Lücke des Zahnrades trifft.
Während der Beschleunigung des Zahnrades verändert sich ständig die Intensität des Lichtes, so dass sich die beobachteten Erscheinungen wiederholen.

2 Für die konkrete Berechnung der Geschwindigkeit des Lichtes sind folgende Messgrößen erforderlich:
- Abstand Zahnrad – Spiegel $\ell = 8\,633$ m
- Anzahl der Zähne des Zahnrades $N = 720$
- Drehzahl (bei erstmaliger Verdunklung) $n = 12{,}6\ \text{s}^{-1}$

Da Lücken und Zähne gleich breit sind, füllen 720 Zähne und 720 Lücken den Umfang des Zahnrades aus. Bei diesem Experiment laufen zwei Bewegungen zeitgleich ab. In der Zeit t, in der das Licht den Weg vom Zahnrad zum Spiegel und wieder zurück durchläuft, dreht sich das Zahnrad um den 1 440-sten Teil seines Umfangs. Somit gilt:

$$\frac{T}{u} = \frac{t}{\frac{u}{2 \cdot N}} \quad \text{mit} \quad T = \frac{1}{n}$$

$$t = \frac{1}{2 \cdot N \cdot n}$$

Einsetzen in

$$c = \frac{2 \cdot \ell}{t}$$

liefert:

$$c = \frac{2 \cdot \ell}{\frac{1}{2 \cdot N \cdot n}} = 4 \cdot \ell \cdot N \cdot n$$

$$c = 4 \cdot 8\,633\ \text{m} \cdot 720 \cdot 12{,}6\ \frac{1}{\text{s}}$$

$$\underline{\underline{c = 3{,}1 \cdot 10^8\ \frac{\text{m}}{\text{s}}}}$$

„… Allein wie herrlich, diesem Sturm ersprießend,
wölbt sich des bunten Bogens Wechseldauer,
bald rein gezeichnet, bald in Luft zerfließend,
umher verbreitend duftig-kühle Schauer!
Der spiegelt ab das menschliche Bestreben.
Ihm sinne nach, und du begreifst genauer:
Am farb'gen Abglanz haben wir das Leben."

J.W. Goethe „Faust" Zweiter Teil

Bei der Erklärung der Entstehung des Regenbogens wird oftmals in der Literatur behauptet, dass das in den kugelförmigen Regentropfen eindringende Licht an dessen Rückseite total reflektiert wird.

1 Konstruieren Sie auf dem Arbeitsblatt der folgenden Seite den Strahlenverlauf bis nach dem Austritt aus dem Wassertropfen! (6 BE)

2 Entscheiden und begründen Sie, ob bei einer Veränderung des Einfallswinkels Totalreflexion in dem kugelförmigen Wassertropfen möglich wäre! (4 BE)

(Verwenden Sie bitte bei der Lösung dieser Aufgabe das Arbeitsblatt auf der folgenden Seite und fügen Sie dieses Ihrer Arbeit bei.)

Arbeitsblatt zu Aufgabe B2

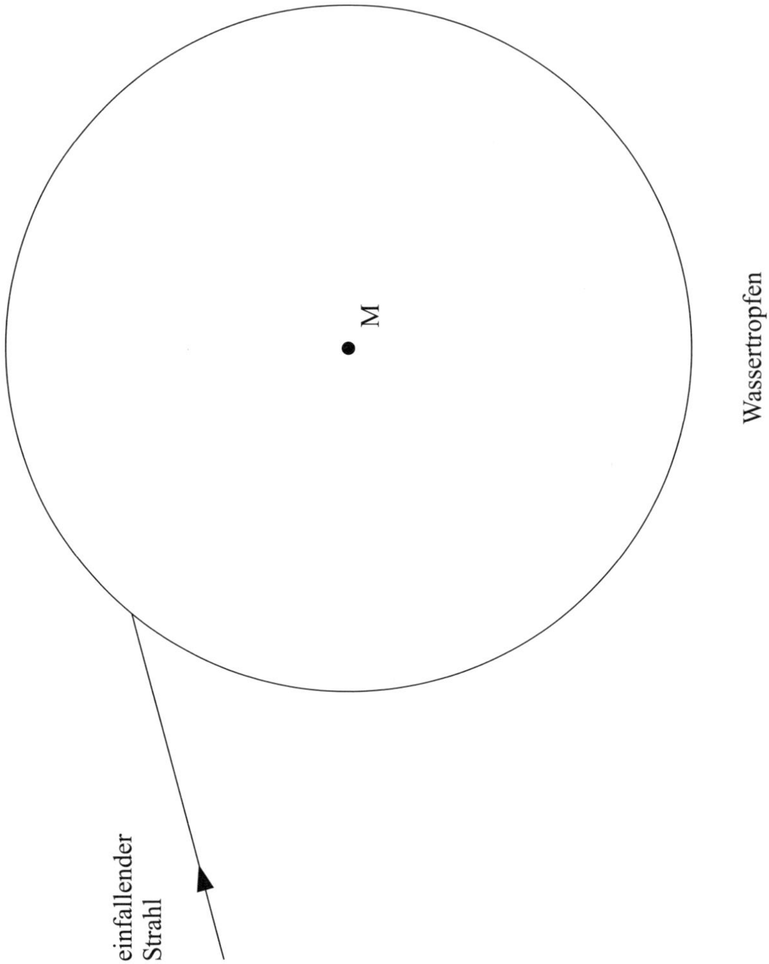

Lösung

1. Auf dem beigefügten Arbeitsblatt (siehe Abbildung 1) ist der Strahlenverlauf des Lichtes durch den Wassertropfen zu konstruieren.

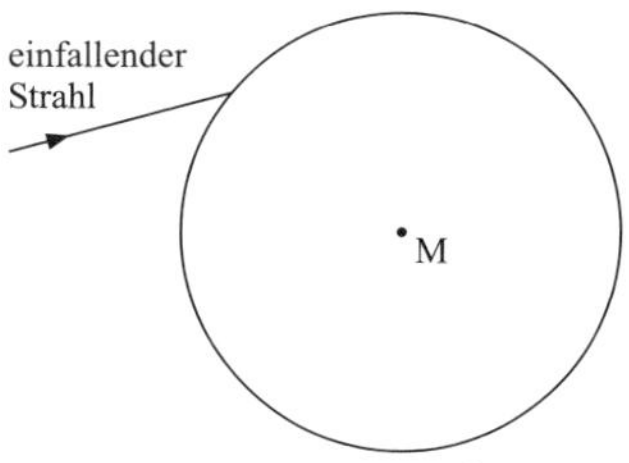

Abb. 1

Zunächst muss auf dem Arbeitsblatt der Einfallswinkel α_1 ermittelt werden. Dazu ist das Einfallslot einzuzeichnen (siehe Abbildung 2) und der Winkel zu messen.

Der Einfallswinkel beträgt $\alpha_1 = 55°$.

Unter Berücksichtigung der Brechzahlen von Wasser und Luft (diese sind dem Tafelwerk zu entnehmen) berechnet man die notwendigen Winkel für den Strahlengang.

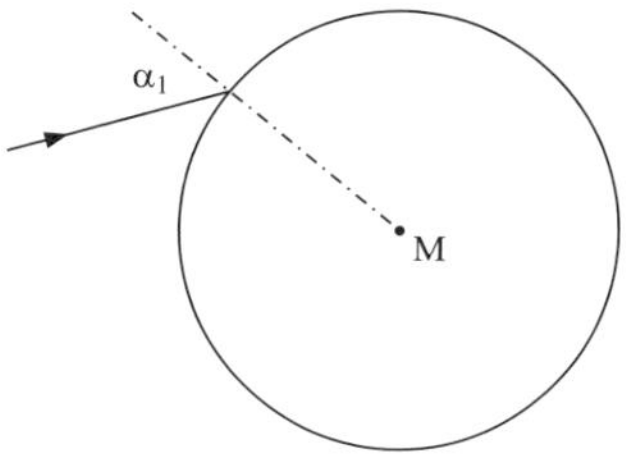

Abb. 2

$$\frac{\sin\alpha_1}{\sin\beta_1} = \frac{n_{\text{Wasser}}}{n_{\text{Luft}}}$$

$$\Rightarrow \quad \beta_1 = \arcsin\left(\sin\alpha_1 \cdot \frac{n_{\text{Luft}}}{n_{\text{Wasser}}}\right) = \arcsin\left(\sin 55° \cdot \frac{1{,}0}{1{,}33}\right)$$

$$\beta_1 = \underline{\underline{38°}}$$

Da β_1 und α_2 Basiswinkel am gleichschenkligen Dreieck sind (siehe Abbildung 3), gilt:

$$\alpha_1 = \beta_2 = 55°$$
$$\alpha_2 = \beta_1 = 38°$$

Hinweis: Reflektierte Anteile des Strahls beim Übergang an den Grenzflächen müssen nicht in der Zeichnung enthalten sein.

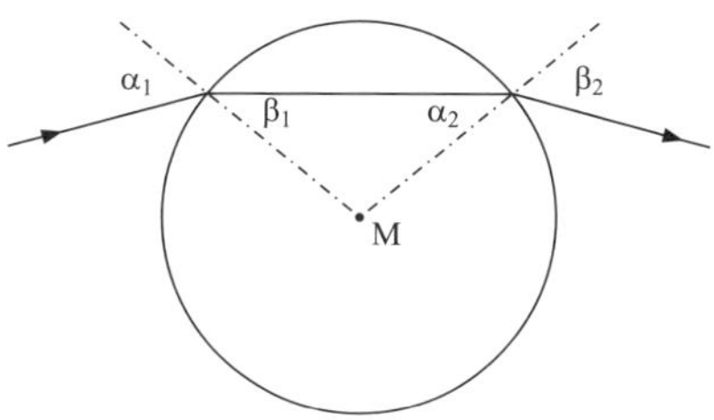

Abb. 3

2 Entscheidung: Es ist keine Totalreflexion möglich!

Begründung:
Für eine Totalreflexion kommt nur der Übergang Wasser zu Luft in Frage, da es sich hier um den Übergang von einem optisch dichteren zu einem optisch dünneren Medium handelt. Den Grenzwinkel der Totalreflexion α_G erhält man für $\beta_2 = 90°$. Soll eine Totalreflexion auftreten, müsste $\alpha_2 > \alpha_G$ und somit $\beta_1 > \alpha_G$ sein. Für diese Bedingung existiert kein Einfallswinkel α_1. Da Licht nur mit $\alpha_1 \leq 90°$ in den Wassertropfen eintreten kann, ist somit keine Totalreflexion möglich.

Grundkurs Physik (Thüringen): Abiturprüfung 2005
Experiment E1

Untersuchen Sie für die vorgegebene Glühlampe die Abhängigkeit der Stromstärke von der Spannung!

Stellen Sie diese Abhängigkeit in einem Diagramm grafisch dar!
Beschreiben und erklären Sie den dargestellten Zusammenhang!

Fertigen Sie ein vollständiges Protokoll an!

Folgende Geräte und Hilfsmittel stehen zur Verfügung:
- stufenlos regelbare Spannungsquelle
- Verbindungskabel
- zwei Vielfachmessgeräte
- Glühlampe

Hinweis: Nutzen Sie mindestens fünf verschiedene Spannungswerte. Die Höchstspannung wird Ihnen vom Lehrer vorgegeben.

Das Protokoll soll enthalten:
- Vorbetrachtungen (Zeichnen der Schaltskizze und Beschreibung der Versuchsdurchführung) (3 BE)
- Messprotokoll (2 BE)
- Auswertung (einschließlich der Erklärung) (5 BE)

Lösung

Aufgabe
Untersuchen Sie für die vorgegebene Glühlampe die Abhängigkeit der Stromstärke von der Spannung!

Vorbetrachtungen
Schaltskizze:

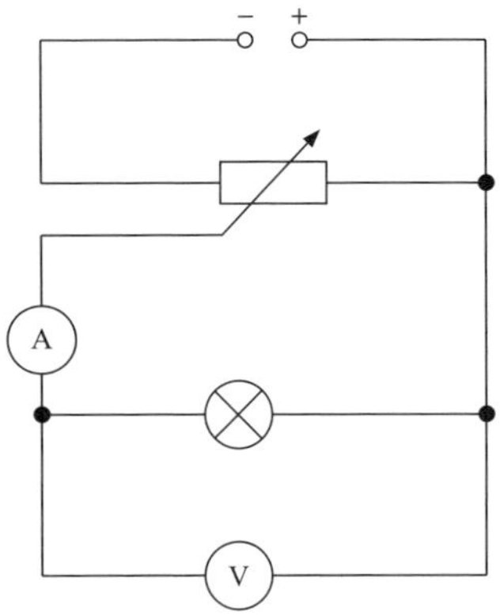

Geräte und Hilfsmittel:
- stufenlos regelbare Spannungsquelle z. B. Stromversorgungsgerät mit Potenziometerschaltung oder SVG
- Verbindungskabel
- zwei Vielfachmessgeräte
- Glühlampe

Hinweise:
- Die Potenziometerschaltung muss nicht Gegenstand der Schaltskizze sein.
- Ist noch das Schülerstromversorgungsgerät SVG vorhanden, können durch geeignete Wahl der Buchsenkombinationen Spannungswerte eingestellt werden.
- Eine begründete Wahl von strom- oder spannungsrichtiger Schaltung wird im Grundkurs nicht erwartet.

Die Schaltung wird gemäß Schaltskizze aufgebaut. Für mindestens fünf verschiedene Spannungswerte wird die Stromstärke gemessen.

Messprotokoll

U in V	I in mA
0	0
2,0	170
3,0	270
4,0	330
5,0	370
6,0	405

Auswertung

Diagramm:

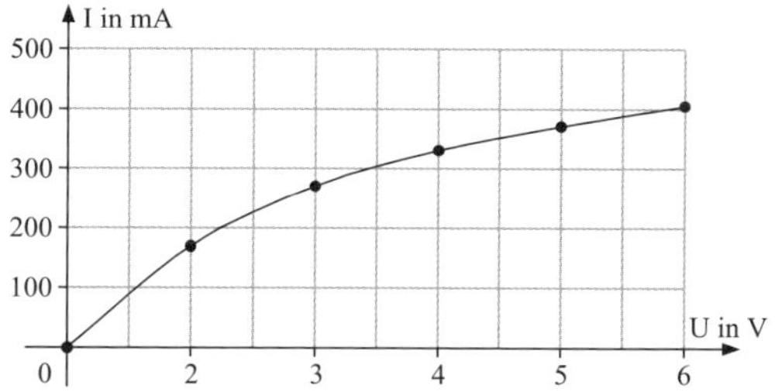

Beschreibung des Kurvenverlaufes:

Die Kennlinie zeigt, dass sich Stromstärke und Spannung nicht proportional zueinander verhalten. Mit steigender Spannung nimmt der Widerstand zu.

Erklärung des Kurvenverlaufes:

Während der gerichteten Bewegung werden die Elektronen von den Atomrümpfen des Metallgitters behindert, es kommt zu einem elektrischen Widerstand. Die kinetische Energie der Elektronen wird z. T. in thermische Energie umgewandelt.

Die Schwingungen der Atomrümpfe werden mit zunehmender Temperatur heftiger. Dies wiederum hat eine stärkere Behinderung der Elektronenbewegung zur Folge, was in einem Steigen des Widerstandes zum Ausdruck kommt.

Grundkurs Physik (Thüringen): Abiturprüfung 2005
Experiment E2

Mit der in der Skizze dargestellten Experimentieranordnung werden Ihnen vom Lehrer zwei Experimente vorgeführt.

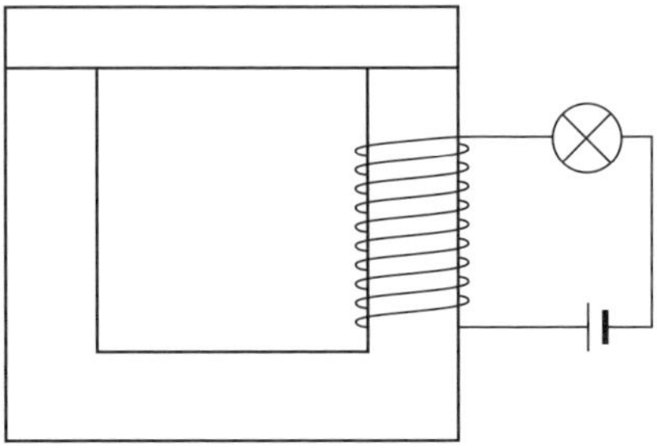

Beschreiben und erklären Sie die beobachteten Vorgänge! (10 BE)

Lösung

Beschreibung der Beobachtung

Eine Spule mit geschlossenem Eisenkern ist in Reihe mit einer Glühlampe an eine Gleichspannungsquelle angeschlossen.

1. Experiment:
Beim Abnehmen des I-Kerns leuchtet die Glühlampe kurzzeitig heller als bei ständig aufgelegtem I-Kern.

2. Experiment:
Beim Auflegen des I-Kerns leuchtet die Glühlampe kurzzeitig schwächer als bei ständig aufgelegtem I-Kern.

Erklärung

1. Experiment:
Beim Abnehmen des I-Kernes ändert sich das Magnetfeld der Spule, es wird schwächer (Verkleinerung der relativen Permeabilität μ_r). Das ist die Ursache für eine Selbstinduktionsspannung in der Spule. Die Selbstinduktionsspannung ist dabei so gerichtet, dass der Spulenstrom so lange verstärkt wird, bis die Magnetfeldänderung beendet ist. Da die Glühlampe mit der Spule in Reihe geschaltet ist, fließt durch sie ebenfalls der höhere Strom, so dass sie stärker aufleuchtet.

2. Experiment:
Beim Auflegen des I-Kernes ändert sich ebenfalls das Magnetfeld der Spule, es wird stärker (Vergrößerung der relativen Permeabilität μ_r). Die dabei entstehende Selbstinduktionsspannung ist so gerichtet, dass der Spulenstrom so lange geschwächt wird, bis die Magnetfeldänderung beendet ist. Durch Glühlampe und Spule fließt kurzzeitig ein geringerer Strom, sodass die Glühlampe schwächer leuchtet.
Bei beiden Experimenten kommt das Gesetz von Lenz zur Anwendung, das besagt, dass die Induktionsspannung stets so gerichtet ist, dass der Induktionsstrom seiner Entstehungsursache entgegenwirkt.

Grundkurs Physik (Thüringen): Abiturprüfung 2006
Aufgabe A1

1 Das radioaktive Edelgas Radon, u. a. ein Gemisch aus Rn-222 und Rn-220, gelangt aus dem Erdboden, Gesteinen und Baumaterialien in die Luft. Die Inhalation dieses Gases macht über die Hälfte der natürlichen radioaktiven Belastung des Menschen in der BRD aus. Die Radonisotope zerfallen unter Aussendung von α-Teilchen.

1.1 Erläutern Sie den Begriff Isotop! (3 BE)

1.2 Nennen Sie die Eigenschaften der α-Strahlen! Erläutern Sie die biologische Wirkung dieser Strahlung auf den Menschen! (6 BE)

1.3 Zur Bestimmung der Halbwertszeit von Rn-222 wurde in einem Versuch das Verhältnis $\frac{N(t)}{N_0}$ in Abhängigkeit von der Zeit ermittelt.

t in d	0	1	3	5	7	9
$\frac{N(t)}{N_0}$	1	0,84	0,59	0,41	0,27	0,20

1.3.1 Stellen Sie diese Abhängigkeit in einem Diagramm dar! (3 BE)

1.3.2 Geben Sie die Definition des Begriffes Halbwertszeit an!
Ermitteln Sie die Halbwertszeit für dieses Radonisotop! (4 BE)

1.3.3 Bestimmen Sie die Zeit, nach der 12,5 % der ursprünglich vorhandenen Radonkerne noch nicht zerfallen sind! (4 BE)

1.4 Stellen Sie für den Zerfall des Isotops Rn-222 die Zerfallsgleichung auf! (2 BE)

1.5 Die Zerfallsprodukte des Radons besitzen eine hohe kinetische Energie.

1.5.1 Erklären Sie das Auftreten dieser kinetischen Energie! (3 BE)

1.5.2 Berechnen Sie die Geschwindigkeit der α-Teilchen unter der Annahme, dass die beim Zerfall des Radonkerns frei werdende Energie vollständig als kinetische Energie des α-Teilchens vorliegt!

Ruhemasse des Radonkerns 221,97034 u
Ruhemasse des Folgekerns 217,96285 u
Ruhemasse des α-Teilchens 4,0015061 u (5 BE)

2 Zur Untersuchung von α-Strahlung durchläuft diese ein homogenes Magnetfeld der magnetischen Flussdichte 1,68 T. Die α-Teilchen beschreiben eine kreisförmige Bahn mit einem Durchmesser von 402 mm.

2.1 Erklären Sie das Zustandekommen einer solchen Bahn! (4 BE)

2.2 Berechnen Sie die Geschwindigkeit der α-Teilchen und ihre kinetische Energie in eV! (6 BE)

Tipps und Hinweise zu Aufgabe A1

Tipps zu Teilaufgabe 1.1

- Beziehen Sie sich bei Ihren Ausführungen auf ein Beispiel. Wie verhalten sich Isotope eines Elements bei chemischen Reaktionen?
- Wichtige Begriffe: Kernladungszahl, Neutronenzahl, Massenzahl

Tipps zu Teilaufgabe 1.2

- Betrachten Sie Art, Ionisierungsvermögen, Reichweite der α-Strahlung sowie ihr Verhalten in elektrischen und magnetischen Feldern.
- Überlegen Sie, welche dieser Eigenschaften bei der Wechselwirkung mit lebenden Organismen von besonderer Bedeutung ist.

Tipps zu Teilaufgabe 1.3

- Achten Sie beim Anfertigen des Diagramms auf einen sinnvollen Maßstab und auf eine vollständige Beschriftung.
- Ermitteln heißt nicht immer berechnen; es gibt verschiedene Möglichkeiten, die Halbwertszeit zu ermitteln.
- Beachten Sie den angegebenen Prozentwert: Auf den wievielten Teil ist das Verhältnis $\frac{N(t)}{N_0}$ abgesunken? Denken Sie noch einmal an die Definition der Halbwertszeit.

Tipp zu Teilaufgabe 1.4

- Beachten Sie die Erhaltung von Massen- und Ladungszahl bei Kernzerfällen.

Tipps zu Teilaufgabe 1.5

- Vergleichen Sie die in Teilaufgabe 1.5.2 angegebenen Massen.
- Berechnen Sie zunächst die beim Zerfall freiwerdende Energie aus der Massendifferenz.
- Die Geschwindigkeit kann klassisch berechnet werden.

Tipp zu Teilaufgabe 2.1

- Konzentrieren Sie sich auf die Ursache von Bewegungsänderungen, die Kräfte, und beachten Sie, dass die α-Teilchen elektrisch geladen sind.

Tipps zu Teilaufgabe 2.2

- Welcher Kraftansatz führt zum Ziel (Kreisbewegung!)?
- Beachten Sie die Größe der Ladung eines α-Teilchens. Der Bahndurchmesser ist angegeben.
- Vergessen Sie nicht, die Energie wie gefordert in eV anzugeben.

Lösung zu Aufgabe A1

1.1 **Isotope** sind Kerne eines chemischen Elementes gleicher Kernladungszahl aber verschiedener Neutronenzahl und somit verschiedener Massenzahl.
Beispielsweise sind Rn-222 und Rn-220 Isotope des Elementes Radon. Sie besitzen beide die Kernladungszahl 86, haben also gleich viele Protonen im Kern bzw. gleich viele Elektronen in der Atomhülle und sind somit chemisch gleich. Das Isotop Rn-222 besitzt zwei Neutronen mehr als das Isotop Rn-220 und damit eine größere Massenzahl.

1.2 **Eigenschaften der α-Strahlen**

- α-Strahlung ist eine Teilchenstrahlung (zweifach positiv geladene Heliumkerne).
- α-Strahlen sind ablenkbar in elektrischen und magnetischen Feldern.
- α-Strahlen besitzen hohes Ionisierungsvermögen.
- α-Strahlen besitzen eine geringe Reichweite.

Biologische Wirkung

Insbesondere das hohe Ionisierungsvermögen der α-Strahlen ist für ihre biologische Wirkung verantwortlich. Man spricht auch von der *biologischen* Phase der strahlenbiologischen Reaktionskette. Sie setzt ein, wenn das Abwehr- und Reparatursystem des Körpers überfordert ist oder versagt. Man unterscheidet zwischen somatischen Schäden (Körperschäden beim bestrahlten Individuum) und genetischen Schäden (Erbschäden bei den folgenden Generationen).

Neben der hier zu betrachtenden biologischen Phase enthält die strahlenbiologische Reaktionskette noch die physikalische und die chemische bzw. biochemische Phase.
Die *physikalische* Phase ist gekennzeichnet durch die Ionisation und Anregung von Atomen und Molekülen in den Zellen. Kann dieser physikalische Primäreffekt nicht rückgängig gemacht werden (z. B. Rekombination), setzt die *chemische* Phase ein. Es können folgende chemische Sekundäreffekte auftreten:

- Radiolyse des Wassers
- Bildung toxischer Verbindungen (z.B. Peroxide)
- Veränderung von Aminosäuren und Enzymen
- Zerbrechen von Makromolekülen (DNS-Schaden, Chromosomenbrüche)

Die somatischen Schäden innerhalb der *biologischen* Phase unterteilt man in Früh- und Spätschäden. Somatische Frühschäden sind z. B. Übelkeit, Erbrechen, Veränderung des Blutbildes, Entzündungen der Schleimhäute, Haarausfall oder auch Fieber. Somatische Spätschäden treten erst nach einigen Jahren auf. Man unterscheidet hier nichtmaligne Spätschäden (nicht bösartige Schäden wie Sterilität oder Trübung der Augenlinse) und maligne Spätschäden (bösartig wuchernde Schäden wie Krebs oder Leukämie). Die Stärke der somatischen Auswirkungen hängt von verschiedenen Faktoren ab. Entscheidend sind z. B. die Strahlenart, die Dosis, zeitliche und räumliche Dosisverteilung oder auch die Strahlenempfindlichkeit des jeweiligen Organismus.
Bei genetischen Schäden treten Veränderungen an den Chromosomen der Keimzellen auf, die sich erst bei den Nachkommen auswirken.

1.3.1 **Zerfallskurve**

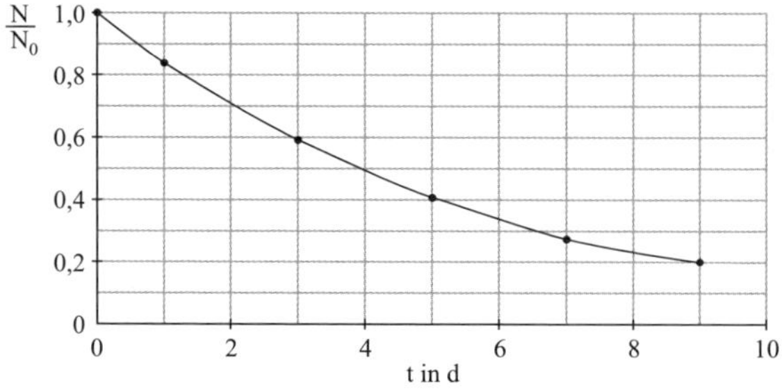

1.3.2 Die **Halbwertszeit** ist diejenige Zeit, nach der die Hälfte der ursprünglich vorhandenen Kerne noch nicht zerfallen ist.

Die Halbwertszeit kann hier sowohl aus den gegebenen Daten berechnet als auch einfach aus der grafischen Darstellung der Teilaufgabe 1.3.1 abgelesen werden. Beide Lösungswege sind im Rahmen des Auftrags „Ermitteln Sie …" gleichberechtigt.

Berechnung
Mit $\lambda = \frac{\ln 2}{T_H}$ erhält man aus dem Zerfallsgesetz:

$$N(t) = N_0 \cdot e^{-\lambda \cdot t}$$

$$\frac{N(t)}{N_0} = e^{-\frac{\ln 2}{T_H} \cdot t}$$

$$\ln \frac{N(t)}{N_0} = -\frac{\ln 2}{T_H} \cdot t$$

$$T_H = -\frac{\ln 2 \cdot t}{\ln \frac{N(t)}{N_0}}$$

Einsetzen eines Wertepaares $(t\,|\,N(t))$, z. B. $(3\text{ d}\,|\,0{,}59)$, ergibt:

$$T_H = -\frac{\ln 2 \cdot 3\text{ d}}{\ln 0{,}59} = \underline{\underline{3{,}9\text{ d}}}$$

Ablesen aus dem Diagramm

$$T_H \approx \underline{\underline{4\text{ d}}}$$

1.3.3 Nur 12,5 % der ursprünglich vorhandenen Radonkerne sind noch nicht zerfallen. Das entspricht einem Achtel. Dieser Zeitpunkt ist nach dem Ablauf von drei Halbwertszeiten erreicht $(\frac{1}{8} = \frac{1}{2} \cdot \frac{1}{2} \cdot \frac{1}{2})$:

$$t = 3 \cdot T_H \approx 3 \cdot 4\text{ d} = \underline{\underline{12\text{ d}}}$$

Diese Aufgabe ist ebenso unter Verwendung des Zerfallsgesetzes lösbar. Die gezeigte Lösung führt aber wesentlich schneller zum Ziel und ist weniger fehleranfällig.

1.4 Beim Aufstellen der **Zerfallsgleichung** muss die Erhaltung der Massenzahl und der Ladungszahl berücksichtigt werden. Folgeprodukt des α-Zerfalls ist ein Kern des Poloniumisotops $^{218}_{84}\mathrm{Po}$. Die Zerfallsgleichung lautet:

$$^{222}_{86}\mathrm{Rn} \rightarrow {}^{218}_{84}\mathrm{Po} + {}^{4}_{2}\alpha$$

1.5.1 Die Atomkerne eines jeden Isotops setzen sich aus den Kernbausteinen (Nukleonen) Proton und Neutron zusammen. Die Stabilität eines Kerns wird durch die mittlere Bindungsenergie pro Nukleon erfasst. Das Radonisotop geht beim α-Zerfall in einen energetisch günstigeren Zustand über. Die Zerfallsprodukte besitzen in der Summe eine geringere Masse als der Radonkern. Die freiwerdende **Energie** entspricht gemäß der **Masse-Energie-Äquivalenz** der Differenz zwischen der Masse des Ausgangskernes und der Masse der Folgeprodukte (Massendefekt). Sie steht den Zerfallsprodukten als kinetische Energie zur Verfügung.

1.5.2 Anhand der Zerfallsgleichung erhält man für den Massendefekt:

$$\Delta m = m_{Rn} - (m_{Po} + m_{\alpha})$$

$$\Delta m = [221{,}97034 - (217{,}96285 + 4{,}0015061)]\,\mathrm{u} \cdot 1{,}66054 \cdot 10^{-27}\,\frac{\mathrm{kg}}{\mathrm{u}}$$

$$= 9{,}9365 \cdot 10^{-30}\,\mathrm{kg}$$

Die frei werdende Energie beträgt (c: Vakuumlichtgeschwindigkeit):

$$E_B = \Delta m \cdot c^2 = 9{,}9365 \cdot 10^{-30}\,\mathrm{kg} \cdot \left(2{,}998 \cdot 10^8\,\frac{\mathrm{m}}{\mathrm{s}}\right)^2 = 8{,}93 \cdot 10^{-13}\,\mathrm{J}$$

Aus der Annahme, dass die beim Zerfall des Radonkerns freiwerdende Energie vollständig als kinetische Energie des α-Teilchens vorliegt, gilt:

$$E_{kin,\alpha} \approx E_B$$

Mit $E_{kin,\alpha} = \frac{m_\alpha}{2} \cdot v_\alpha^2$ folgt für die **Geschwindigkeit der α-Teilchen**:

$$v_\alpha = \sqrt{\frac{2 \cdot E_B}{m_\alpha}}$$

$$v_\alpha = \sqrt{\frac{2 \cdot 8{,}93 \cdot 10^{-13}\,\mathrm{J}}{4{,}0015061\,\mathrm{u} \cdot 1{,}66054 \cdot 10^{-27}\,\frac{\mathrm{kg}}{\mathrm{u}}}} = \underline{\underline{1{,}64 \cdot 10^{7}\,\frac{\mathrm{m}}{\mathrm{s}}}}$$

Wegen $v_\alpha < 0{,}1\,c$ ist die nichtrelativistische Rechnung gerechtfertigt.

2.1 Wenn die α-Teilchen senkrecht zu den magnetischen Feldlinien in das Magnetfeld eintreten, durchlaufen sie eine kreisförmige Bahn (einen Kreisbogen). Die α-Teilchen sind elektrisch geladen. Auf sie wirkt im magnetischen Feld die **Lorentzkraft**. Der Vektor der Lorentzkraft steht senkrecht zum Vektor der magnetischen Flussdichte und zum Vektor der Geschwindigkeit des geladenen Teilchens. Geschwindigkeit, magnetische Flussdichte und Lorentzkraft bilden ein so genanntes Rechtssystem. Die Drei-Finger-Regel der rechten Hand verdeutlicht diesen Zusammenhang. Das bedeutet, dass die Lorentzkraft als Radialkraft wirkt und dadurch die Teilchen abgelenkt werden.

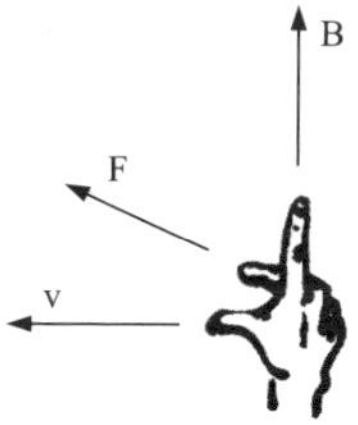

2.2 Die Lorentzkraft wirkt als Radialkraft. Aus diesem Kraftansatz folgt für die **Geschwindigkeit** der α-Teilchen:

$$F_L = F_{rad}$$

$$Q_\alpha \cdot v_\alpha \cdot B = m_\alpha \cdot \frac{v_\alpha^2}{r}$$

$$v_\alpha = \frac{r \cdot Q_\alpha \cdot B}{m_\alpha} = \frac{\frac{d}{2} \cdot 2 \cdot e \cdot B}{m_\alpha} = \frac{d \cdot e \cdot B}{m_\alpha}$$

$$v_\alpha = \frac{0{,}402\ \text{m} \cdot 1{,}60219 \cdot 10^{-19}\ \text{C} \cdot 1{,}68\ \text{T}}{4{,}0015061\ \text{u} \cdot 1{,}66054 \cdot 10^{-27}\ \frac{\text{kg}}{\text{u}}}$$

$$= \underline{\underline{1{,}63 \cdot 10^7\ \frac{\text{m}}{\text{s}}}}$$

Es ist stets sinnvoll, eine Einheitenkontrolle durchzuführen, da Sie so Fehlern bei Termumformungen schnell auf die Spur kommen:

$$[v] = 1\ \frac{\text{m} \cdot \text{C} \cdot \text{T}}{\text{kg}} = 1\ \frac{\text{m} \cdot \text{As} \cdot \frac{\text{N}}{\text{Am}}}{\text{kg}} = 1\ \frac{\text{s} \cdot \frac{\text{kg} \cdot \text{m}}{\text{s}^2}}{\text{kg}} = 1\ \frac{\text{m}}{\text{s}}$$

Für die **kinetische Energie** der α-Teilchen erhält man:

$$E_{kin,\alpha} = \frac{1}{2} \cdot m_\alpha \cdot v_\alpha^2$$

$$E_{kin,\alpha} = \frac{1}{2} \cdot 4{,}0015061\ \text{u} \cdot 1{,}66054 \cdot 10^{-27}\ \frac{\text{kg}}{\text{u}} \cdot \left(1{,}63 \cdot 10^7\ \frac{\text{m}}{\text{s}}\right)^2$$

$$= 8{,}81 \cdot 10^{-13}\ \text{J} = \underline{\underline{5{,}5\ \text{MeV}}}$$

Grundkurs Physik (Thüringen): Abiturprüfung 2006
Aufgabe A2

1 An einem drehbar gelagerten Rotationskörper (Kegelstumpf) ist eine quadratische Leiterschleife befestigt (siehe Abbildung). Diese befindet sich vollständig in einem homogenen Magnetfeld. Die Enden der Leiterschleife führen zu einem Oszillografen.

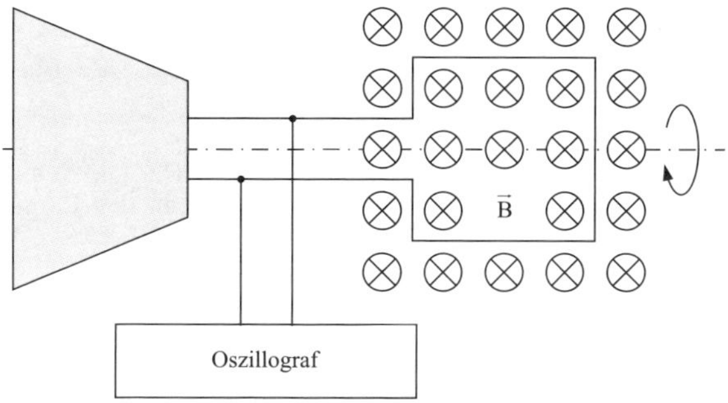

Die anfangs ruhende Anordnung wird durch ein konstantes Drehmoment von 40 Nm in Rotation versetzt. Die Beschleunigungsphase dauert 10 s.
Danach rotiert das System gleichförmig und man erhält über den Oszillografen das folgende Diagramm.

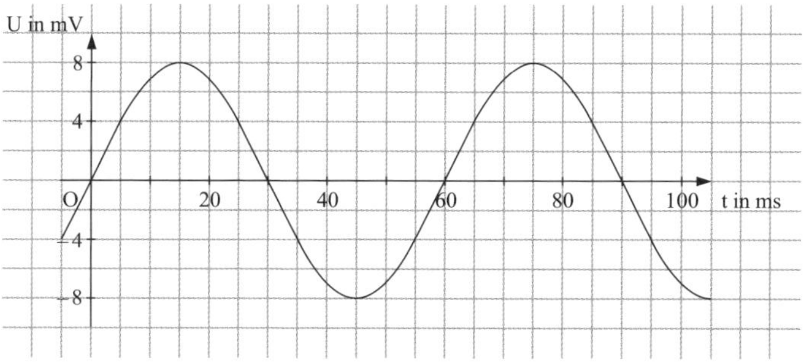

1.1 Erklären Sie das Entstehen einer Wechselspannung in der Leiterschleife! (6 BE)

1.2 Ermitteln Sie Periodendauer, Frequenz und Kreisfrequenz der Spannung! (3 BE)

1.3 Für den Momentanwert dieser Wechselspannung gilt: $U(t) = A_0 \cdot B \cdot \omega \cdot \sin(\omega \cdot t)$.

Berechnen Sie die magnetische Flussdichte des verwendeten homogenen Magnetfeldes, wenn die Länge einer Seite der Leiterschleife 6,0 cm beträgt! (4 BE)

1.4 Die dargestellte Anordnung kann man verwenden, um das Trägheitsmoment eines Rotationskörpers zu bestimmen.

1.4.1 Berechnen Sie die Winkelbeschleunigung des Rotationskörpers!
(Kontrollergebnis: $10{,}5\ s^{-2}$) (3 BE)

1.4.2 Berechnen Sie das Trägheitsmoment des Rotationskörpers!
Die Trägheitsmomente der Rotationsachse und der Leiterschleife können vernachlässigt werden. (3 BE)

1.4.3 Die Anordnung wird nun mit einer konstanten Winkelbeschleunigung von $5{,}1\ s^{-2}$ abgebremst.
Berechnen Sie die Anzahl der Umdrehungen, nach welcher der Rotationskörper zum Stillstand kommt! (4 BE)

1.5 Der bisher benutzte Kegelstumpf wird gegen einen anderen Rotationskörper mit dem gleichen Trägheitsmoment ausgetauscht. Dieser Körper wird unter den gleichen Bedingungen in Rotation versetzt.
Vergleichen Sie die Rotationsenergien der beiden verwendeten Körper! Begründen Sie Ihre Aussage! (4 BE)

2 Ein Thüringer Radiosender sendet u. a. auf der Frequenz 102,2 MHz. Die Schwingungen werden mittels eines $\frac{\lambda}{2}$-Dipols als elektromagnetische Welle in den Raum abgestrahlt.

2.1 Erklären Sie die Wirkungsweise eines Schwingkreises für eine Halbperiode! (6 BE)

2.2 Berechnen Sie die Kapazität des Kondensators, wenn die Spule des Schwingkreises eine Induktivität von 12,5 nH besitzt! (4 BE)

2.3 Berechnen Sie die Länge des Empfangsdipols für den optimalen Empfang dieses Senders! (4 BE)

Tipps und Hinweise zu Aufgabe A2

Tipp zu Teilaufgabe 1.1

Verwenden Sie bei Ihrer Erklärung das Induktionsgesetz oder die Kraftwirkung auf bewegte Ladungsträger im Magnetfeld.

Tipps zu Teilaufgabe 1.2

Aus dem Diagramm der Aufgabenstellung kann die Periodendauer direkt abgelesen werden.

Beachten Sie beim Ablesen die Einheiten der dargestellten Größen.

Tipp zu Teilaufgabe 1.3

Nutzen Sie den Maximalwert der entstehenden Induktionsspannung. Die Leiterschleife ist quadratisch.

Tipps zu Teilaufgabe 1.4

Winkelbeschleunigung: Verwenden Sie die Winkelgeschwindigkeit aus Teilaufgabe 1.2.

Trägheitsmoment: Hier ist das Grundgesetz der Dynamik der Rotation anzuwenden.

Anzahl der Umdrehungen: Ermitteln Sie zunächst den bei der Abbremsung überstrichenen Drehwinkel. Verwenden Sie hierzu am besten das den Bremsvorgang charakterisierende t-ω-Diagramm. Wie können Sie daraus den Drehwinkel bestimmen?

Tipp zu Teilaufgabe 1.5

Durch welche Größen werden die Bedingungen, unter denen die beiden Körper in Rotation versetzt werden, beschrieben? Welcher Zusammenhang besteht zwischen diesen Größen und den zu vergleichenden Rotationsenergien?

Tipps zu Teilaufgabe 2.1

Nennen Sie die wesentlichen Schaltelemente eines Schwingkreises. Beginnen Sie Ihre Erklärung bei einem vollständig geladenen Kondensator.

Wichtige Größen und Begriffe: Spannung, Stromstärke, elektrische und magnetische Feldenergie, (Selbst-)Induktion, Lenz'sche Regel.

Tipp zu Teilaufgabe 2.2

Hier müssen Sie die Thomson'sche Schwingungsgleichung anwenden.

Tipp zu Teilaufgabe 2.3

Für den optimalen Empfang muss ein Dipol in seiner Eigenfrequenz angeregt werden. Überlegen Sie: Wie müssen dann Dipollänge und Wellenlänge zusammenhängen (beachten Sie den Namen „$\frac{\lambda}{2}$-Dipol“)?

Lösung zu Aufgabe A2

1.1 **Erklärung mithilfe des Induktionsgesetzes**

Wird die Leiterschleife gleichförmig in einem homogenen Magnetfeld (B = konstant) gedreht, ändert sich der die Leiterschleife durchsetzende Magnetfluss ständig, weil sich die wirksame Querschnittsfläche der Leiterschleife nach $A = A_0 \cdot \cos(\omega t)$ zeitlich periodisch verändert (A_0: maximale Querschnittsfläche; ω: Winkelgeschwindigkeit der Rotation). Nach dem **Induktionsgesetz** wird in der Leiterschleife somit eine Wechselspannung induziert. Mit $\Phi = B \cdot A$ folgt:

$$U_i = -\frac{d\Phi}{dt} \quad \Rightarrow \quad U_i = -B \cdot \frac{dA}{dt}$$

Die wechselnde Polarität der Induktionsspannung ergibt sich zwangsläufig aus der funktionalen Abhängigkeit der Querschnittsfläche.

Erklärung mithilfe der Lorentzkraft

Die Leiterschleife kann auch als bewegter Leiter mit $\vec{v} \perp \vec{B}$ aufgefasst werden. Dabei sind die Leiterstücke zu betrachten, die parallel zur Rotationsachse angeordnet sind. Diese Leiterstücke bewegen sich mit der konstanten Bahngeschwindigkeit v so durch das homogene Magnetfeld, dass immer $\vec{v} \perp \vec{\ell}$ und $\vec{\ell} \perp \vec{B}$ gilt (Kreisbahn). Bei der Bewegung der Leiterstücke wirkt auf die freibeweglichen Elektronen die **Lorentzkraft**. Diese bewirkt eine Ladungstrennung. Je nach Richtungsbeziehung zwischen Geschwindigkeit und Magnetfeldrichtung werden die Elektronen an das eine oder das andere Ende der Leiterschleife verschoben (Linke-Hand-Regel). Somit wird in der Leiterschleife eine Wechselspannung induziert.

1.2 Aus dem Diagramm der Aufgabenstellung kann die Periodendauer direkt abgelesen werden. Die anderen Größen werden berechnet.

$$T = \underline{\underline{60\text{ ms} = 0{,}060\text{ s}}}$$

$$f = \frac{1}{T} = \frac{1}{0{,}060\text{ s}} = \underline{\underline{16{,}7\,\frac{1}{s}}}$$

$$\omega = \frac{2 \cdot \pi}{T} = \frac{2 \cdot \pi}{0{,}060\text{ s}} = \underline{\underline{105\,\frac{1}{s}}}$$

1.3 Aus dem Diagramm der Aufgabenstellung erhält man den Maximalwert der entstehenden Induktionsspannung $U_{max} = 8{,}0$ mV, wobei gilt:

$$U(t) = A_0 \cdot B \cdot \omega \cdot \sin(\omega \cdot t) = U_{max} \cdot \sin(\omega \cdot t) \quad \text{mit } U_{max} = A_0 \cdot B \cdot \omega \quad (*)$$

Es handelt sich um eine quadratische Leiterschleife mit der Seitenlänge ℓ, also beträgt $A_0 = \ell^2$. Auflösen von Gleichung (∗) nach B ergibt:

$$B = \frac{U_{max}}{A_0 \cdot \omega} = \frac{U_{max}}{\ell^2 \cdot \omega}$$

$$B = \frac{8{,}0 \cdot 10^{-3}\text{ V}}{(6{,}0 \cdot 10^{-2}\text{ m})^2 \cdot 105\,\frac{1}{s}} = \underline{\underline{2{,}1 \cdot 10^{-2}\text{ T} = 21\text{ mT}}}$$

Einheitenkontrolle: $[B] = 1\,\frac{V}{m^2 \cdot \frac{1}{s}} = 1\,\frac{V \cdot s}{m^2} = 1\text{ T}$

1.4.1 Der Rotationskörper wird durch ein konstantes Drehmoment in Rotation versetzt. Es sind die Gesetze der gleichmäßig beschleunigten Rotation anwendbar.

$$\alpha = \frac{\Delta\omega}{t} = \frac{\omega - \omega_0}{t}$$

Mit $\omega_0 = 0$ folgt:

$$\alpha = \frac{105\,\frac{1}{s}}{10\,s} = \underline{\underline{10{,}5\,\frac{1}{s^2}}}$$

1.4.2 Nach dem Grundgesetz der Dynamik der Rotation gilt:

$$M = J \cdot \alpha \quad \Rightarrow \quad J = \frac{M}{\alpha}$$

$$J = \frac{40\text{ Nm}}{10{,}5\,\frac{1}{s^2}} = \underline{\underline{3{,}8\text{ kg m}^2}}$$

Einheitenkontrolle: $[J] = 1\,\frac{\text{Nm}}{\frac{1}{s^2}} = 1\,\frac{\frac{\text{kg}\cdot\text{m}}{s^2}\,\text{m}}{\frac{1}{s^2}} = 1\text{ kg m}^2$

1.4.3 Die Anordnung führt eine gleichmäßig verzögerte Rotation durch. Die Winkelgeschwindigkeit nimmt dabei gleichmäßig bis zum Wert $\omega = 0$ ab (siehe Diagramm). Die Fläche unter dem Funktionsgrafen entspricht dem während des Bremsvorgangs überstrichenen Winkel. Für die Bremszeit gilt:

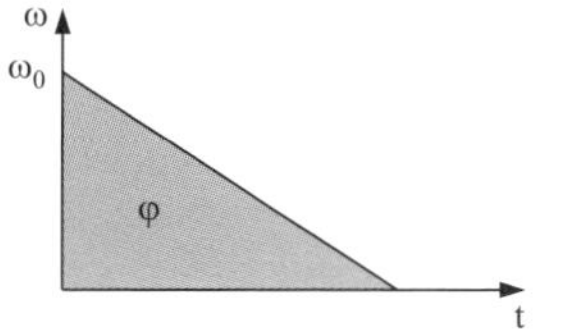

$$\alpha_B = \frac{\Delta\omega}{t} = \frac{\omega - \omega_0}{t} \quad \Rightarrow \quad t = \frac{|\Delta\omega|}{\alpha_B} = \frac{\omega_0}{\alpha_B}$$

Aus dem Diagramm folgt:

$$\varphi = \frac{\omega_0 \cdot t}{2}$$

Die Anzahl N der Umdrehungen ist das Verhältnis aus dem gesamten überstrichenen Winkel und dem Winkel einer Rotation.

$$N = \frac{\varphi}{2\cdot\pi} = \frac{\frac{\omega_0^2}{2\cdot\alpha_B}}{2\cdot\pi} = \frac{\omega_0^2}{4\cdot\pi\cdot\alpha_B}$$

$$N = \frac{\left(105\,\frac{1}{s}\right)^2}{4\cdot\pi\cdot 5{,}1\,\frac{1}{s^2}} = \underline{\underline{172}}$$

1.5 Der andere Rotationskörper wird unter den gleichen Bedingungen ($M_1 = M_2$, $t_1 = t_2$, $J_1 = J_2$) in Rotation versetzt. Er wird also gleich stark beschleunigt und erreicht in der gleichen Zeit eine genau so große Winkelgeschwindigkeit ($\omega_1 = \omega_2$). Die Rotationsenergie berechnet sich nach der Gleichung:

$$E_{rot} = \frac{1}{2}\cdot J \cdot \omega^2$$

Daraus ist zu schlussfolgern: Die Rotationsenergien sind gleich.

2.1 Ein **Schwingkreis** besteht aus einem Kondensator der Kapazität C und einer Spule der Induktivität L. Das elektrische Feld eines Kondensators ist Träger von elektrischer Energie, das magnetische Feld einer Spule ist Träger von magnetischer Energie. Der periodische Aufbau und Abbau dieser Felder ist mit ständigen Energieumwandlungen verbunden. In einem angeregten Schwingkreis finden ständig Umlade- und Induktionsvorgänge statt. Dabei ändern sich Spannung und Stromstärke periodisch. Diese Vorgänge nennt man elektromagnetische Schwingungen.

Schwingungsverlauf während einer Halbperiode

Zu Beginn ist der Kondensator vollständig aufgeladen, Spannung und elektrische Feldenergie sind maximal. Wenn sich der Kondensator über die Spule entlädt, baut der Entladestrom in der Spule ein magnetisches Feld auf. Der Aufbau des Magnetfeldes bedeutet eine zeitliche Änderung des magnetischen Flusses in der Spule. In ihr kommt es zur Selbstinduktion. Die Selbstinduktionsspannung sorgt für eine verzögerte Zunahme der Stromstärke, da der Induktionsstrom aufgrund des Lenz' sches Gesetzes dem Entladestrom entgegen gerichtet ist.

Ist der Kondensator vollständig entladen, erreichen resultierende Stromstärke, magnetische Feldenergie und magnetische Flussdichte ihr Maximum und nehmen anschließend wieder ab. Der Induktionsstrom ist nach dem Lenz' schen Gesetz nun so gerichtet, dass er dem Abbau des Magnetfeldes entgegenwirkt. Er zeigt in Richtung des Entladestroms und sorgt dafür, dass der Kondensator mit umgekehrter Polung wieder aufgeladen wird. Nach einer halben Periode ist der Kondensator vollständig (bei Vernachlässigung jeglicher Verluste) mit entgegengesetzter Polarität aufgeladen und der Vorgang beginnt von neuem.

2.2 Die Eigenfrequenz des Schwingkreises berechnet sich aus der Thomson' schen Schwingungsgleichung. Für die gesuchte Kapazität des Kondensators folgt daraus:

$$f = \frac{1}{2\pi \cdot \sqrt{L \cdot C}} \quad \Rightarrow \quad C = \frac{1}{4\pi^2 \cdot f^2 \cdot L}$$

$$C = \frac{1}{4\pi^2 \cdot (102{,}2 \cdot 10^6\ \text{Hz})^2 \cdot 12{,}5 \cdot 10^{-9}\ \text{H}} = \underline{\underline{194\ \text{pF}}}$$

Einheitenkontrolle: $[C] = 1\,\frac{1}{\text{Hz}^2 \cdot \text{H}} = 1\,\frac{1}{\left(\frac{1}{\text{s}}\right)^2 \cdot \frac{\text{Vs}}{\text{A}}} = 1\,\frac{\text{As}}{\text{V}} = 1\ \text{F}$

2.3 Ein stabförmiger Leiter wird als **Dipol** bezeichnet. Der Dipol kann eine elektromagnetische Welle besonders gut empfangen, wenn seine Länge ℓ die Bedingung $\ell = k \cdot \frac{\lambda}{2}$ mit $k = 1, 2, 3\ldots$ erfüllt. Er schwingt dann in Resonanz. Die Wellenlänge der elektromagnetischen Welle ergibt sich aus $\lambda = \frac{c}{f}$.

Ein geeigneter Dipol hat z. B. für k = 1 eine Länge von

$$\ell = \frac{\lambda}{2} = \frac{c}{2 \cdot f},$$

er wird in der Grundschwingung angeregt (daher der Name $\frac{\lambda}{2}$-Dipol). Für die gegebene Frequenz erhält man:

$$\ell = \frac{3{,}0 \cdot 10^8\ \frac{\text{m}}{\text{s}}}{2 \cdot 102{,}2 \cdot 10^6\ \frac{1}{\text{s}}} = \underline{\underline{1{,}47\ \text{m}}}$$

Grundkurs Physik (Thüringen): Abiturprüfung 2006
Aufgabe B1

Auf einer Heizplatte mit einer Leistung von 150 W wird in einem Becherglas ein Körper gleichmäßig erwärmt. Nur $\frac{2}{3}$ der Wärmeenergie der Heizplatte steht zur Erwärmung des Körpers zur Verfügung.

Die Auswertung des Experimentes ergibt folgendes Diagramm.

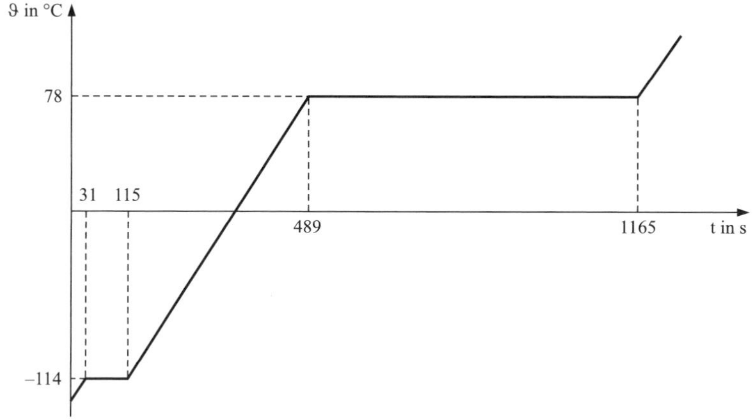

1 Interpretieren Sie das Diagramm! (5 BE)

2 Ermitteln Sie die Masse des verwendeten Körpers! (5 BE)

Tipps und Hinweise zu Aufgabe B1

Tipps zu Teilaufgabe 1

- Das Interpretieren von Diagrammen umfasst allgemein das Nennen der dargestellten physikalischen Größen und der zwischen ihnen bestehenden mathematischen Abhängigkeiten sowie deren physikalische Deutung.
- Beschreiben Sie zunächst das Diagramm allgemein: Was wird dargestellt? Welche Größen kommen vor?
- Unterteilen Sie den Diagrammverlauf in geeignete Abschnitte und ordnen Sie jedem Abschnitt den wesentlichen physikalischen Vorgang zu (welche Größen bleiben gleich, welche ändern sich?). Vergleichen Sie das Geschehen in den Abschnitten miteinander.

Tipps zu Teilaufgabe 2

- Versuchen Sie zunächst, mit den im Diagramm enthaltenen Informationen und Ihrem Tafelwerk den Stoff zu ermitteln, aus dem der Körper besteht.
- Zur Bestimmung der Masse gibt es verschiedene Möglichkeiten, je nachdem, welche Aggregatszustandsänderung Sie betrachten.
- Sie können die Masse anhand des Schmelz-, Verdampfungs- oder des Erwärmungsvorgangs (Flüssigkeit) berechnen. Die benötigten Materialkonstanten entnehmen Sie wiederum dem Tafelwerk.
- Die zugeführte Energie erhalten Sie aus der gegebenen Leistung der Heizplatte.

Lösung zu Aufgabe B1

1 Das Diagramm zeigt die Abhängigkeit der Temperatur des Körpers von der Zeit, in der ihm Wärme zugeführt wird. Dabei lässt sich der gesamte Vorgang in fünf Abschnitte unterteilen (siehe Abbildung).

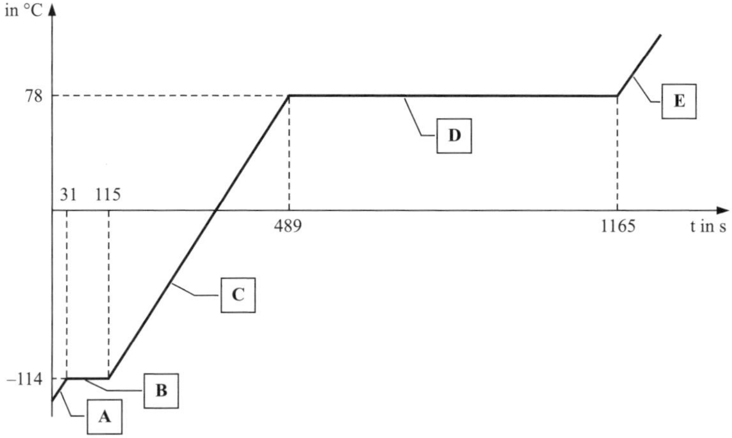

Die Zufuhr von Wärme führt in den Abschnitten A, C und E zu einer gleichmäßigen Temperaturzunahme ($\Delta\vartheta \sim t$). Der Körper liegt jeweils in einem der Aggregatzustände fest (A), flüssig (C) und gasförmig (E) vor.
In den Abschnitten B und D führt die Zufuhr von Wärme zu einer Aggregatzustandsänderung. Im Abschnitt B schmilzt der Körper, im Abschnitt D verdampft er. Diese beiden Abschnitte sind dadurch besonders gekennzeichnet, dass die Temperaturen jeweils konstant sind ($\vartheta = \text{konstant}$).

2 Aus dem Diagramm sind die **Schmelztemperatur** und die **Siedetemperatur** abzulesen. Vergleicht man diese Werte mit Zahlenwerten aus dem Tafelwerk, findet man eine Übereinstimmung für den Stoff Ethanol ($\vartheta_s = -114{,}2\ °C$, $\vartheta_v = 78{,}4\ °C$).

Bestimmung der Masse
Zunächst muss die in einem Zeitintervall zugeführte Wärme durch die elektrische Leistung der Heizplatte ausgedrückt werden. Mit $W_{el} = P_{el} \cdot \Delta t$ gilt:

$$Q_{zu} = \frac{2}{3} \cdot W_{el} = \frac{2}{3} \cdot P_{el} \cdot \Delta t$$

Für die Ermittlung der Masse stehen unter Nutzung der im Diagramm vorgegebenen Zahlenwerte drei Möglichkeiten zur Auswahl.

(1) Schmelzen (Abschnitt B):

$$Q_{zu} = Q_{Schmelz} = m \cdot q_S \quad \Rightarrow \quad m = \frac{Q_{zu}}{q_s} = \frac{\frac{2}{3} \cdot P_{el} \cdot \Delta t}{q_s}$$

Die spezifische Schmelzwärme q_s entnimmt man dem Tafelwerk, die Zeiten liest man im Diagramm ab.

$$m = \frac{\frac{2}{3} \cdot 150\ \text{W} \cdot (115\ \text{s} - 31\ \text{s})}{108\ \frac{\text{kJ}}{\text{kg}}} = \underline{\underline{0{,}078\ \text{kg}}}$$

Einheitenkontrolle: $[m] = \frac{\text{W} \cdot \text{s}}{\frac{\text{J}}{\text{kg}}} = \frac{\text{J}}{\frac{\text{J}}{\text{kg}}} = \text{kg}$

(2) Verdampfen (Abschnitt D):

$$Q_{zu} = Q_{Verdampfen} = m \cdot q_V \quad \Rightarrow \quad m = \frac{Q_{zu}}{q_V} = \frac{\frac{2}{3} \cdot P_{el} \cdot \Delta t}{q_V}$$

Die spezifische Verdampfungswärme q_v entnimmt man dem Tafelwerk, die Zeiten liest man im Diagramm ab.

$$m = \frac{\frac{2}{3} \cdot 150\ \text{W} \cdot (1165\ \text{s} - 489\ \text{s})}{842\ \frac{\text{kJ}}{\text{kg}}} = \underline{\underline{0{,}080\ \text{kg}}}$$

(3) Erwärmung des flüssigen Ethanols (Abschnitt C):

$$Q_{zu} = Q_{Erw} = c \cdot m \cdot \Delta\vartheta \quad \Rightarrow \quad m = \frac{Q_{zu}}{c \cdot \Delta\vartheta} = \frac{\frac{2}{3} \cdot P_{el} \cdot \Delta t}{c \cdot \Delta\vartheta}$$

Die spezifische Wärmekapazität c entnimmt man dem Tafelwerk, die Zeiten und Temperaturen liest man im Diagramm ab.

$$m = \frac{\frac{2}{3} \cdot 150\ \text{W} \cdot (489\ \text{s} - 115\ \text{s})}{2{,}42\ \frac{\text{kJ}}{\text{kg} \cdot \text{K}} \cdot (78 + 114)\ \text{K}} = \underline{\underline{0{,}080\ \text{kg}}}$$

Einheitenkontrolle: $[m] = \frac{\text{W} \cdot \text{s}}{\frac{\text{J}}{\text{kg} \cdot \text{K}} \cdot \text{K}} = \frac{\text{J}}{\frac{\text{J}}{\text{kg}}} = \text{kg}$

Ergebnis: Es wurden 80 g Ethanol erwärmt.

Selbstverständlich ist nur eine der genannten Möglichkeiten zur korrekten Lösung der Aufgabe erforderlich.

Grundkurs Physik (Thüringen): Abiturprüfung 2006
Aufgabe B2

Mitte des 19. Jahrhunderts fand Michael Faraday (1791–1867), dass bei der Elektrolyse zum Abscheiden einer bestimmten Anzahl von Atomen einer bestimmten Wertigkeit immer die gleiche Elektrizitätsmenge erforderlich ist.
In seinen Experimenten in den Jahren 1909 bis 1913 gelang es dem amerikanischen Physiker Robert Andrews Millikan (1868–1953), diese Annahme schließlich zu bestätigen und die Elementarladung zu bestimmen.

Eine Variante der Millikan-Versuche ist die Schwebemethode.

1 Beschreiben Sie den Versuchsaufbau und erklären Sie die Schwebemethode! (5 BE)

2 Zeigen Sie, wie sich aus der nachfolgenden Messreihe auf die Existenz der Elementarladung schließen lässt!

Nr. der Messung	Masse des Öltröpfchens in 10^{-15} kg	Spannung in V
1	2,4	22,6
2	3,5	107,0
3	7,3	74,5
4	25,2	83,4
5	1,0	24,5

Der Abstand der Platten des Millikan-Kondensators beträgt 2,0 mm. (5 BE)

Tipps und Hinweise zu Aufgabe B2

Tipps zu Teilaufgabe 1

- Die Beschreibung sollte nur wesentliche Aspekte des Versuchsaufbaus enthalten.
- Gehen Sie bei der Erklärung auf die wirkenden Kräfte ein und nennen Sie die zu messenden Größen.
- Es ist sinnvoll, Skizzen zum Versuchsaufbau und zu den wirkenden Kräften anzufertigen, auch wenn sie nicht ausdrücklich verlangt sind.
- Was lässt sich über die Messgenauigkeit der Schwebemethode sagen?

Tipps zu Teilaufgabe 2

- Berechnen Sie aus den gegebenen Werten die Ladungen der Öltröpfchen.
- In welcher Beziehung stehen diese zur Elementarladung?

Lösung zu Aufgabe B2

1 Zwischen die horizontal liegenden Platten eines Kondensators werden durch eine sehr enge Öffnung kleine Öltröpfchen gesprüht (siehe Abbildung). Sie laden sich dabei durch Reibung schwach auf. Die Tröpfchen werden seitlich beleuchtet und durch ein Mikroskop beobachtet. Durch Verändern der Spannung kann erreicht werden, dass Öltröpfchen schweben. Dieser Fall tritt genau dann ein, wenn die Gewichtskraft des Öltröpfchens durch die Kraft des elektrischen Feldes aufgehoben wird. Aus diesem Kräftegleichgewicht kann die Ladung des Öltröpfchens berechnet werden:

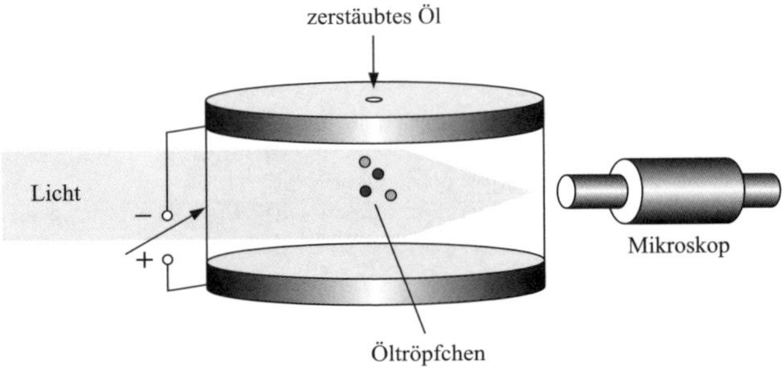

$$F_G = F_{el}$$

$$m \cdot g = Q \cdot E$$

Mit $E = \frac{U}{d}$ folgt:

$$Q = \frac{m \cdot g \cdot d}{U}$$

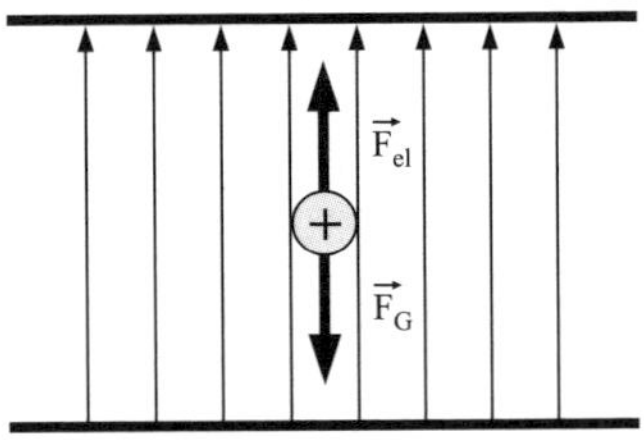

Zu messende Größen sind die Spannung U und der Plattenabstand d sowie die Tröpfchenmasse m. Die Masse bzw. der Radius der Tröpfchen sind allerdings so gering, dass ihre Messung mit einfachen Mitteln kaum möglich ist. Des Weiteren lässt sich der Gleichgewichtszustand wegen der Brown'schen Molekularbewegung nicht genau einstellen.

2 Millikan stellte bei seinen Versuchen fest, dass die kleinste Ladung, welche die Öltröpfchen trugen, $1{,}6 \cdot 10^{-19}$ C war. Die Tröpfchenladungen waren stets $1{,}6 \cdot 10^{-19}$ C oder ein ganzzahliges Vielfaches dieses Wertes.
Es muss für die Messwerte gezeigt werden, dass die Ladung jedes Öltröpfchens immer ein ganzzahliges Vielfaches des Wertes $e = 1{,}6 \cdot 10^{-19}$ C ist ($Q = n \cdot e$ mit $n \in \mathbb{N}$).

Für die Werte der Messung 1 wird eine Beispielrechnung durchgeführt:

$$Q = \frac{m \cdot g \cdot d}{U}$$

$$Q = \frac{2{,}4 \cdot 10^{-15}\,\text{kg} \cdot 9{,}81\,\frac{\text{m}}{\text{s}^2} \cdot 0{,}002\,\text{m}}{22{,}6\,\text{V}} = 20{,}835 \cdot 10^{-19}\,\text{C}$$

$$n = \frac{Q}{e}$$

$$n = \frac{20{,}835 \cdot 10^{-19}\,\text{C}}{1{,}6 \cdot 10^{-19}\,\text{C}} = \underline{\underline{13}}$$

Die vollständigen Ergebnisse sind in der folgenden Tabelle zusammengefasst:

Nr. der Messung	Masse des Öltröpfchens in 10^{-15} kg	Spannung in V	Ladung Q des Öltröpfchens in 10^{-19} C	Anzahl n von Elementarladungen
1	2,4	22,6	20,835	13
2	3,5	107,0	6,4178	4
3	7,3	74,5	19,225	12
4	25,2	83,4	59,283	37
5	1,0	24,5	8,0082	5

Damit ist gezeigt, dass die Öltröpfchen immer eine Ladung tragen, die ein ganzzahliges Vielfaches der Elementarladung ist. Die Existenz der Elementarladung ist bestätigt.

Grundkurs Physik (Thüringen): Abiturprüfung 2006
Experiment E1

Bestimmen Sie experimentell für den vorgegebenen halbkreisförmigen Glaskörper die Brechzahl und ermitteln Sie den Grenzwinkel der Totalreflexion!

Fertigen Sie ein vollständiges Protokoll an!

Fordern Sie Geräte und Hilfsmittel schriftlich beim Lehrer an!

Hinweis: Nutzen Sie mindestens sechs verschiedene Einfallswinkel.

Das Protokoll soll enthalten:
- Vorbetrachtungen (Beschreibung des Versuchsaufbaus und der Versuchsdurchführung (4 BE)
- Messprotokoll (2 BE)
- Auswertung (einschließlich einer Einschätzung der Ergebnisse) (4 BE)

Tipps und Hinweise zu Aufgabe E1

- Wählen Sie die experimentelle Variante, die Ihnen am meisten vertraut ist. Wahrscheinlich haben Sie diesen Versuch schon im Unterricht durchgeführt.
- Achten Sie darauf, dass ein schmales und paralleles Lichtbündel auf die Mitte der Kreisscheibe fällt und der Glaskörper zentriert aufliegt. Nur dann treffen die Lichtstrahlen genau senkrecht auf die runde Grenzfläche.
- Achtung: Ein oft begangener Fehler ist, dass die Winkel nicht zwischen Strahl und Lot gemessen werden.

Lösung zu Aufgabe E1

Aufgabe
Bestimmen Sie experimentell für den vorgegebenen halbkreisförmigen Glaskörper die Brechzahl und ermitteln sie den Grenzwinkel der Totalreflexion!

Vorbetrachtungen
Geräte und Hilfsmittel:
- Glaskörper (halbkreisförmig)
- Experimentierleuchte
- Spaltblende
- Stromversorgungsgerät mit Kabeln
- Kreisscheibe mit Winkeleinteilung

Für den ersten Teil des Experimentes (Bestimmung der Brechzahl) sind zwei Varianten möglich: Entweder untersuchen Sie den Übergang Luft–Glas (Variante A) oder den Übergang Glas–Luft (Variante B). Es genügt, wenn Sie sich für eine der beiden Varianten entscheiden; im Folgenden sind beide dargestellt.

Die Experimentieranordnung wird gemäß Skizze aufgebaut (siehe Abbildungen). Für mindestens fünf verschiedene Einfallswinkel wird jeweils der Brechungswinkel gemessen.

Skizzen: Variante A

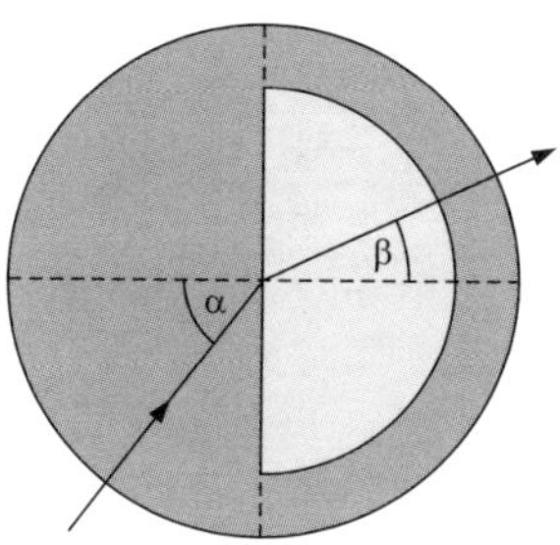

Variante B

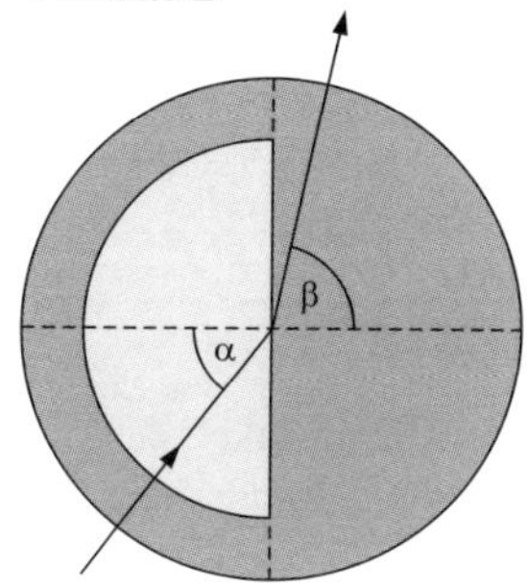

Die gesuchte Brechzahl des Glases ergibt sich aus dem Brechungsgesetz:

$$\frac{\sin\alpha}{\sin\beta} = \frac{n_2}{n_1}$$

Variante A

$$\frac{\sin\alpha}{\sin\beta} = \frac{n_G}{n_L}$$

$$\Rightarrow \quad n_G = n_L \cdot \frac{\sin\alpha}{\sin\beta}$$

Variante B

$$\frac{\sin\alpha}{\sin\beta} = \frac{n_L}{n_G}$$

$$\Rightarrow \quad n_G = n_L \cdot \frac{\sin\beta}{\sin\alpha}$$

Der Grenzwinkel α_{Gr} der Totalreflexion wird entweder für den Übergang Glas–Luft (Variante B) gemessen oder mithilfe der Brechzahl des Glaskörpers berechnet. Er entspricht dem Einfallswinkel, für den der Brechungswinkel gerade 90° beträgt. Aus dem Brechungsgesetz ergibt sich:

$$\sin\alpha_{Gr} = \frac{n_L}{n_G}$$

Messprotokoll

Variante A

Einfallswinkel α in °	Brechungswinkel β in °
0	0
20	13
40	25
60	36
80	41

Variante B

Einfallswinkel α in °	Brechungswinkel β in °
0	0
10	15
20	31
30	51
40	75

Grenzwinkel der Totalreflexion:

$$a_{Gr,\,mess} = 42°$$

Auswertung

Variante A

α in °	β in °	n_G
0	0	–
20	13	1,52
40	25	1,52
60	36	1,51
80	41	1,50
	Mittelwert	1,51

Variante B

α in °	β in °	n_G
0	0	–
10	15	1,49
20	31	1,51
30	51	1,53
40	75	1,50
	Mittelwert	1,51

Berechnung des Grenzwinkels der Totalreflexion (mit $n_L = 1$):

$$\sin\alpha_{Gr,ber} = \frac{n_L}{n_G}$$

$$\sin\alpha_{Gr,ber} = \frac{1}{1{,}51} = 0{,}662$$

$$\alpha_{Gr,ber} = \underline{\underline{41{,}5°}}$$

Ergebnisse

Brechzahl des Glaskörpers: $n_G = 1{,}51$
Grenzwinkel der Totalreflexion $\alpha_{Gr} = 42°$

Vergleicht man die ermittelte Brechzahl des Glaskörpers mit Werten aus dem Tafelwerk, so kann das Experiment als gelungen gewertet werden. Die gute Übereinstimmung des gemessenen und des berechneten Grenzwinkels der Totalreflexion bestätigt diese Aussage.

Grundkurs Physik (Thüringen): Abiturprüfung 2006
Experiment E2

Zwei gleiche Glühlampen werden zusammen mit zwei gleichen Widerständen an eine Spannungsquelle angeschlossen.

Der Lehrer führt Ihnen die Ausgangssituation vor.

(A) Schalter S_1 ist geöffnet und Schalter S_2 ist geschlossen.

Nachfolgend werden Ihnen folgende Schalterstellungen demonstriert:

(B) Beide Schalter sind geöffnet.
(C) Beide Schalter sind geschlossen.

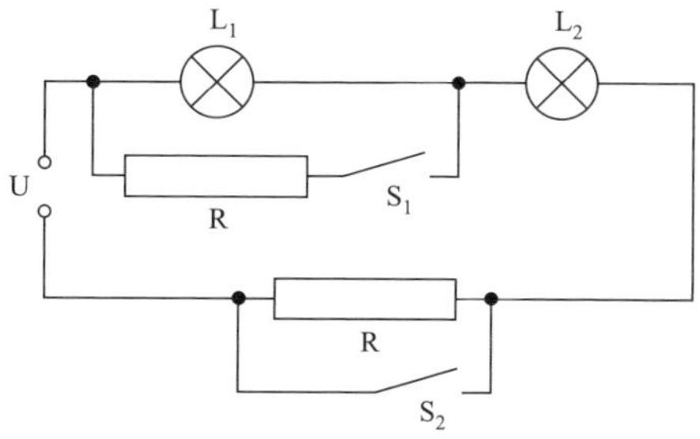

Beobachten, beschreiben und erklären Sie jeweils das Verhalten der Glühlampen im Vergleich zur Ausgangssituation (A)! (10 BE)

Tipps und Hinweise zu Aufgabe E2

- Verwenden Sie bei Ihrer Erklärung die Gesetzmäßigkeiten für Spannung, Stromstärke und Widerstand im unverzweigten und verzweigten Stromkreis.
- *Schalterstellung A:* R (parallel zu S_2) ist kurzgeschlossen, L_1 und L_2 sind in Reihe geschaltet.
- *Schalterstellung B:* Reihenschaltung von L_1 und L_2 bei vergrößertem Gesamtwiderstand.
- *Schalterstellung C:* L_2 ist in Reihe geschaltet mit der Parallelschaltung von L_1 und R. Betrachten Sie Gesamtwiderstand und -stromstärke der Schaltung (Helligkeit L_2) sowie die Teilspannungen und -stromstärken bei L_2. Vergleichen Sie die Helligkeiten von L_1 und L_2 sowohl innerhalb der Situation C als auch mit den Helligkeiten in Situation A.

Lösung zu Aufgabe E2

Ausgangssituation A (Schalter S_1 ist geöffnet und Schalter S_2 ist geschlossen.)

Beschreibung der Beobachtung
Beide Lampen leuchten gleich hell.

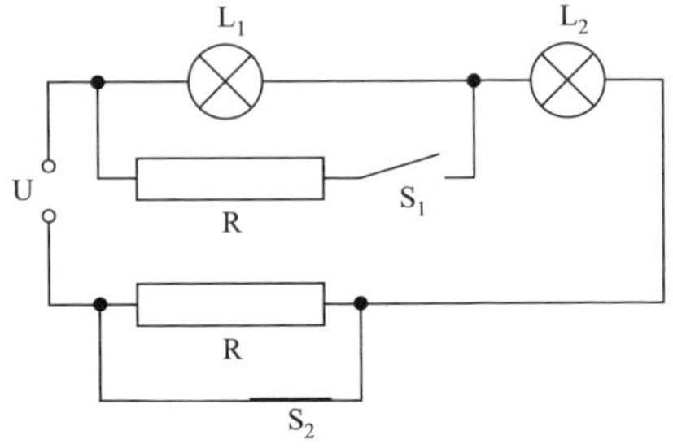

Erklärung
Durch beide Widerstände fließt kein Strom. Der Schalter S_1 unterbricht den Strom im Parallelzweig zu L_1 und der zweite Widerstand ist durch den Schalter S_2 kurzgeschlossen. Dadurch entsteht eine reine Reihenschaltung aus zwei gleichen Lampen. An beiden Lampen liegt die gleiche Spannung $\frac{1}{2}U$ an (Spannungsteilerregel) und es fließt derselbe Strom durch sie.

Schalterstellung B (Beide Schalter sind geöffnet.)

Beschreibung der Beobachtung
Beide Lampen leuchten gleich aber weniger hell als bei A.

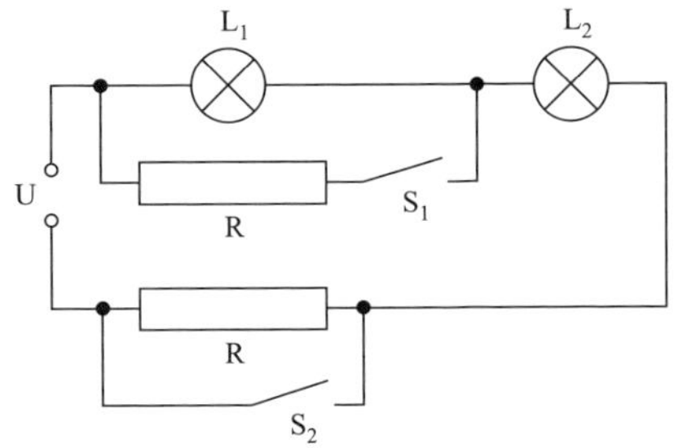

Erklärung
Durch die offenen Schalter S_1 und S_2 wird der Gesamtwiderstand der Schaltung um den Wert des Widerstandes vergrößert (Gesetz der Reihenschaltung). Bei gleicher Gesamtspannung wird die Gesamtstromstärke kleiner. Da durch L_1 und L_2 der gleiche Strom fließt, leuchten die Lampen gleich aber weniger hell als bei der Situation A.

Schalterstellung C (Beide Schalter sind geschlossen.)

Beschreibung der Beobachtung
L_1 leuchtet weniger hell als L_2, L_2 leuchtet heller als bei A und L_1 leuchtet weniger hell als bei A.

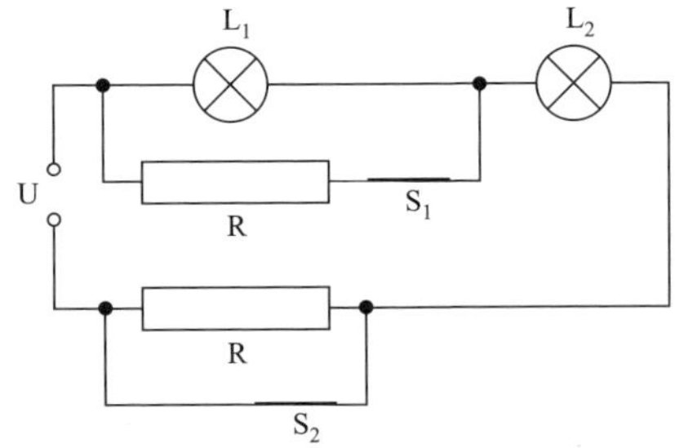

Erklärung
Durch die geschlossenen Schalter S_1 und S_2 wird der Gesamtwiderstand der Schaltung kleiner (Parallelschaltung von L_1 und R in Reihe zu L_2). Die Gesamtstromstärke wird größer $\left(I \sim \frac{1}{R}\right)$ und L_2 leuchtet heller als bei A.
Die Teilspannung an L_1 ist kleiner als die Teilspannung an L_2 (Spannungsteilerregel). Ebenso ist die Teilstromstärke durch L_1 kleiner als die Stromstärke durch L_2 (Stromteilerregel). Deshalb leuchtet L_1 weniger hell als L_2. Weiterhin leuchtet L_1 weniger hell als bei A, weil Spannung und Stromstärke für L_1 kleiner als bei der Ausgangssituation A sind.

Grundkurs Physik (Thüringen): Abiturprüfung 2007
Aufgabe A1

1 Wasserstoff in einer Spektrallampe sendet bei Anregung ein Linienspektrum aus. Mit einem optischen Gitter lassen sich die Wellenlängen der Linien im optisch sichtbaren Bereich (Balmer-Serie) bestimmen.

1.1 Erklären Sie mithilfe des Bohr'schen Atommodells das Auftreten einzelner Linien im Licht einer mit Wasserstoff gefüllten Spektrallampe! (4 BE)

1.2 Berechnen Sie aus den folgenden Messdaten die Wellenlängen der untersuchten Linien!

Gitterkonstante in 10^{-6} m	Abstand Gitter-Schirm in m	Abstand zwischen den Maxima 1. Ordnung in cm
10,0	1,20	15,8
10,0	1,20	10,4

(4 BE)

1.3 Vergleichbare Werte für die Wellenlängen des Wasserstoffspektrums erhält man mit nachfolgender Serienformel

$$\frac{1}{\lambda} = 1{,}0974 \cdot 10^7 \text{ m}^{-1} \cdot \left(\frac{1}{n^2} - \frac{1}{m^2}\right).$$

Berechnen Sie diejenigen ganzzahligen Werte für m, für die sich die Wellenlängen der untersuchten Linien der Balmer-Serie ($n = 2$) ergeben! (3 BE)

2 In einer Vakuumfotozelle werden aus der Katode durch Bestrahlung mit Licht Elektronen herausgelöst.

2.1 Begründen Sie, dass zur vollständigen Erklärung des äußeren lichtelektrischen Effektes die Entwicklung eines neuen Modells notwendig wurde!
Beschreiben Sie, wie Einstein den äußeren lichtelektrischen Effekt gedeutet hat! (6 BE)

2.2 Mithilfe der Gegenfeldmethode soll die Austrittsarbeit des Katodenmaterials ermittelt werden. Dazu wird die Fotozelle mit ausgewählten Linien des Wasserstoffspektrums beleuchtet.

2.2.1 Fertigen Sie eine Skizze der Versuchsanordnung an und beschreiben Sie das experimentelle Vorgehen! (4 BE)

2.2.2 Bei der Durchführung dieses Experiments erhielt man folgende Messwerte:

λ in nm	486	410
U_G in V	0,61	1,09

Stellen Sie mithilfe der Messwerte die maximale kinetische Energie der Fotoelektronen in Abhängigkeit von der Frequenz des einfallenden Lichtes grafisch dar! (4 BE)

2.2.3 Ermitteln Sie die Grenzfrequenz und die Austrittsarbeit!
Bestimmen Sie die Art des Katodenmaterials! (3 BE)

2.2.4 Bestätigen Sie durch Berechnung den Wert des Planck'schen Wirkungsquantums! (2 BE)

2.2.5 Berechnen Sie für das Licht mit der Wellenlänge 410 nm die Geschwindigkeit der herausgelösten Fotoelektronen! (4 BE)

2.3 Die Atomtheorie liefert für die Energiewerte der quantisierten Elektronenzustände des Wasserstoffatoms die Beziehung:

$$E_n \approx -13{,}6\,\text{eV} \cdot \frac{1}{n^2} \quad \text{mit } n = 1, 2, 3, \ldots$$

Zeichnen Sie für das Wasserstoffatom ein Energieniveauschema für $n = 1$ bis $n = 4$ und kennzeichnen Sie darin die möglichen Übergänge der Balmer-Serie, die den Fotoeffekt bei Cäsium auslösen können. Begründen Sie Ihre Entscheidung! (6 BE)

Tipps und Hinweise zu Aufgabe A1

Tipp zu Teilaufgabe 1.1

- Nennen Sie die Grundannahmen (Postulate) des Bohr'schen Atommodells.

Tipp zu Teilaufgabe 1.2

- Sie benötigen die Gleichung für die Interferenz am optischen Gitter.

Tipps zu Teilaufgabe 1.3

- Stellen Sie z. B. die gegebene Serienformel nach der Größe m um.
- Beachten Sie bei der Angabe der Ergebnisse, dass m eine ganze Zahl ist.

Tipps zu Teilaufgabe 2.1

- Nennen Sie die experimentellen Befunde, die im Widerspruch zum Wellenmodell des Lichtes stehen. Erläutern Sie mindestens einen Widerspruch näher.
- Nennen Sie die Grundaussagen des Einstein'schen Photonenmodells und erklären Sie damit den Fotoeffekt.

Tipps zu Teilaufgabe 2.2.1

- Achten Sie bei der Anfertigung der Skizze der Versuchsanordnung auf eine vollständige Beschriftung und die richtige Polung der Fotozelle.
- Gehen Sie bei Ihrer Beschreibung der Versuchsdurchführung über die Bestimmung der kinetischen Energie der Fotoelektronen hinaus. Beachten Sie die gesuchte Größe.

Tipps zu Teilaufgabe 2.2.2

- Achten Sie beim Anfertigen des Diagramms auf einen sinnvollen Maßstab und auf eine vollständige Beschriftung.
- Berechnen Sie zunächst aus den Wellenlängen des verwendeten Lichtes die Frequenzen und aus den Gegenspannungen die Energien. Welcher Zusammenhang besteht zwischen der Gegenspannung U_G und der kinetischen Energie?

Tipps zu Teilaufgabe 2.2.3

Überlegen Sie, welche Bedeutung die Schnittpunkte des Graphen mit den Achsen haben.

Nutzen Sie bei der Bestimmung des Katodenmaterials das Tafelwerk.

Tipp zu Teilaufgabe 2.2.4

Beachten Sie die Aufgabenstellung: Der Wert des Planck'schen Wirkungsquantums ist zu berechnen.

Tipp zu Teilaufgabe 2.2.5

Die Geschwindigkeit kann klassisch berechnet werden.

Tipps zu Teilaufgabe 2.3

Die zu betrachtenden Linien der Balmer-Serie entstehen beim Rücksprung eines Elektrons auf das zweite Energieniveau.

Die Photonenenergie muss mindestens so groß sein wie die Austrittsarbeit für das entsprechende Katodenmaterial.

Lösung zu Aufgabe A1

1.1 Die Postulate des **Bohr'schen Atommodells** lauten:

- Es gibt im Atom nur ausgewählte Elektronenbahnen, auf denen die Elektronen strahlungslos den Kern umlaufen. Diese Bahnen entsprechen bestimmten („diskreten") Energiezuständen (Energieniveaus).
- Eine Energieänderung im Atom geschieht durch den Sprung eines Elektrons von einer Bahn auf eine andere. Für die Energieänderung gilt $\Delta E = h \cdot f$.

Erklärung des Zustandekommens der **Spektrallinien**:
Das umlaufende Elektron des Wasserstoffatoms kann durch Anregung (Aufnahme einer diskreten Energiemenge) auf ein höheres Energieniveau angehoben werden. Beim Übergang auf ein niedrigeres Energieniveau wird die Energiedifferenz als Photon der Energie $\Delta E = h \cdot f$ ausgesendet.

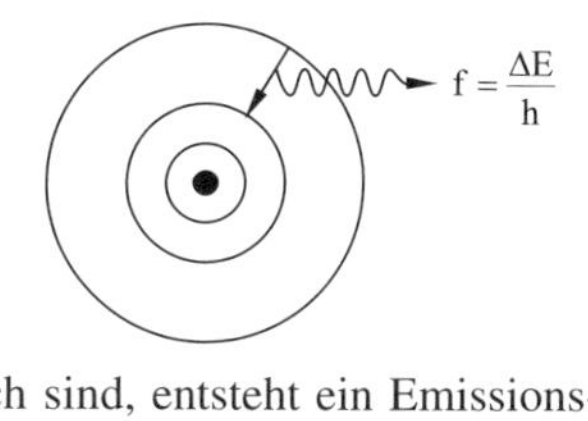

Da meistens verschiedene diskrete Rücksprünge möglich sind, entsteht ein Emissionsspektrum mit mehreren scharfen Linien. Jede Linie entspricht somit einem diskreten Übergang und somit einer bestimmten Frequenz.

1.2 **Wellenlängen der Spektrallinien**

Das Licht der Spektrallampe wird am optischen Gitter gebeugt und dabei spektral zerlegt, da der Beugungswinkel wellenlängenabhängig ist. Jedes Interferenzmaximum der Ordnung $k > 0$ zeigt sich auf dem Schirm als Linienspektrum.

In der Formelsammlung findet man für die Interferenzmaxima folgende Gleichungen:

$$\sin\alpha = \frac{k \cdot \lambda}{b} \quad (1) \qquad \text{und} \qquad \frac{k \cdot \lambda}{b} = \frac{s_k}{e} \quad (2)$$

Bei Benutzung der Gleichung (2) kommt es in der Lösung zu einer geringen Abweichung, da die Näherung $\sin\alpha \approx \tan\alpha$ enthalten ist. Ihre Anwendung ist aber in diesem Fall erlaubt ($\alpha < 5°$).

Im Folgenden wird der genaue Lösungsweg vorgestellt. Wir bestimmen den Beugungswinkel α explizit und benutzen dann Gleichung (1):

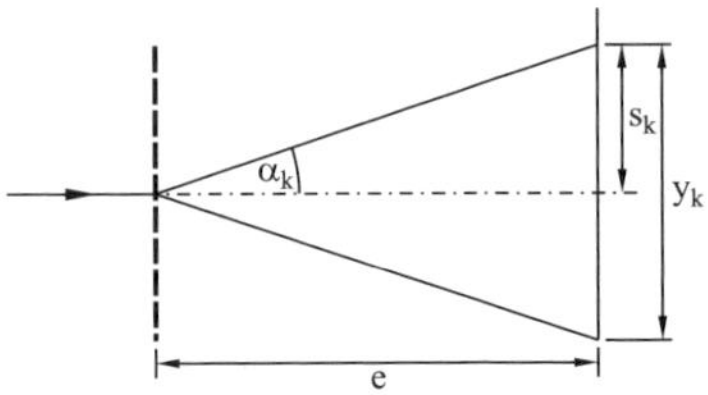

$$\tan\alpha_1 = \frac{y_1}{2 \cdot e} = \frac{15{,}8\text{ cm}}{2 \cdot 120\text{ cm}} = 0{,}0658$$

$$\alpha_1 = 3{,}77°$$

$$\sin\alpha_1 = \frac{k \cdot \lambda_1}{b} \quad \text{mit} \quad k = 1$$

$$\lambda_1 = b \cdot \sin\alpha_1 = 10 \cdot 10^{-6}\text{ m} \cdot \sin 3{,}77° = \underline{\underline{657\text{ nm}}}$$

Analog erhält man für $y_2 = 10{,}4$ cm den Winkel $a_2 = 2{,}48°$ und daraus die Wellenlänge

$$\lambda_2 = \underline{\underline{433\text{ nm.}}}$$

Die ausgemessenen Linien des Wasserstoffspektrums haben die Wellenlängen 657 nm und 433 nm.

1.3 **Quantenzahl m**

Mit der vorgegebenen Gleichung lassen sich die Wellenlängen der Spektrallinien des Wasserstoffspektrums berechnen. Die ganzzahligen Werte m und n ($m > n$) beschreiben die Energieniveaus bzw. Elektronenbahnen, zwischen denen der Sprung eines Elektrons erfolgt.

Entweder können in die Gleichung verschiedene Werte für m eingesetzt und die jeweils berechnete Wellenlänge mit den in der Teilaufgabe 1.2 berechneten Wellenlängen verglichen werden. Oder aber man stellt die Gleichung nach der gesuchten Größe m um und setzt die Wellenlängen ein, so wie hier gezeigt:

$$\frac{1}{\lambda} = 1{,}0974 \cdot 10^7\text{ m}^{-1} \cdot \left(\frac{1}{n^2} - \frac{1}{m^2}\right) \Rightarrow m = \frac{1}{\sqrt{\frac{1}{n^2} - \frac{1}{\lambda \cdot 1{,}0974 \cdot 10^7\text{ m}^{-1}}}}$$

Die Wellenlängen aus der Teilaufgabe 1.2 ergeben sich bei $n = 2$ für $m = 3$ ($\lambda_1 = 657$ nm) und $m = 5$ ($\lambda_2 = 433$ nm).

2.1 Das **Wellenmodell** versucht den äußeren lichtelektrischen Effekt folgendermaßen zu erklären: Durch die elektrischen Wechselfelder des Lichtes kommt es zu erzwungenen Schwingungen der freien Elektronen des Metalls, diese verlassen die Oberfläche.
Zur vollständigen Erklärung des äußeren lichtelektrischen Effektes wurde die Entwicklung eines neuen Modells notwendig, weil einige experimentellen Befunde im **Widerspruch zum Wellenmodell des Lichtes** stehen:

- Es gibt eine untere Grenzfrequenz f_G. Licht mit einer Frequenz unterhalb der Grenzfrequenz f_G kann trotz größter Lichtintensität keine Elektronen herauslösen.
- Die kinetische Energie der herausgelösten Elektronen ist unabhängig von der Lichtintensität.

- Die kinetische Energie der herausgelösten Elektronen ist von der Frequenz des Lichtes abhängig.
- Der Effekt setzt trägheitslos ein.

Die Existenz einer Grenzfrequenz ist mit dem Wellenmodell nicht erklärbar. Nach diesem ist eine Zunahme der Lichtintensität mit einer Vergrößerung der Wellenamplitude verbunden. Wächst die Wellenamplitude, wird auch mehr Energie pro Zeit übertragen. Bei einer Erhöhung der Intensität müssten also bei jeder beliebigen Frequenz Elektronen herausgelöst werden.
Aus dem gleichen Grund müsste die kinetische Energie bei einer festen Lichtfrequenz anwachsen, wenn die Lichtintensität gesteigert würde.

Als Schülerantwort wäre eine Nennung der Widersprüche zum Wellenmodell und das Erläutern eines dieser Widersprüche ausreichend.

Deutung nach Einstein: Licht besteht aus Teilchen (Photonen, Lichtquanten). Jedes Photon trägt die Energieportion $E = h \cdot f$. Beim äußeren lichtelektrischen Effekt tritt ein Photon mit nur einem Elektron in Wechselwirkung und gibt an dieses seine gesamte Energie $E = h \cdot f$ ab. Diese Wechselwirkung geschieht sofort, d. h., ohne zeitliche Verzögerung werden Elektronen aus dem Metall herausgelöst. Voraussetzung ist, dass die Frequenz des Lichtes größer als die für dieses Katodenmaterial typische Grenzfrequenz f_G ist. Dann kann ein Teil der vom Photon an das Elektron abgegebenen Energie zum Herauslösen des Elektrons aus dem Metall genutzt werden (Austrittsarbeit $W_A = h \cdot f_G$). Den Rest behält das Elektron als kinetische Energie. Es gilt die Einstein'sche Gleichung:

$$h \cdot f = E_{kin} + W_A.$$

2.2.1 Die **Gegenfeldmethode** dient der experimentellen Bestimmung der kinetischen Energie der durch den Fotoeffekt herausgelösten Elektronen.
Dazu nutzt man eine Vakuumfotozelle, deren Katode aus einer lichtempfindlichen Schicht besteht. Die Katode wird mit Licht unterschiedlicher Frequenzen bestrahlt. Die herausgelösten Fotoelektronen schickt man in ein Gegenfeld, das man zwischen Katode und Anode anlegt. Ab einer bestimmten Gegenspannung werden die Fotoelektronen derart abgebremst, dass auch die energiereichsten Elektronen die Anode nicht mehr erreichen. Der Anodenstrom als Maß für die Zahl der die Anode erreichenden Elektronen wird null. In diesem Fall entspricht die Energie des elektrischen Gegenfeldes der maximalen kinetischen Energie der Elektronen.

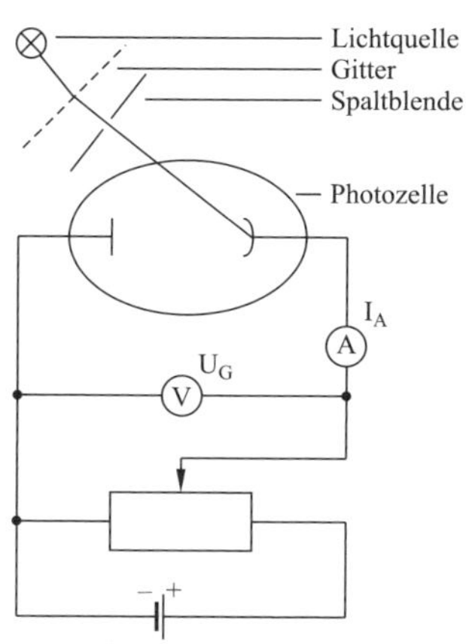

Für verschiedene Frequenzen erhält man verschiedene Gegenspannungen und damit unterschiedliche kinetische Energien. Es gilt:

$$E_{kin} = E_{el} = e \cdot U_G.$$

Mithilfe der ermittelten Daten lässt sich die Austrittsarbeit des Katodenmaterials unter Nutzung der Einstein'schen Beziehung berechnen. Stellt man die maximale kinetische Energie in Abhängigkeit von der Frequenz grafisch dar, ist aus dieser Darstellung die Austrittsarbeit direkt ablesbar.

2.2.2 Zunächst müssen die Wellenlängen des verwendeten Lichtes in Frequenzen und die Gegenspannungen in Energien umgerechnet werden ($f = \frac{c}{\lambda}$; $1\,V \hat{=} 1\,eV$).

λ in nm	486	410
f in 10^{14} Hz	6,17	7,31
E_{kin} in eV	0,61	1,09

Grafische Darstellung

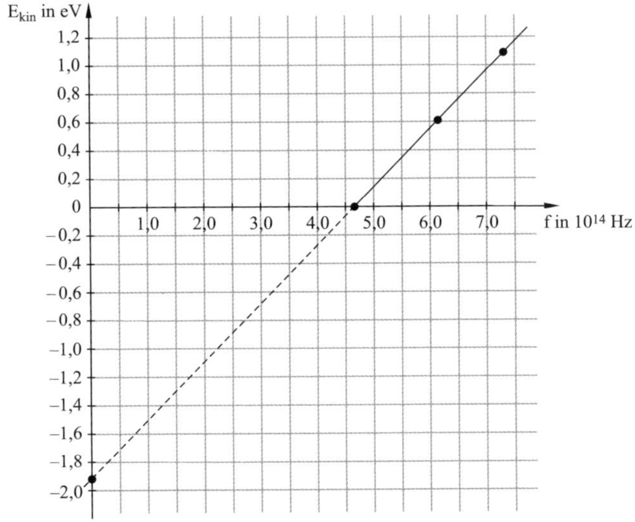

2.2.3 Aus dem Diagramm können abgelesen werden

– die **Grenzfrequenz** $f_G = \underline{\underline{4,7 \cdot 10^{14}\ \text{Hz}}}$;

– die **Austrittsarbeit** $W_A = \underline{\underline{1,9\ \text{eV}}}$.

Das verwendete Katodenmaterial könnte **Cäsium** sein, da Cäsium laut Tafelwerk den Wert $W_A = 1,94$ eV besitzt.

2.2.4 Da der Wert des **Planck'schen Wirkungsquantums** durch Berechnung zu bestätigen ist, verwenden wir die Einstein'sche Gleichung für jede Frequenz:

$$h \cdot f_1 = e \cdot U_1 + W_A \qquad (1)$$
$$h \cdot f_2 = e \cdot U_2 + W_A \qquad (2)$$

Wir eliminieren die Austrittsarbeit W_A, indem wir beide Gleichungen voneinander subtrahieren:

$$h \cdot f_2 - h \cdot f_1 = e \cdot U_2 - e \cdot U_1$$
$$h = \frac{e \cdot (U_2 - U_1)}{f_2 - f_1}$$
$$h = \frac{1,602 \cdot 10^{-19}\ \text{As} \cdot (1,09 - 0,61)\ \text{V}}{(7,31 - 6,17) \cdot 10^{14}\ \text{Hz}} = \underline{\underline{6,75 \cdot 10^{-34}\ \text{Js}}}$$

Einheitenkontrolle:

$$[h] = \frac{As \cdot V}{Hz} = \frac{Ws}{\frac{1}{s}} = Js$$

Der aus den experimentellen Daten berechnete Wert des Planck'schen Wirkungsquantums stimmt gut mit dem Tabellenwert von $h = 6{,}626 \cdot 10^{-34}$ Js überein.

Prinzipiell lässt sich das Planck'sche Wirkungsquantum mit den aus dem Diagramm abgelesenen Werten für die Grenzfrequenz und die Austrittsarbeit berechnen:

$$h = \frac{W_A}{f_G} = \frac{1{,}9 \cdot 1{,}602 \cdot 10^{-19}\ J}{4{,}7 \cdot 10^{14}\ Hz} = \underline{\underline{6{,}5 \cdot 10^{-34}\ Js}}$$

2.2.5 Es gilt:

$$\left.\begin{aligned} E_{kin} &= h \cdot f - W_A = \frac{1}{2} m_e \cdot v^2 \\ E_{kin} &= e \cdot U_G \end{aligned}\right\} \Rightarrow v = \sqrt{\frac{2 \cdot e \cdot U_G}{m_e}}$$

$$v = \sqrt{\frac{2 \cdot 1{,}09\ V \cdot 1{,}602 \cdot 10^{-19}\ As}{9{,}1 \cdot 10^{-31}\ kg}} = \underline{\underline{6{,}19 \cdot 10^5\ \frac{m}{s}}}$$

Einheitenkontrolle:

$$[v] = \sqrt{\frac{V \cdot As}{kg}} = \sqrt{\frac{J}{kg}} = \sqrt{\frac{kg \cdot \frac{m^2}{s^2}}{kg}} = \frac{m}{s}$$

2.3 Berechnet man nach der Gleichung

$$E_n = -13{,}6\ eV \cdot \frac{1}{n^2}$$

die Energiewerte, so ergibt sich das nebenstehende **Energieniveauschema** für das Wasserstoffatom. Spektrallinien der Balmer-Serie entstehen beim Übergang zum zweiten Energieniveau.
Um den Fotoeffekt bei Cäsium auslösen zu können, muss die Mindestenergie der Austrittsarbeit W_A entsprechen. Dies ist nur im gezeichneten Übergang der Fall.

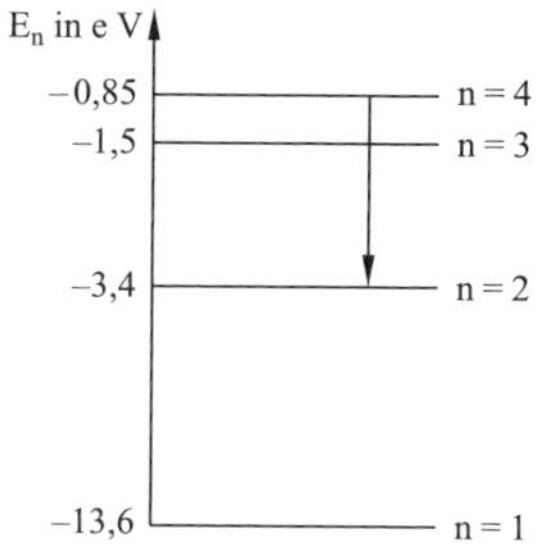

Begründung:

Übergang $n_3 \rightarrow n_2$: $E_3 - E_2 = 1{,}90\ eV < W_A = 1{,}94\ eV$

$n_4 \rightarrow n_2$ $E_4 - E_2 = 2{,}55\ eV > W_A = 1{,}94\ eV$

Grundkurs Physik (Thüringen): Abiturprüfung 2007
Aufgabe A2

1 Vergleichen Sie die elektrischen Widerstände von Spulen, Kondensatoren und ohmschen Bauelementen im Gleich- und Wechselstromkreis! (6 BE)

2 An einer realen Spule wird eine Wechselspannung von 20 V mit variabler Frequenz angelegt. In Abhängigkeit von der Frequenz wird die Stromstärke gemessen:

f in Hz	0	20	50	100
I in mA	800	260	110	56

2.1 Stellen Sie die Stromstärke in Abhängigkeit von der Frequenz grafisch dar! Interpretieren Sie den Kurvenverlauf! (6 BE)

2.2 Berechnen Sie den ohmschen Widerstand und die Induktivität der Spule! (5 BE)

2.3 Zur Überprüfung der ermittelten Induktivität wird in einem weiteren Experiment diese Spule mit einem Kondensator der Kapazität 50 μF in Reihe geschaltet und an die gleiche Spannungsquelle angeschlossen.
Verändert man bei diesem Versuchsaufbau die Frequenz, ergibt sich ein veränderter Verlauf des Graphen. Bei der Frequenz 30 Hz verzeichnet man ein Stromstärkemaximum. Begründen Sie das Auftreten dieses Maximums und berechnen Sie die Induktivität der Spule! (6 BE)

3 Eine gegebene Stickstoffmenge wird als ideales Gas betrachtet. Bei einer Temperatur von 0 °C und einem Druck von 1 013 hPa nimmt es ein Volumen von 3,00 dm^3 ein.

3.1 Nennen Sie Grundannahmen des Modells „ideales Gas“! (3 BE)

3.2 Berechnen Sie die Masse dieser Stickstoffmenge! (3 BE)

3.3 Dieses Gas durchläuft nacheinander mehrere Zustandsänderungen. Zunächst wird es isochor um 250 K erwärmt. Die anschließende isotherme Zustandsänderung führt wieder zum Anfangsdruck. Eine isobare Zustandsänderung stellt den Ausgangszustand wieder her.

3.3.1 Stellen Sie für den gesamten Vorgang den Druck in Abhängigkeit vom Volumen in einem Diagramm grafisch dar! Berechnen Sie die dazu notwendigen physikalischen Größen! (6 BE)

3.3.2 Ermitteln Sie die Nutzarbeit dieses Prozesses, wenn die eingeschlossene Gasmenge eine Masse von 3,75 g hat! (5 BE)

Tipps und Hinweise zu Aufgabe A2

Tipp zu Teilaufgabe 1.1

- Gehen Sie beim Vergleich sowohl auf die Größe des Widerstandes als auch auf die Frequenzabhängigkeit ein.

Tipps zu Teilaufgabe 2.1

- Achten Sie beim Anfertigen des Diagramms auf einen sinnvollen Maßstab und auf eine vollständige Beschriftung.
- Das Interpretieren von Diagrammen umfasst allgemein das Nennen der dargestellten physikalischen Größen und der zwischen ihnen bestehenden mathematischen Abhängigkeiten sowie deren physikalische Deutung.

Tipps zu Teilaufgabe 2.2

- Eine reale Spule besitzt im Wechselstromkreis sowohl einen ohmschen Widerstand als auch einen Blindwiderstand.
- Überlegen Sie, welche Bedeutung eine „Wechselspannung" der Frequenz 0 Hz hat.

Tipps zu Teilaufgabe 2.3

- Die Reihenschaltung von Spule und Kondensator ergibt einen Reihenschwingkreis. Wie berechnet sich dessen Gesamtwiderstand?
- Überlegen Sie, unter welcher Bedingung die Amplitude des Wechselstromes in einem Reihenschwingkreis maximal wird.

Tipp zu Teilaufgabe 3.1

- Welche Vorstellungen hat man vom Aufbau dieses Modellgases, von den Bewegungen und Wechselwirkungen der Gasteilchen?

Tipp zu Teilaufgabe 3.2

- Verwenden Sie die thermische Zustandsgleichung des idealen Gases.

Tipps zu Teilaufgabe 3.3.1

- Ermitteln Sie die fehlenden Zustandsgrößen am besten anhand einer Skizze. Es ist hilfreich, alle mittelbar und unmittelbar gegebenen Größen übersichtlich zu notieren.
- Nutzen Sie zur Berechnung der fehlenden Größen die Zustandsgleichung für das ideale Gas.
- Achten Sie auf die vollständige Beschriftung der Koordinatenachsen und des Diagramms.

Tipps zu Teilaufgabe 3.3.2

- Je nach Zustandsänderung müssen Sie verschiedene Ausdrücke für die Volumenarbeit verwenden.
- Die Nutzarbeit des gesamten Prozesses ergibt sich als Summe der Teilarbeiten.

Lösung zu Aufgabe A2

1 **Ohmsches Bauelement:**
- Der Widerstand ist im Gleich- und Wechselstromkreis gleich.
- Der Widerstand ist unabhängig von der Frequenz f.

Kondensator:
- Der Widerstand ist im Gleichstromkreis unendlich groß, im Wechselstromkreis aber endlich.
- Der kapazitive Blindwiderstand X_C nimmt mit wachsender Frequenz ab.

Spule:
- Der Widerstand ist im Gleichstromkreis kleiner als im Wechselstromkreis.
- Der induktive Blindwiderstand X_L nimmt mit wachsender Frequenz zu.

Der Vergleich der Widerstände muss mindestens die genannten Punkte enthalten.

2.1 **Diagramm:**

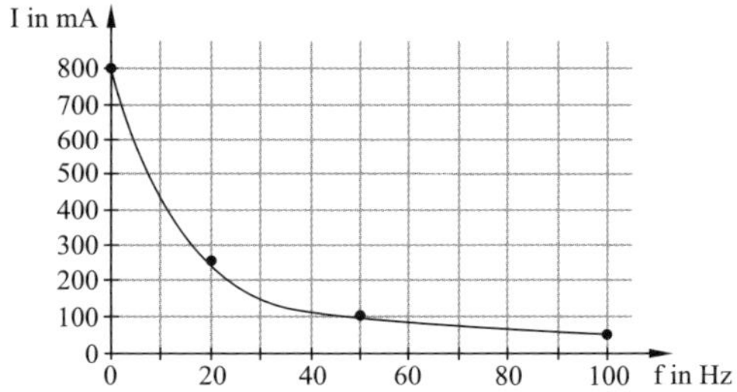

Interpretation: Das Diagramm zeigt die Stromstärke durch eine reale Spule in Abhängigkeit von der Frequenz.
Für die Frequenz 0 Hz ergibt sich die Stromstärke aus dem durch den Spulendraht bestimmten ohmschen Widerstand der Spule.
Mit Anwachsen der Frequenz sinkt die Stromstärke. Der Wechselstrom durch die Spule und das daraus resultierende magnetische Wechselfeld führen zur Selbstinduktion in der Spule. Laut dem Lenz'schen Gesetz ist die Selbstinduktionsspannung so gerichtet, dass sie den Stromfluss behindert. Somit führt eine Vergrößerung der Frequenz zur Vergrößerung des induktiven Blindwiderstandes X_L und zur Verkleinerung der Stromstärke.

2.2 Für den Scheinwiderstand Z einer realen Spule gilt:

$$Z = \sqrt{R^2 + X_L^2}$$

Ist f = 0 Hz, so folgt für den **ohmschen Widerstand**:

$$R = Z(0\ \text{Hz}) = \frac{U}{I}$$

$$R = \frac{20\ \text{V}}{800\ \text{mA}}$$

$$R = \underline{\underline{25\ \Omega}}$$

Für den induktiven Blindwiderstand und somit für die **Induktivität** der Spule ergibt sich unter Berücksichtigung der Messgrößen aus

$$X_L = \sqrt{Z(f)^2 - R^2} \quad \text{und} \quad X_L = 2\pi \cdot f \cdot L$$

durch Gleichsetzen (hier für f = 50 Hz):

$$L = \sqrt{\frac{Z(f)^2 - R^2}{4\pi^2 \cdot f^2}} = \sqrt{\frac{\left(\frac{U}{I}\right)^2 - R^2}{4\pi^2 \cdot f^2}}$$

$$L = \sqrt{\frac{\left(\frac{20\ \text{V}}{0{,}11\ \text{A}}\right)^2 - (25\ \Omega)^2}{4\pi^2 \cdot (50\ \text{Hz})^2}}$$

$$L = \underline{\underline{0{,}57\ \text{H}}}$$

Einheitenkontrolle:

$$[L] = \sqrt{\frac{\left(\frac{V}{A}\right)^2 - (\Omega)^2}{(\text{Hz})^2}} = \sqrt{\frac{\left(\frac{V}{A}\right)^2 - \left(\frac{V}{A}\right)^2}{(\text{Hz})^2}} = \sqrt{\frac{\left(\frac{V}{A}\right)^2}{\left(\frac{1}{s}\right)^2}} = \frac{V \cdot s}{A} = H$$

2.3 Durch die Reihenschaltung mit dem Kondensator erhält man einen Reihenschwingkreis. Der Scheinwiderstand berechnet sich zu

$$Z = \sqrt{R^2 + (X_L - X_C)^2}.$$

Im **Resonanzfall** (Erregerfrequenz gleich Eigenfrequenz) wird der Scheinwiderstand minimal und die Stromstärke erreicht einen Maximalwert. In diesem Fall sind die beiden Blindwiderstände gleich groß. Es gilt:

$$X_L = X_C$$

$$\omega \cdot L = \frac{1}{\omega \cdot C}$$

$$L = \frac{1}{\omega^2 \cdot C}$$

Daraus ergibt sich für die Induktivität der Spule:

$$L = \frac{1}{4\pi^2 \cdot f^2 \cdot C}$$

$$L = \frac{1}{4\pi^2 \cdot (30\ \text{Hz})^2 \cdot 50 \cdot 10^{-6}\ \text{F}}$$

$$L = \underline{\underline{0{,}56\ \text{H}}}$$

Einheitenkontrolle:

$$[L] = \frac{1}{(\text{Hz})^2 \cdot F} = \frac{1}{\left(\frac{1}{s}\right)^2 \cdot \frac{A \cdot s}{V}} = \frac{V \cdot s}{A} = H$$

3.1 **Grundannahmen des Modells „ideales Gas"**

- Das Volumen der Gasatome wird vernachlässigt. Sie werden als Massepunkte angesehen.
- Die Atome üben, außer im Augenblick des Zusammenstoßes, keine Wechselwirkungen aufeinander aus.
- Die Atome stoßen untereinander und mit der Gefäßwand vollkommen elastisch.
- Die Bewegung der Atome erfolgt völlig regellos, keine Richtung im Raum ist bevorzugt.

3.2 Die Masse des Gases ist mit der thermischen Zustandsgleichung des idealen Gases zu berechnen. Mit den Zustandsgrößen des Ausgangszustandes ergibt sich:

$$p_1 \cdot V_1 = m \cdot R_S \cdot T_1$$

$$m = \frac{p_1 \cdot V_1}{R_S \cdot T_1}$$

$$m = \frac{101{,}3 \cdot 10^3\,\text{Pa} \cdot 3{,}00 \cdot 10^{-3}\,\text{m}^3}{297\,\frac{\text{J}}{\text{kg}\cdot\text{K}} \cdot 273\,\text{K}}$$

$$m = 3{,}75 \cdot 10^{-3}\,\text{kg} = \underline{\underline{3{,}75\,\text{g}}}$$

Einheitenkontrolle:

$$[m] = \frac{\text{Pa} \cdot \text{m}^3}{\frac{\text{J}}{\text{kg}\cdot\text{K}} \cdot \text{K}} = \frac{\frac{\text{N}}{\text{m}^2} \cdot \text{m}^3}{\frac{\text{N}\cdot\text{m}}{\text{kg}\cdot\text{K}} \cdot \text{K}} = \text{kg}$$

Die spezifische Gaskonstante R_S von Stickstoff ist dem Tafelwerk zu entnehmen.

3.3.1 **Berechnung der Zustandsgrößen**

Zustandsänderung 1 →2 (isochore Erwärmung):

$$V = \text{konstant} \quad \Rightarrow \quad V_2 = V_1 = \underline{\underline{3{,}00\,\text{dm}^3}}$$

$$T_2 = T_1 + 250\,\text{K} = \underline{\underline{523\,\text{K}}}$$

$$\frac{p_1}{p_2} = \frac{T_1}{T_2}$$

$$p_2 = \frac{p_1 \cdot T_2}{T_1} = \frac{101{,}3\,\text{kPa} \cdot 523\,\text{K}}{273\,\text{K}} = \underline{\underline{194\,\text{kPa}}}$$

Zustandsänderung 2→3 (isotherme Expansion):

$$T = \text{konstant} \quad \Rightarrow \quad T_3 = T_2 = \underline{\underline{523\,\text{K}}}$$

$$p_3 = p_1 = \underline{\underline{101{,}3\,\text{kPa}}}$$

$$p_3 \cdot V_3 = p_2 \cdot V_2$$

$$V_3 = \frac{p_2 \cdot V_2}{p_3} = \frac{194\,\text{kPa} \cdot 3{,}00\,\text{dm}^3}{101{,}3\,\text{kPa}} = \underline{\underline{5{,}75\,\text{dm}^3}}$$

Zustandsänderung 3→1 (isobare Abkühlung)

Diagramm:

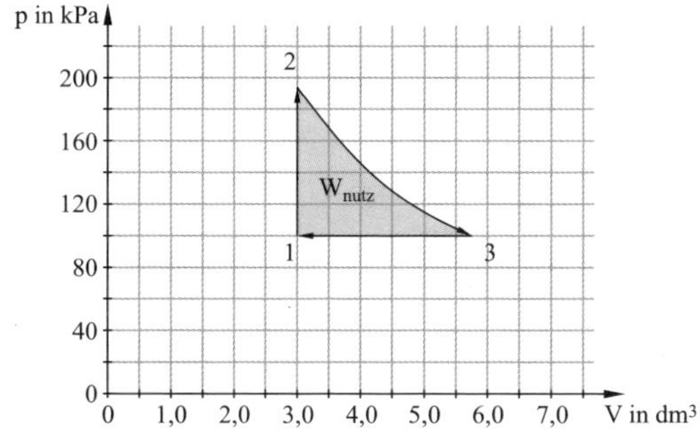

3.3.2 Die **Nutzarbeit** des gesamten Prozesses ergibt sich als Summe der Teilarbeiten. Sie entspricht der Fläche im p-V-Diagramm (siehe 3.3.1).

Isochore Zustandsänderung:

$$V = \text{konstant} \quad \Rightarrow \quad W_{12} = \underline{\underline{0}}$$

Isotherme Zustandsänderung:

$$W_{23} = -\int_{V_2}^{V_3} p \cdot dV \quad \text{mit} \quad p = \frac{m \cdot R_S \cdot T_2}{V}$$

$$W_{23} = -m \cdot R_S \cdot T_2 \cdot \int_{V_2}^{V_3} \frac{1}{V} dV$$

$$W_{23} = m \cdot R_S \cdot T_2 \cdot \ln \frac{V_2}{V_3}$$

$$W_{23} = 3{,}75 \cdot 10^{-3}\ \text{kg} \cdot 297\ \frac{\text{J}}{\text{kg} \cdot \text{K}} \cdot 523\ \text{K} \cdot \ln \frac{3{,}00\ \text{dm}^3}{5{,}75\ \text{dm}^3}$$

$$W_{23} = \underline{\underline{-379\ \text{J}}}$$

Einheitenkontrolle:

$$[W] = \text{kg} \cdot \frac{\text{J}}{\text{kg} \cdot \text{K}} \cdot \text{K} = \text{J}$$

Isobare Zustandsänderung:

$$W_{31} = -p \cdot \Delta V = -p_3 \cdot (V_1 - V_3)$$

$$W_{31} = -101{,}3 \cdot 10^3\ \text{Pa} \cdot (3{,}00\ \text{dm}^3 - 5{,}75\ \text{dm}^3)$$

$$W_{31} = \underline{\underline{279\ \text{J}}}$$

Einheitenkontrolle:

$$[W] = \text{Pa} \cdot \text{m}^3 = \frac{\text{N}}{\text{m}^2} \cdot \text{m}^3 = \text{N} \cdot \text{m} = \text{J}$$

Gesamtarbeit: $W_{Ges} = W_{12} + W_{23} + W_{31} \quad \Rightarrow \quad W_{Ges} = \underline{\underline{-100\ \text{J}}}$

Grundkurs Physik (Thüringen): Abiturprüfung 2007

Aufgabe B1

In der Vergangenheit beobachtete man die Explosion eines Sterns (Supernova), der sich in einer Entfernung von 6 000 Lichtjahren von der Erde befindet. Das dabei in das Weltall geschleuderte Gas breitet sich seitdem mit einer Geschwindigkeit von $1\,000\ \mathrm{km \cdot s^{-1}}$ in alle Richtungen gleichförmig aus.

Dieser expandierende Gasnebel wurde 2007 mithilfe eines Amateurfernrohres fotografiert (Objektivbrennweite 1 200 mm; Okularbrennweite 25 mm). Dazu wurde der Fotoapparat ohne Fotoobjektiv in geeigneter Weise hinter dem Fernrohrokular angebracht. Auf dem fotografischen Film, der sich in einem Abstand von 150 mm vom Fernrohrokular befand, wurde der Gasnebel mit einem Durchmesser von 6 350 µm abgebildet.

Während der letzten 2000 Jahre wurden u. a. folgende Supernovaexplosionen beobachtet:

185 im Sternbild Centaurus
393 im Sternbild Skorpion
1006 im Sternbild Wolf
1054 im Sternbild Stier
1181 im Sternbild Kassiopeia
1572 im Sternbild Kassiopeia
1604 im Sternbild Schlangenträger
1987 im Sternbild Schwertfisch
1993 im Sternbild Großer Bär

Berechnen Sie, zu welcher Supernova der fotografierte Gasnebel gehört! Zur Lösung kann die folgende Abbildung genutzt werden.

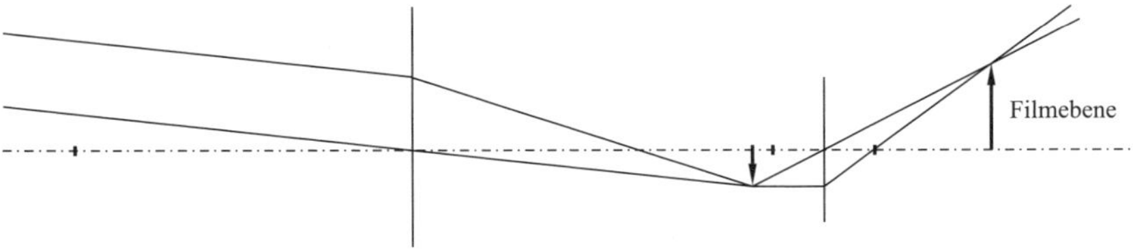

(10 BE)

Tipps und Hinweise zu Aufgabe B1

Tipps

- Der Durchmesser des Gasnebels ist die Gegenstandsgröße für die Abbildung am Fernrohr. Berechnen Sie ihn unter Berücksichtigung der gegebenen Größen.
- Dazu ist es hilfreich, alle mittelbar und unmittelbar gegebenen und die fehlenden Größen übersichtlich zu notieren. Nutzen Sie am besten die vorgegebene Skizze.
- Ermitteln Sie, wie lange der Gasnebel benötigte, um die oben berechnete Größe zu erreichen. Berücksichtigen Sie den Zeitpunkt der Erstellung des Fotos.

Lösung zu Aufgabe B1

Um herauszufinden, zu welcher Supernova der fotografierte Gasnebel gehört, ist aus den Beobachtungsdaten seine wahre Größe zu berechnen. Da sich das in das Weltall geschleuderte Gas seit der Explosion des Sterns mit einer Geschwindigkeit von $1\,000\ \text{km} \cdot \text{s}^{-1}$ in alle Richtungen gleichförmig ausbreitet, besteht zwischen der Ausbreitungsgeschwindigkeit, dem wahren Durchmesser des Gasnebels und der gesuchten Zeit folgender Zusammenhang:

$$v = \frac{\frac{1}{2}d}{t} \qquad (*)$$

Die optische Abbildung geschieht in zwei Stufen. Das Fernrohrobjektiv erzeugt ein reelles und verkleinertes Zwischenbild in der Nähe des Brennpunktes. Dieses Zwischenbild wird vom Okular nochmals abgebildet. Da auf dem Film ein reelles und vergrößertes Endbild entsteht, muss sich das Zwischenbild zwischen der einfachen und der doppelten Brennweite des Okulars befinden.

Eintragen aller gesuchten und gegebenen Größen in die Skizze

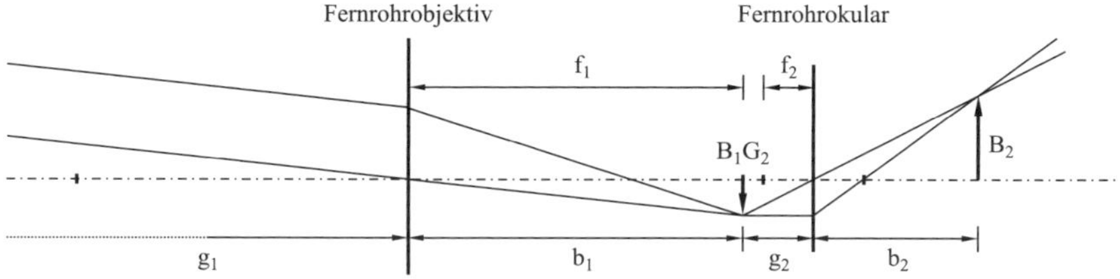

Analyse der zweimaligen Abbildung, Gleichungen zum Abbildungsmaßstab

Abbildung am Objektiv:

$$B_1 = G_1 \cdot \frac{b_1}{g_1}$$

Die fehlenden Größen sind G_1 und b_1.

Abbildung am Okular:

$$B_2 = G_2 \cdot \frac{b_2}{g_2}$$

Die fehlenden Größen sind G_2 und g_2.

Bestimmung der fehlenden Größen

Die Gegenstandsweite für die Abbildung am Okular berechnet man mithilfe der Abbildungsgleichung.

$$\frac{1}{g_2} = \frac{1}{f_2} - \frac{1}{b_2} = \frac{1}{25\text{ mm}} - \frac{1}{150\text{ mm}} \quad \Rightarrow \quad g_2 = \underline{\underline{30\text{ mm}}}$$

Die Größe b_1 erhält man entweder über Berechnung mithilfe der Abbildungsgleichung oder aus der Tatsache, dass für $g_1 \gg f_1$ (d. h. in guter Näherung paralleler Lichteinfall) gilt:

$$b_1 \approx f_1 = \underline{\underline{1\,200\text{ mm}}}$$

Das Zwischenbild, welches vom Fernrohrobjektiv erzeugt wird, ist der „Gegenstand" für die Abbildung am Okular. Also gilt $G_2 = B_1$.

$$B_1 = G_2 = B_2 \cdot \frac{g_2}{b_2} = 6{,}350\text{ mm} \cdot \frac{30\text{ mm}}{150\text{ mm}}$$

$$B_1 = G_2 = \underline{\underline{1{,}270\text{ mm}}}$$

Die Gegenstandsgröße bei der Abbildung am Objektiv ist der gesuchte Durchmesser des Gasnebels.

$$G_1 = B_1 \cdot \frac{g_1}{b_1} = 1{,}270\text{ mm} \cdot \frac{6\,000\text{ ly}}{1\,200\text{ mm}}$$

$$G_1 = 6{,}35\text{ ly} = \underline{\underline{6{,}007 \cdot 10^{13}\text{ km}}}$$

Mit $d = G_1$ folgt aus der Beziehung (∗):

$$t = \frac{\frac{1}{2} G_1}{v} = \frac{\frac{1}{2} \cdot 6{,}007 \cdot 10^{13}\text{ km}}{1\,000\,\frac{\text{km}}{\text{s}}}$$

$$\Rightarrow \quad t = 3{,}004 \cdot 10^{10}\text{ s}$$

$$t = \underline{\underline{953\text{ a}}}$$

Der im Jahr 2007 fotografierte Gasnebel gehört zu der Supernova von 1054.

Grundkurs Physik (Thüringen): Abiturprüfung 2007
Aufgabe B2

Der amerikanische Chemiker Willard F. Libby entwickelte Ende der 40er Jahre die Radiokarbon-Methode zur Altersbestimmung von organischem Material. Für dieses Verfahren erhielt er 1960 den Nobelpreis. Heute ist es ein unverzichtbares Hilfsmittel bei der zeitlichen Einordnung von archäologischen Funden.

1 Erklären Sie dieses, als C-14-Methode bekannte Verfahren! (6 BE)

2 Die Knochen eines Pferdes, von dem man glaubt, dass es das Lieblingspferd des deutschen Kaisers Barbarossa (1122–1190) gewesen sei, wurden 2007 mit dieser Methode untersucht. Man stellte fest, dass in einem Gramm Kohlenstoff des Knochens $5{,}37 \cdot 10^{10}$ Kerne des Kohlenstoffisotops C-14 enthalten sind. Im atmosphärischen Kohlendioxid sind in einem Gramm Kohlenstoff $6{,}03 \cdot 10^{10}$ Kerne des Isotops C-14 vorhanden.
Berechnen Sie das Alter der Pferdeknochen und entscheiden Sie über die Richtigkeit der Vermutung. (4 BE)

Tipps und Hinweise zu Aufgabe B2

Tipps zu Teilaufgabe 1

- Überlegen Sie, warum das Kohlenstoffisotop C-14 zur Altersbestimmung von organischem Material eingesetzt werden kann. Welche Rolle spielt der Stoffwechsel bei einem lebenden Organismus?
- Berücksichtigen Sie in Ihren Ausführungen auch das Gesetz des radioaktiven Zerfalls.

Tipps zu Teilaufgabe 2

- Stellen Sie das Zerfallsgesetz nach der Zeit um.
- Die Halbwertszeit des Kohlenstoffisotops C-14 ist dem Tafelwerk zu entnehmen.
- Berücksichtigen Sie den Zeitpunkt der Messung.

Lösung zu Aufgabe B2

1 **Grundlagen der C-14-Methode**

In der Natur liegt das Element Kohlenstoff in Form dreier Isotope vor, die chemisch identisch sind. Das häufigste Isotop ist das Nuklid $^{12}_{6}C$ mit einem Massenanteil von 99 %, das zweithäufigste ist das Nuklid $^{13}_{6}C$ mit einem Anteil von 1 %.

Die C-14-Methode basiert auf dem radioaktiven Zerfall des sehr seltenen Nuklids $^{14}_{6}C$, das wegen seiner Radioaktivität auch als Radiokarbon bezeichnet wird (Radiokarbonmethode).

Es wird zwischen Troposphäre und Stratosphäre gebildet, wo kosmische Strahlung nach Wechselwirkung mit Atomkernen der Lufthülle Neutronen erzeugt, die mit dem Stickstoff der Atmosphäre reagieren:

$$^{14}_{7}N + ^{1}_{0}n \longrightarrow ^{14}_{6}C + ^{1}_{1}p$$

Das entstandene C-14 verbindet sich mit dem Sauerstoff der Luft zu Kohlenstoffdioxid. Dieses Kohlenstoffdioxid verteilt sich gleichmäßig auf Atmosphäre und Weltmeere und wird nach Fotosynthese und Durchlaufen der Nahrungskette schließlich Bestandteil der gesamten Biosphäre. Der Zerfall von C-14 wird durch folgende Reaktionsgleichung beschrieben:

$$^{14}_{6}C \longrightarrow ^{14}_{7}N + ^{0}_{-1}e + \overline{\nu}$$

Im Verlauf der Erdgeschichte hat sich zwischen Bildung und Zerfall des radioaktiven Kohlenstoffnuklids ein Gleichgewicht eingestellt. Es besteht ein festes Verhältnis von radioaktivem und stabilem Kohlenstoff.
Lebende Organismen nehmen ständig Kohlenstoff aus der Umwelt auf. Damit ist der C-14 Gehalt im Organismus und in der Umwelt gleich. Dieses Isotopenverhältnis ändert sich jedoch in einem Organismus, der keinen Kohlenstoff mehr aufnimmt, d. h. nach seinem Tod. Entsprechend dem Zerfallsgesetz verringert sich der Anteil der C-14-Isotope, die wieder zu Stickstoff zerfallen.

Die eigentliche Messung des in einer Probe vorhandenen C-14-Anteils kann z. B. durch Zählrohre erfolgen. In der Forschungspraxis werden Massenspektrometer eingesetzt, die zur Trennung der Kohlenstoffisotope deren unterschiedliche Atommassen ausnutzen.

Mithilfe der bekannten Halbwertszeit und dem Verhältnis der Anzahl der C-14-Atome im Organismus und in der Umwelt lässt sich das Alter ermitteln.
Im Prinzip kann von allen organischen Materialien, die einmal zur Biosphäre gehört haben, das Alter bestimmt werden. Dazu gehören z. B. Pflanzenreste, Holz, Holzkohle, Knochen, Muscheln, Horn, Elfenbein oder Haar.

Aufgrund der relativ kurzen Halbwertszeit des C-14 beschränkt sich die Altersbestimmung auf Stoffe, deren Alter unterhalb von 50 000 Jahren liegt.

2 Das Zerfallsgesetz ist nach der gesuchten Zeit t umzustellen.

$$N(t) = N_0 \cdot e^{-\lambda \cdot t}$$

$$\frac{N(t)}{N_0} = e^{-\lambda \cdot t} \quad \text{mit } \lambda = \frac{\ln 2}{T_{\frac{1}{2}}}$$

$$\frac{N(t)}{N_0} = e^{-\frac{\ln 2}{T_{\frac{1}{2}}} \cdot t}$$

$$\ln \frac{N(t)}{N_0} = -\frac{\ln 2}{T_{\frac{1}{2}}} \cdot t$$

$$t = \frac{\ln \frac{N_0}{N(t)}}{\ln 2} \cdot T_{\frac{1}{2}}$$

Die Halbwertszeit des Kohlenstoffisotops C-14 ist dem Tafelwerk zu entnehmen.

$$t = \frac{\ln \frac{6{,}03 \cdot 10^{10}}{5{,}37 \cdot 10^{10}}}{\ln 2} \cdot 5\,730\ \text{a}$$

$$t = \frac{\ln 1{,}123 \cdot 5\,730\ \text{a}}{\ln 2}$$

$$t = \underline{\underline{960\ \text{a}}}$$

Das Pferd starb ca. im Jahr 1047. Die Vermutung, dass es das Lieblingspferd des deutschen Kaisers Barbarossa (1122–1190) war, ist falsch.

Grundkurs Physik (Thüringen): Abiturprüfung 2007
Experiment E1

Ermitteln Sie die Abwurfgeschwindigkeit einer Kugel beim waagerechtem Wurf!

Entwickeln Sie aus Energiebetrachtungen an der geneigten Ebene eine Gleichung für den Zusammenhang zwischen Abwurfgeschwindigkeit v_A der Kugel und der Starthöhe h!

Berechnen Sie hiermit v_A und vergleichen Sie mit dem experimentell gewonnenen Ergebnis! Der Versuchsaufbau wird Ihnen vorgegeben (siehe Skizze).

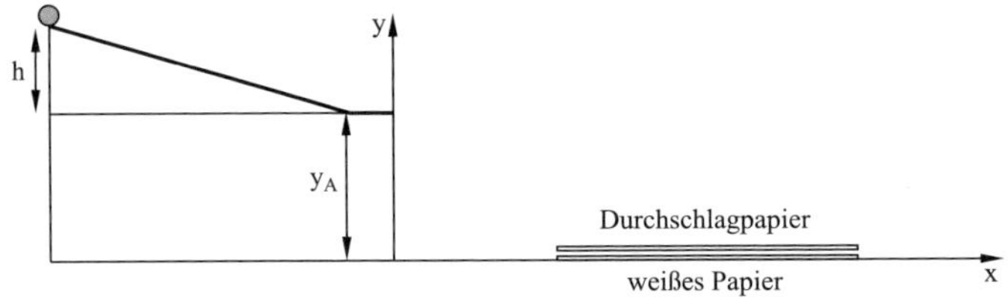

Hinweis: Für die Abwurfgeschwindigkeit beim waagerechtem Wurf gilt

$$v_A = x \cdot \sqrt{\frac{g}{2 \cdot y_A}}$$

Folgende Messgeräte stehen zur Verfügung:
- Waage
- Lineal
- Stoppuhr

Fertigen Sie ein vollständiges Protokoll an!

Das Protokoll soll enthalten:
- Vorbetrachtungen (Beschreibung der Versuchsdurchführung, Herleitung der Gleichungen) (4 BE)
- Messprotokoll (3 BE)
- Auswertung (einschließlich Einschätzung der Ergebnisse) (3 BE)

Tipps und Hinweise zu Aufgabe E1

- Stellen Sie zur Herleitung der Gleichung für die Abwurfgeschwindigkeit die Energiebilanz auf. Beachten Sie, dass die Kugel als rollender starrer Körper aufgefasst werden muss. Drücken Sie die Winkelgeschwindigkeit durch die Translationsgeschwindigkeit der Kugel aus.
- Die Wurfweite muss zur Erhöhung der Messgenauigkeit mehrfach gemessen werden.

Lösung zu Aufgabe E1

Aufgabe
Ermitteln Sie die Abwurfgeschwindigkeit einer Kugel beim waagerechtem Wurf!

Vorbetrachtungen
Geräte und Hilfsmittel:
- Kugel
- Geneigte Ebene (vorgegeben)
- Durchschlagpapier
- weißes Papier
- Waage
- Lineal
- Stoppuhr

Skizze:

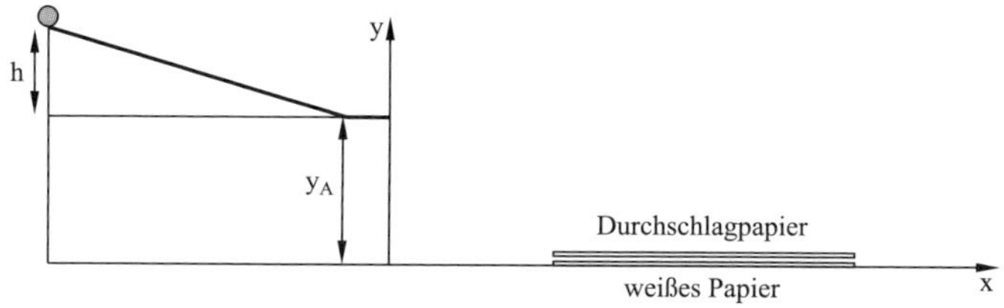

Die Kugel wird in der Höhe h auf die geneigte Ebene gelegt und losgelassen. Nach dem Herabrollen hat die Kugel die Abwurfgeschwindigkeit v_A. Ihre Berechnung erfolgt unter Ausnutzung des Energieerhaltungssatzes:

$$\Delta E_{pot} = E_{kin,\,trans} + E_{kin,\,rot}$$

$$m \cdot g \cdot h = \frac{1}{2} m \cdot v_A^2 + \frac{1}{2} J \cdot \omega^2$$

Mit $J = \frac{2}{5} m \cdot r^2$ und $\omega = \frac{v_A}{r}$ folgt:

$$m \cdot g \cdot h = \frac{1}{2} m \cdot v_A^2 + \frac{1}{2} \cdot \frac{2}{5} m \cdot r^2 \cdot \left(\frac{v_A}{r}\right)^2$$

$$m \cdot g \cdot h = \frac{1}{2} m \cdot v_A^2 + \frac{1}{5} m \cdot v_A^2$$

$$v_A = \sqrt{\frac{10}{7} g \cdot h}$$

Die Höhe h muss gemessen werden.

Die Kugel bewegt sich nach dem Verlassen der geneigten Ebene auf einer Wurfparabel (waagerechter Wurf). Das weiße Papier und das Durchschlagpapier werden in geeigneter Weise so ausgelegt, dass die Kugel beim Aufschlag eine deutliche Markierung auf dem Papier hinterlässt. Dieser Versuch wird zur Erhöhung der Messgenauigkeit mehrmals wiederholt. Es werden Abwurfhöhe y_A und Wurfweite x gemessen.
Für die Abwurfgeschwindigkeit beim waagerechtem Wurf gilt:

$$v_A = x \cdot \sqrt{\frac{g}{2 \cdot y_A}}$$

Messprotokoll

Starthöhe h = 15,0 cm

Abwurfhöhe $y_A = 71{,}8$ cm

Wurfweite:

Nr.	x in cm
1	56
2	54
3	56
4	53
5	55

Auswertung

Die mittlere Wurfweite beträgt $\overline{x} = 54{,}8$ cm.

Theoretische Abwurfgeschwindigkeit:

$$v_A = \sqrt{\frac{10}{7} g \cdot h}$$

$$v_A = \sqrt{\frac{10}{7} \cdot 9{,}81 \frac{m}{s} \cdot 0{,}15\,m}$$

$$\underline{\underline{v_A = 1{,}45 \frac{m}{s}}}$$

Experimentelle Abwurfgeschwindigkeit:

$$v_A = \overline{x} \cdot \sqrt{\frac{g}{2 \cdot y_A}}$$

$$v_A = 0{,}548\,m \cdot \sqrt{\frac{9{,}81 \frac{m}{s^2}}{2 \cdot 0{,}718\,m}}$$

$$\underline{\underline{v_A = 1{,}43 \frac{m}{s}}}$$

Vergleicht man die experimentelle Abwurfgeschwindigkeit mit der theoretischen Abwurfgeschwindigkeit der Kugel, so kann das Experiment als gelungen gewertet werden: Beide Werte stimmen gut überein.

Die geringe Abweichung kann durch Luftreibung und Messfehler begründet werden.

Grundkurs Physik (Thüringen): Abiturprüfung 2007
Experiment E2

Mit der in der Skizze (nicht maßstabsgerecht) dargestellten Experimentieranordnung wird Ihnen vom Lehrer ein Experiment vorgeführt.
Beschreiben Sie die beobachtete Erscheinung und erklären Sie ihr Zustandekommen!

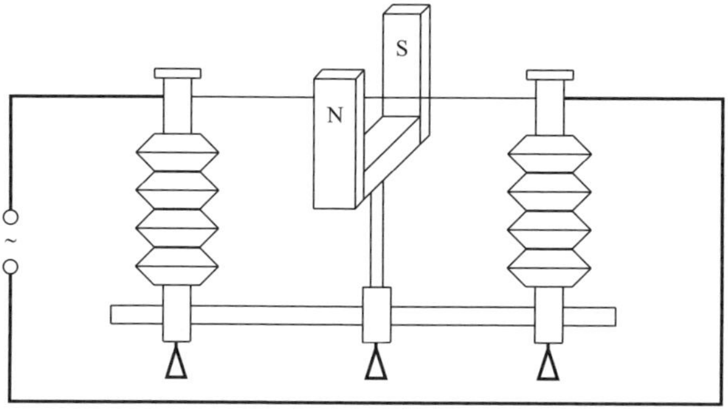

(10 BE)

Tipps und Hinweise zu Aufgabe E2

- Beschreiben Sie das Verhalten des Drahtes.
- Verwenden Sie bei Ihrer Erklärung die Kraftwirkung auf stromführende Leiter in einem Magnetfeld.
- Beachten Sie, dass an den Draht eine Wechselspannung angelegt ist.

Lösung zu Aufgabe E2

Beschreibung der Beobachtung

Auf dem Draht entsteht eine stehende Welle. Zu beobachten ist eine Abfolge von Wellenbäuchen (maximale Auslenkung) und Wellenknoten (keine Auslenkung).

Erklärung

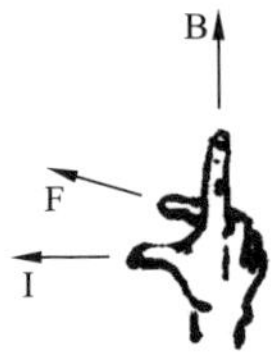

Der stromführende Leiter erfährt im Magnetfeld des Hufeisenmagneten eine Kraftwirkung senkrecht zur Feld- und senkrecht zur Stromrichtung (Drei-Finger-Regel). Durch die periodisch wechselnde Stromrichtung wird der Draht zu einer Schwingung angeregt.

Die beim Magneten entstehenden Schwingungen breiten sich als Welle auf dem Draht aus und werden an den Enden reflektiert. Da es sich um eine Reflexion am festen Ende handelt, kommt es zu einem Phasensprung von $\frac{\lambda}{2}$.

Ausgesandte und reflektierte Wellen überlagern sich zu einer stehenden Welle. Ihre Ausbildung ist abhängig von der Frequenz der Schwingung sowie von der Länge und der Spannung des Drahtes. Es gilt (ℓ: Länge des Drahtes):

$$\ell = k \cdot \frac{\lambda}{2} = k \cdot \frac{c}{2f}$$

Ihre Meinung ist uns wichtig!

Ihre Anregungen sind uns immer willkommen. Bitte informieren Sie uns mit diesem Schein über Ihre Verbesserungsvorschläge!

Titel-Nr.	Seite	Vorschlag

Bitte hier abtrennen

Zutreffendes bitte ankreuzen!

Die Absenderin/der Absender ist:

- ☐ Lehrer/in in den Klassenstufen: ____
- ☐ Fachbetreuer/in
  Fächer: ____
- ☐ Seminarlehrer/in
  Fächer: ____
- ☐ Regierungsfachberater/in
  Fächer: ____
- ☐ Oberstufenbetreuer/in
- ☐ Schulleiter/in
- ☐ Referendar/in, Termin 2. Staatsexamen: ____
- ☐ Leiter/in Lehrerbibliothek
- ☐ Leiter/in Schülerbibliothek
- ☐ Sekretariat
- ☐ Eltern
- ☐ Schüler/in, Klasse: ____
- ☐ Sonstiges: ____

Unterrichtsfächer: **(Bei Lehrkräften!)**

____

17-VMN

Bitte ausfüllen und im frankierten Umschlag
an uns einsenden. Für Fensterkuverts geeignet.

STARK Verlag
Postfach 1852
85318 Freising

Kennen Sie Ihre Kundennummer?
Bitte hier eintragen.

Absender **(Bitte in Druckbuchstaben!)**

Name/Vorname

Straße/Nr.

PLZ/Ort

Telefon privat

Geburtsjahr

E-Mail-Adresse

Schule/Schulstempel **(Bitte immer angeben!)**

Sicher durch das Abitur!

Klare Fakten, systematische Methoden, prägnante Beispiele sowie Übungsaufgaben auf Abiturniveau mit erklärenden Lösungen zur Selbstkontrolle.

Mathematik

Analysis – LK .... Best.-Nr. 94002
Analysis – gk .... Best.-Nr. 94001
Analytische Geometrie und lineare Algebra 1 Best.-Nr. 94005
Analytische Geometrie und lineare Algebra 2 Best.-Nr. 54008
Stochastik – LK .... Best.-Nr. 94003
Stochastik – gk .... Best.-Nr. 94007
Kompakt-Wissen Abitur Analysis .... Best.-Nr. 900151
Kompakt-Wissen Abitur Analytische Geometrie Best.-Nr. 900251
Kompakt-Wissen Abitur
Wahrscheinlichkeitsrechnung und Statistik .... Best.-Nr. 900351
Kompakt-Wissen Algebra .... Best.-Nr. 90016
Kompakt-Wissen Geometrie .... Best.-Nr. 90026

Physik

Elektrisches und magnetisches Feld – LK .... Best.-Nr. 94308
Elektromagnetische Schwingungen
und Wellen – LK .... Best.-Nr. 94309
Atom- und Quantenphysik – LK .... Best.-Nr. 943010
Kernphysik – LK .... Best.-Nr. 94305
Physik 1 – gk Elektromagnetische Felder, Schwingungen
und Wellen · Photonen .... Best.-Nr. 94321
Physik 2 – gk
Quantenphysik · Atom · Atomkern .... Best.-Nr. 94322
Kompakt-Wissen Abitur Physik 1
Mechanik, Wärmelehre, Relativitätstheorie .... Best.-Nr. 943012
Kompakt-Wissen Abitur Physik 2
Elektrizität, Magnetismus und Wellenoptik .... Best.-Nr. 943013
Kompakt-Wissen Abitur Physik 3
Quanten, Kerne und Atome .... Best.-Nr. 943011

Geschichte

Training Methoden Geschichte .... Best.-Nr. 94789
Geschichte 1 – Deutschland vom 19. Jahrhundert bis zum Ende
des Zweiten Weltkrieges · USA · Sowjetunion .... Best.-Nr. 84761A
Geschichte 2 – Deutschland seit 1945 · Europäische Einigung
Weltpolitik der Gegenwart .... Best.-Nr. 84762A
Abitur-Wissen Die Antike .... Best.-Nr. 94783
Abitur-Wissen Das Mittelalter .... Best.-Nr. 94788
Abitur-Wissen Die Französische Revolution .... Best.-Nr. 947810
Abitur-Wissen Die Ära Bismarck: Entstehung und
Entwicklung des deutschen Nationalstaats .... Best.-Nr. 94784
Abitur-Wissen
Imperialismus und Erster Weltkrieg .... Best.-Nr. 94785
Abitur-Wissen Die Weimarer Republik .... Best.-Nr. 47815
Abitur-Wissen
Nationalsozialismus und Zweiter Weltkrieg .... Best.-Nr. 94786
Abitur Wissen
Deutschland von 1945 bis zur Gegenwart .... Best.-Nr. 947811
Kompakt-Wissen Abitur Geschichte Oberstufe Best.-Nr. 947601
Lexikon Geschichte .... Best.-Nr. 94787

Chemie

Training Methoden Chemie .... Best.-Nr. 947308
Chemie 1 – LK K 12
Analytik · Kernchemie · Kohlenwasserstoffe .... Best.-Nr. 94731
Chemie 2 – LK K 13
Biomoleküle · Stoffwechsel · Organische
Chemie des Alltags .... Best.-Nr. 94732
Chemie 1 – gk K 12
Natürliche und synthetische
Kohlenstoffverbindungen .... Best.-Nr. 94741
Chemie 2 – gk K 13
Biokatalyse und Stoffwechsel · Umweltschutz
und Alltagschemie .... Best.-Nr. 94742
Rechnen in der Chemie .... Best.-Nr. 84735
Abitur-Wissen Protonen und Elektronen .... Best.-Nr. 947301
Abitur-Wissen
Struktur der Materie und Kernchemie .... Best.-Nr. 947303
Abitur-Wissen
Stoffklassen organischer Verbindungen .... Best.-Nr. 947304
Abitur-Wissen Biomoleküle .... Best.-Nr. 947305
Abitur-Wissen
Biokatalyse und Stoffwechselwege .... Best.-Nr. 947306
Abitur-Wissen
Chemie am Menschen – Chemie im Menschen Best.-Nr. 947307
Kompakt-Wissen Abitur Chemie Organische Stoffklassen
Natur-, Kunst- und Farbstoffe .... Best.-Nr. 947309
Kompakt-Wissen Abitur Chemie Anorganische Chemie,
Energetik, Kinetik, Kernchemie .... Best.-Nr. 947310

Biologie

Training Methoden Biologie .... Best.-Nr. 94710
Biologie 1 – LK K 12
Genetik · Stoffwechsel · Ökologie .... Best.-Nr. 94701
Biologie 2 – LK K 13
Verhaltensbiologie · Evolution .... Best.-Nr. 94702
Biologie 1 – gk K 12
Genetik · Stoffwechsel · Ökologie .... Best.-Nr. 94715
Biologie 2 – gk K 13
Verhaltensbiologie · Evolution .... Best.-Nr. 94716
Chemie für den LK Biologie .... Best.-Nr. 54705
Abitur-Wissen Genetik .... Best.-Nr. 94703
Abitur-Wissen Neurobiologie .... Best.-Nr. 94705
Abitur-Wissen Verhaltensbiologie .... Best.-Nr. 94706
Abitur-Wissen Evolution .... Best.-Nr. 94707
Abitur-Wissen Ökologie .... Best.-Nr. 94708
Abitur-Wissen Zell- und Entwicklungsbiologie Best.-Nr. 94709
Kompakt-Wissen Abitur Biologie
Zellen und Stoffwechsel · Nerven, Sinne und
Hormone · Ökologie .... Best.-Nr. 94712
Kompakt-Wissen Abitur Biologie Genetik und Entwicklung
Immunbiologie · Evolution · Verhalten .... Best.-Nr. 94713
Lexikon Biologie .... Best.-Nr. 94711

(Bitte blättern Sie um)

Politik

Abitur-Wissen Internationale Beziehungen ...... Best.-Nr. 94802
Abitur-Wissen Demokratie ...... Best.-Nr. 94803
Abitur-Wissen Sozialpolitik ...... Best.-Nr. 94804
Abitur-Wissen Die Europäische Einigung ...... Best.-Nr. 94805
Abitur-Wissen Politische Theorie ...... Best.-Nr. 94806
Kompakt-Wissen Abitur Politik/Sozialkunde ...... Best.-Nr. 948001
Lexikon Politik/Sozialkunde ...... Best.-Nr. 94801

Erdkunde

Training Methoden Erdkunde ...... Best.-Nr. 94901
Erdkunde Relief- und Hydrosphäre · Wirtschaftsprozesse und -strukturen · Verstädterung ...... Best.-Nr. 84901A
Abitur-Wissen GUS-Staaten/Russland ...... Best.-Nr. 94908
Abitur-Wissen Entwicklungsländer ...... Best.-Nr. 94902
Abitur-Wissen USA ...... Best.-Nr. 94903
Abitur-Wissen Europa ...... Best.-Nr. 94905
Abitur-Wissen Asiatisch-pazifischer Raum ...... Best.-Nr. 94906
Kompakt-Wissen Abitur Erdkunde Allgemeine Geografie · Regionale Geografie ...... Best.-Nr. 949010
Lexikon Erdkunde ...... Best.-Nr. 94904

Wirtschaft/Recht

Betriebswirtschaft ...... Best.-Nr. 94851
Abitur-Wissen Volkswirtschaft ...... Best.-Nr. 94881
Abitur-Wissen Rechtslehre ...... Best.-Nr. 94882
Kompakt-Wissen Abitur Volkswirtschaft ...... Best.-Nr. 948501

Fachübergreifend

Richtig Lernen Tipps und Lernstrategien – Oberstufe ...... Best.-Nr. 10483
Referate und Facharbeiten – Oberstufe ...... Best.-Nr. 10484
Training Methoden Meinungen äußern, Ergebnisse präsentieren ...... Best.-Nr. 10486

Abitur-Prüfungsaufgaben

Von den Kultusministerien zentral gestellte Abitur-Prüfungsaufgaben, einschließlich des **aktuellen Jahrgangs**. Mit **schülergerechten Lösungen**.

Abiturprüfung Mathematik – LK Sachsen ...... Best.-Nr. 145000
Abiturprüfung Mathematik – GK Sachsen ...... Best.-Nr. 145100
Abiturprüfung Mathematik – LKN Sachsen-Anhalt ...... Best.-Nr. 155000
Abiturprüfung Mathematik – GKN Sachsen-Anhalt ...... Best.-Nr. 155100
Abiturprüfung Mathematik – LK Thüringen ...... Best.-Nr. 165000
Abiturprüfung Mathematik – GK Thüringen ...... Best.-Nr. 165100
Abiturprüfung Mathematik Mecklenburg-Vorpommern ...... Best.-Nr. 135000
Abiturprüfung Mathematik – GK/LK Brandenburg ...... Best.-Nr. 125000
Abiturprüfung Deutsch – LK Sachsen ...... Best.-Nr. 145400
Abiturprüfung Deutsch – GK Sachsen ...... Best.-Nr. 145410
Abiturprüfung Deutsch – GKN/LKN Sachsen-Anhalt ...... Best.-Nr. 155400
Abiturprüfung Deutsch – LK Thüringen ...... Best.-Nr. 165400
Abiturprüfung Deutsch – GK Thüringen ...... Best.-Nr. 165410
Abiturprüfung Deutsch Mecklenburg-Vorpommern ...... Best.-Nr. 135410
Abiturprüfung Deutsch – GK/LK Brandenburg ...... Best.-Nr. 125400
Abiturprüfung Englisch – LK Sachsen ...... Best.-Nr. 145460
Abiturprüfung Englisch – GKN/LKN Sachsen-Anhalt ...... Best.-Nr. 155460
Abiturprüfung Englisch – GK/LK Thüringen ...... Best.-Nr. 165460
Abiturprüfung Englisch – GK/LK Mecklenburg-Vorpommern ...... Best.-Nr. 135460
Abiturprüfung Englisch – GK/LK Brandenburg ...... Best.-Nr. 125460
Abiturprüfung Chemie – GK/LK Sachsen ...... Best.-Nr. 145730
Abiturprüfung Chemie – GKN/LKN Sachsen-Anhalt ...... Best.-Nr. 155730
Abiturprüfung Chemie – GK/LK Thüringen ...... Best.-Nr. 165730
Abiturprüfung Physik – LK Sachsen ...... Best.-Nr. 145300
Abiturprüfung Physik – LKN Sachsen-Anhalt ...... Best.-Nr. 155300
Abiturprüfung Physik – GK/LK Thüringen ...... Best.-Nr. 165300
Abiturprüfung Physik – LK Mecklenburg-Vorpommern ...... Best.-Nr. 135300
Abiturprüfung Biologie – GK/LK Sachsen ...... Best.-Nr. 145700
Abiturprüfung Biologie – LKN Sachsen-Anhalt Best.-Nr. 155700
Abiturprüfung Biologie – GKN Sachsen-Anhalt Best.-Nr. 155710
Abiturprüfung Biologie – LK Thüringen ...... Best.-Nr. 165700
Abiturprüfung Biologie – GK Thüringen ...... Best.-Nr. 165710
Abiturprüfung Biologie – LK Mecklenburg-Vorpommern ...... Best.-Nr. 135700
Abiturprüfung Biologie – GK/LK Brandenburg ...... Best.-Nr. 125700
Abiturprüfung Geschichte – LK Sachsen ...... Best.-Nr. 145760
Abiturprüfung Geschichte – GK Sachsen ...... Best.-Nr. 145780
Abiturprüfung Geschichte – GKN/LKN Sachsen-Anhalt ...... Best.-Nr. 155760
Abiturprüfung Geschichte – LK Thüringen ...... Best.-Nr. 165760
Abiturprüfung Geschichte – GK/LK Brandenburg ...... Best.-Nr. 125760
Abiturprüfung Geografie – GK/LK Brandenburg ...... Best.-Nr. 125900
Abiturprüfung Wirtschaft/Recht – GK Thüringen ...... Best.-Nr. 165880

Bestellungen bitte direkt an: STARK Verlagsgesellschaft mbH & Co. KG
Postfach 1852 · 85318 Freising · Tel: 08161 / 179-0 · FAX: 08161 / 179-51
Internet: www.stark-verlag.de · E-Mail: info@stark-verlag.de

Die echten Hilfen zum Lernen ...

STARK